都学课堂
DOXUE.COM

MBA、MEM、MPAcc、MPA、MTA、EMBA等
管理类联考综合能力

# 数学
# 历年真题精讲

全国管理类联考大纲配套教材编委会 主编

高等教育出版社·北京

**图书在版编目(CIP)数据**

MBA、MEM、MPAcc、MPA、MTA、EMBA等管理类联考综合能力数学历年真题精讲/全国管理类联考大纲配套教材编委会主编. --北京:高等教育出版社,2021.5

ISBN 978-7-04-056119-7

Ⅰ.①M… Ⅱ.①全… Ⅲ.①高等数学-研究生-入学考试-题解 Ⅳ.①O13-44

中国版本图书馆CIP数据核字(2021)第080529号

**MBA、MEM、MPAcc、MPA、MTA、EMBA等管理类联考综合能力数学历年真题精讲**

MBA、MEM、MPAcc、MPA、MTA、EMBA deng guanlilei liankao zonghe nengli shuxue linian zhenti jingjiang

策划编辑 邓 玥　　责任编辑 邓 玥　　封面设计 杨立新　　责任校对 胡美萍

责任印制 韩 刚

出版发行 高等教育出版社

社　　址 北京市西城区德外大街4号

邮政编码 100120

印　　刷 运河(唐山)印务有限公司

开　　本 787mm×1092mm 1/16

印　　张 18.25

字　　数 440千字

购书热线 010-58581118

咨询电话 400-810-0598

网　　址 http://www.hep.edu.cn

http://www.hep.com.cn

网上订购 http://www.hepmall.com.cn

http://www.hepmall.com

http://www.hepmall.cn

版　　次 2021年5月第1版

印　　次 2021年5月第1次印刷

定　　价 56.00元



物 料 号 56119-00

# 考试大纲与解读

## 一、管理类联考数学命题的特点

从 2008 年 MBA 考试改革至今经过十几年的考试探索，管理类联考数学科目考试命题越来越规范，考查内容越来越明确.《考试大纲》已经明确删除了微积分、线性代数、概率论这三块让大家比较头疼的高等数学中的内容，其中从 2010 年开始，多种专业硕士考试合并成管理类联考，改革意图和考试趋势已经呈现在我们面前：数学部分考试难度适中，趋于稳定.其主要体现为以下三个特点：

(1) 基础性：任何一种考试，知识点都是基础、是核心、是不可或缺的部分. 目前，数学只考实数、整式、分式、方程和不等式、平面几何、平面解析几何和空间几何体、排列组合与概率初步、数据描述，考点已经大量压缩，保留的知识点大部分考生在初中时代都已学过.在这种情况下，每年纯粹知识点的考题一般为 5 ～ 8 个，并且对这些知识点的考查都有相对的质量和深度，知识点的交叉、联合比较多，甚至会考考生不注意的地方或者特别容易出错的地方，这就要求考生对基本知识点有精深的把握.

(2) 灵活性：经历数次改革后，虽然考查的知识点变少了、题目整体变简单了，但考题是向着灵活性和多样化的方向发展的，考点不固定，形式多样化，最不容易把握，复习的难度并未降低.这就要求考生具有一定的数学思维，或者说要培养这样的数学思维，要有很强的学习和做题的灵活性，然而这样的灵活性不是靠题海战术和死记硬背就能获得的，而是要逐渐培养和提高数学思维能力，以不变应万变.

(3) 技巧性：一方面，对于目前的数学考试，基本要在 55 分钟之内解决 25 道题，这对考生的做题速度提出了很高的要求；另一方面，在现在的 MBA 数学考试中，技巧性较强的考题时有出现，这些都要求考生在复习中既要注重基本的知识点，又要掌握一些方便、快捷的方式和方法解决问题. 但这方面的学习又不能进入误区，每年基本上有 6 ～ 8 道题有技巧可循，对于这些题目，使用技巧来得直接、便捷. 但是建议学生不管基础如何，还是要先夯实基础；同时也要注意，能用技巧的题目，一般用基础方法都会费时、费力，影响考试发挥，适当地学习技巧是必要和必需的.

因此，考生要精深掌握基本知识点，要熟练运用技巧，最重要的是要具有灵活的数学思维能力，这三点是数学考高分的关键，是缺一不可的.

## 二、管理类联考考试大纲数学部分

### (一) 算　术

整数:整数及其运算、整除、公倍数、公约数、奇数、偶数、质数、合数.

分数、小数、百分数.

比与比例.

数轴与绝对值.

### (二) 代　数

整式:整式及其运算、整式的因式与因式分解.

分式及其运算.

函数:集合、一元二次函数及其图像、指数函数、对数函数.

代数方程:一元一次方程、一元二次方程、二元一次方程组.

不等式:不等式的性质、均值不等式、不等式求解[一元一次不等式(组)、一元二次不等式、简单绝对值不等式、简单分式不等式].

数列、等差数列、等比数列.

### (三) 几　何

平面图形:三角形、四边形(矩形、平行四边形、梯形)、圆与扇形.

空间几何体:长方体、柱体、球体.

平面解析几何:平面直角坐标系、直线方程与圆的方程、两点间的距离公式与点到直线的距离公式.

### (四) 数据分析

计数原理:加法原理、乘法原理、排列与排列数、组合与组合数.

数据描述:平均值、方差与标准差、数据的图表表示(直方图、饼图、数表).

概率:事件及其简单运算、加法公式、乘法公式、古典概型、伯努利概型.

注:对于考题数量来说,实数一般考查3题,其中运算1题,绝对值1题,实数的性质1题;整式与分式一般考查2题,以因式分解和乘法运算公式为主;函数一般考查1题,以一元二次函数为主;代数方程和不等式考查2题,以一元二次方程和不等式为主;数列一般考查2题,以等差数列和等比数列的通项公式与求和公式为主;应用题一般考查6～8题,以比例、浓度、工程和行程问题为主;几何部分一般考查5题,其中平面几何2题,以多边形和圆的面积为主,解析几何2题,以直线与圆的方程为主,空间几何体1题,以表面积和体积为

主;数据分析部分一般也考查5题,其中数据描述(统计)1题,排列组合2题,概率2题,以古典概型和伯努利概型为主.建议考生在基础阶段把重点放在代数运算、几何图形和应用题上,在系统强化阶段把重点放在解析几何、数列以及概率上,在模考阶段则要整体把握,积累辅助技巧.

# 使用指南

本书主要对管理类联考（MBA、MEM、MPAcc、MPA 等）历年数学真题按照考点与要点进行分类解析.作者从 1997 年 1 月 ～ 2020 年 12 月的数学真题中挑选了相对经典的真题进行汇总解析，共分 8 个模块，分别为数与式，函数、方程、不等式，数列及其应用，应用题，几何，排列组合，概率与统计的真题应试技巧以及终极解题技巧归纳. 每个模块的真题解析都按照各类考点和题型进行分类汇总，在每个模块的第一页上通过“考试地位”栏目对本模块在联考中的地位和题目重要程度作了简要说明，并通过知识点与题型框图进行梳理，然后通过“考点突破”“考点运用技巧”栏目对各个考点进行突破讲解，梳理重点公式与结论，最后对每类试题进行详细的解析，按“难度”“考点”“解析”“技巧”和“点睛”分别进行详尽阐述，尤其是“技巧”和“点睛”栏目特别重要，在其他辅导书上通常是见不到的，“技巧”栏目主要是作者将自己十多年来研究管理类联考数学的各类应试技巧展现在真题之中.另外，本书的最后一部分还单独对管理类联考的应试技巧作了汇总和阐述，这是市面上的辅导教材所没有的，这也是作者十多年来对联考技巧的研究和感悟，已经有数万考生从中获益，尤其对于大龄 MBA 考生（EMBA 考生）有更大的帮助.大家在学习本书的过程中，也可以与都学课堂小助手进行互动交流.本书每个模块的最后一节还配套了一些习题，供基础较好的考生进行数学综合能力的提升，所以本书不仅是基础薄弱者应试的有用工具，也是基础较好者提升数学解题能力的有力工具.

（注：难度等级，★ 为比较简单的题目，必须掌握，做一遍即可，占联考的 20%；★★ 为中等难度的题目，必须掌握，一般做两遍比较适合，占联考的 60%；★★★ 为比较难的题目，部分需要考高分的考生掌握即可，占联考的 20%.）

本书适合参加管理类联考的考生在系统强化与冲刺阶段学习使用，推荐时间为 7 月 ～ 12 月，本书同时也适合辅导机构老师作为学生教材使用.由于作者水平有限，书中难免有疏漏和错误，希望广大同仁和考友给我们提出宝贵的意见和建议.

# 条件充分性判断题型特别说明

## 一、充分条件和必要条件

(1) 如果命题 $A$ 成立，则命题 $B$ 也必成立，那么称 $A$ 为 $B$ 的充分条件，可记为 $A \Rightarrow B$，这时也称 $B$ 为 $A$ 的必要条件，也可以说如果 $B$ 不成立，则 $A$ 也必不成立.

例如：命题 $A$ 为 $2 < x < 3$，命题 $B$ 为 $1 < x < 4$，则 $A$ 为 $B$ 的充分条件，$B$ 为 $A$ 的必要条件.

(2) 如果命题 $A$ 既是命题 $B$ 的充分条件，又是命题 $B$ 的必要条件，则称 $A$ 是 $B$ 的充分必要条件，简称充要条件，可记为 $A = B$. 这时 $B$ 也必为 $A$ 的充分必要条件，也可称 $A$，$B$ 为等价条件.

## 二、条件充分性判断

此类题是管理类联考特有的题型，其一般形式如下：

题干：(条件部分)、结论部分.

条件(1)：内容.

条件(2)：内容.

题干部分中，可能有已知的条件，解题时可用，也可能没有这一部分，结论部分则必须具备，它是本题需要求解得到的结果. 如一道题的题干中有条件部分，则必是条件部分在前，结论部分在后，两部分的区分以用词、语气来判断，条件(1)、条件(2) 是两项单独的已知条件.

解答此类题型时以 A，B，C，D，E 五个选项中的一项作答，各选项的规定意义如下：

A. 条件(1) 充分，但条件(2) 不充分.

B. 条件(2) 充分，但条件(1) 不充分.

C. 条件(1) 和条件(2) 单独都不充分，但条件(1) 和条件(2) 联合起来充分.

D. 条件(1) 充分，条件(2) 也充分.

E. 条件(1) 和条件(2) 单独都不充分，条件(1) 和条件(2) 联合起来也不充分.

以上五种情况必然有且仅有一种情况成立. 当然，不论在任何情况下，题干中如有条件部分，均可将其作为已知的使用.

## 三、条件充分性判断的解题思路与方法

### 1. 条件充分性判断的解题思路

从集合角度，若条件的范围落在题干成立的范围之内，则条件充分，即条件的范围为题干范围的子集(条件 $\subseteq$ 题干).

### 2. 条件充分性判断的解题方法

【技巧攻略】

方法一(自下而上)：将条件中的参数分别代入题干中验证.特点是至少运算两次.

方法二(自上而下)：先不看条件，假设题干中的命题正确，求出参数，然后将条件中的参数范围与题干成立的参数范围进行比较，若条件范围落入题干的成立范围之内，则充分特点是只需一次运算.

方法三(特殊反例法)：在两个条件的交集中取一个特殊值，若代入题干不充分，则选 E.

**例 1** $x^2=1$.

(1) $x=1$.

(2) $x=-1$.

**答案** D

**解题思路** 两条件代入题干方程都成立，即都充分，选 D.

**例 2** 不等式 $x^2<2^x$ 成立.

(1) $x=0$.

(2) $x=3$.

**答案** A

**解题思路** 将条件(1)代入题干不等式，有 $0^2<2^0$ 成立，因此条件(1)充分；同理，将条件(2)代入题干不等式，有 $3^2<2^3$ 不成立，因此条件(2)不充分.选 A.

**例 3** 能使 $x^2\neq 4$ 成立.

(1) $x\neq 2$.

(2) $x\neq -2$.

**答案** C

**解题思路** 题干为 $x^2\neq 4\Leftrightarrow x\neq 2$ 且 $x\neq -2$，联合充分，选 C.

**例 4** 不等式 $x^2-4x+3<0$ 成立.

(1) $x>-1$.

(2) $x<3$.

**答案** E

**解题思路** 方法一：题干为 $x^2-4x+3<0 \Leftrightarrow (x-1)(x-3)<0 \Leftrightarrow 1<x<3$，选 E.
方法二：取 $x=0$ 代入，发现两个条件都不充分，联合也不充分，选 E.

**例 5** $x^{101}+y^{101}$ 有两个不同的取值.

(1) $(x+y)^{99}=-1$.

(2) $(x-y)^{100}=1$.

**答案** E

**解题思路** 很显然，条件(1)和条件(2)单独都不充分，将条件(1)和条件(2)联合，则有下列方程组 $\begin{cases}x+y=-1,\\x-y=1\end{cases}$ 和 $\begin{cases}x+y=-1,\\x-y=-1.\end{cases}$

它们的解分别为 $\begin{cases}x=0,\\y=-1\end{cases}$ 和 $\begin{cases}x=-1,\\y=0.\end{cases}$

无论哪一组解代入 $x^{101}+y^{101}$ 中，它的值均为 $-1$.联合也不充分，选 E.

# 目　录

第一章　数与式真题应试技巧 …… 1

第一节　核心公式、知识点与考点梳理 …… 3
第二节　真题深度分类解析 …… 5
第三节　母题精讲 …… 27

第二章　函数、方程、不等式真题应试技巧 …… 35

第一节　核心公式、知识点与考点梳理 …… 37
第二节　真题深度分类解析 …… 40
第三节　母题精讲 …… 58

第三章　数列及其应用真题应试技巧 …… 65

第一节　核心公式、知识点与考点梳理 …… 67
第二节　真题深度分类解析 …… 69
第三节　母题精讲 …… 79

第四章　应用题真题应试技巧 …… 83

第一节　核心公式、知识点与考点梳理 …… 85
第二节　真题深度分类解析 …… 87
第三节　母题精讲 …… 116

第五章　几何真题应试技巧 …… 129

第一节　核心公式、知识点与考点梳理 …… 131
第二节　真题深度分类解析 …… 137
第三节　母题精讲 …… 162

第六章　排列组合真题应试技巧 …… 181

第一节　核心公式、知识点与考点梳理 …… 183
第二节　真题深度分类解析 …… 184
第三节　母题精讲 …… 191

第七章　概率与统计真题应试技巧 …… 197

第一节　核心公式、知识点与考点梳理 …… 199

第二节 真题深度分类解析 …… 201
第三节 母题精讲 …… 215

第八章 解题技巧思想方法 …… 229

第九章 2016—2021年管理类联考数学真题汇编 …… 257

2016年全国硕士研究生招生考试 …… 259
2017年全国硕士研究生招生考试 …… 262
2018年全国硕士研究生招生考试 …… 265
2019年全国硕士研究生招生考试 …… 268
2020年全国硕士研究生招生考试 …… 272
2021年全国硕士研究生招生考试 …… 275

# 第一章
# 数与式真题应试技巧

◆ 第一节　核心公式、知识点与考点梳理
◆ 第二节　真题深度分类解析
◆ 第三节　母题精讲

【考试地位】数与式是初等数学的基础，要求考生能熟悉八类基本运算法则，包括比例运算、绝对值运算等，掌握一些常用的运算技巧，以便考试时提高做题速度.另外，代数式运算是考试的重点，也关系到后面的方程、不等式、数列等诸多内容.应该这样说，代数过关了，才能保证数学拿50分以上，尤其是乘法运算公式和因式分解，它们是整个代数的基础.本模块在考试中一般考查5道题.

# 第一节 核心公式、知识点与考点梳理

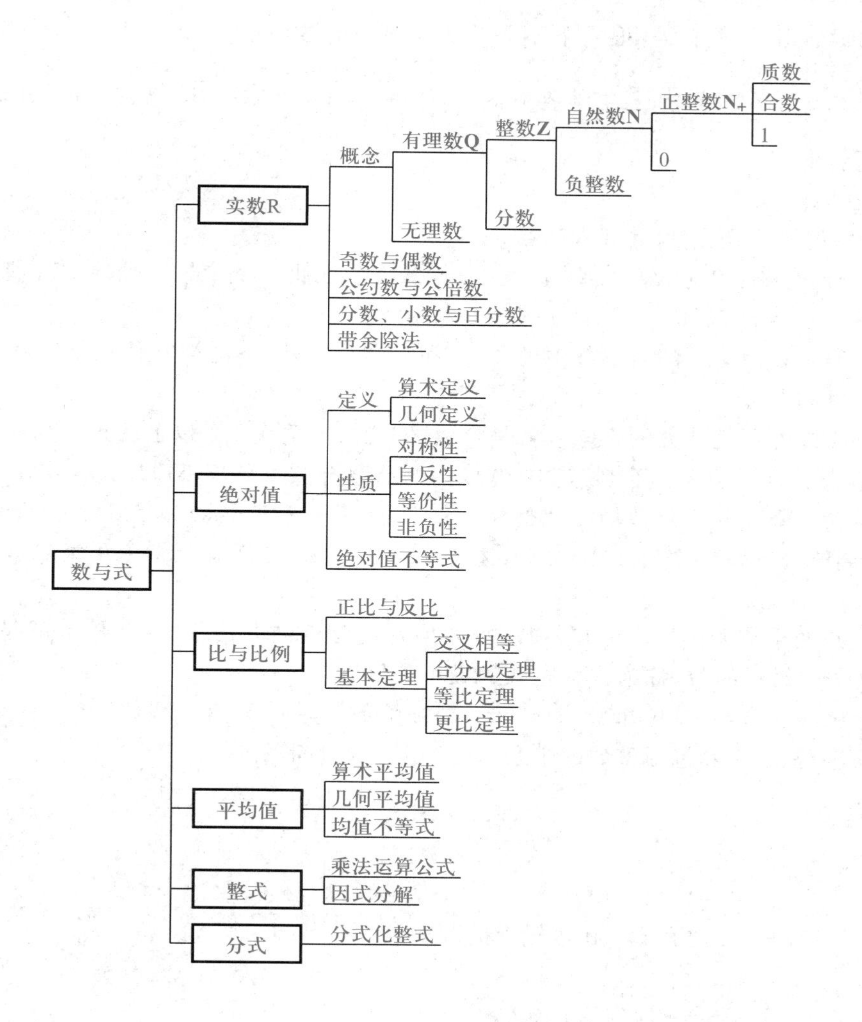

1. 实数

有理数:有限小数、无限循环小数.

无理数:无限不循环小数.

常见无理数:开方开不尽(根号下不是平方形式)的数,如$\sqrt{2}\approx 1.414$,$\sqrt{3}\approx 1.732$,$\sqrt{5}\approx 2.236$,$\sqrt{6}\approx 2.449$;函数式,如三角函数中,$\sin 45^\circ=\frac{\sqrt{2}}{2}$,$\tan 60^\circ=\sqrt{3}$;数学常数,如$\pi$,e.

单数:正奇数.

双数:正偶数.

0是偶数,但既不是正数,也不是双数.

奇数与偶数运算:奇$\pm$奇$=$偶;偶$\pm$偶$=$偶;奇$\pm$偶$=$奇;奇$\times$奇$=$奇;偶$\times$偶$=$偶;奇$\times$偶$=$偶.

质数(素数):在大于1的自然数中,除了1和它本身之外,不能被其他正整数整除的正整数.质数只有2个因数.

合数:除1以外不是质数的正整数就是合数,即能被3个或3个以上的正整数整除的正整数.

0和1既不是质数也不是合数.其中30以内的质数有:2,3,5,7,11,13,17,19,23,29.

公约数(公因数):几个整数均能被整除的整数.如果一个整数同时是几个整数的约数,称这个整数为它们的公约数.公约数中最大的数称为最大公约数.对任意若干个正整数,1总是它们的公约数.

公倍数:在两个或两个以上的自然数中,如果它们有相同的倍数,这些倍数就是它们的公倍数.这些公倍数中最小的数,称为这些整数的最小公倍数.

带余除法:形如$n=ms+r(0\leqslant r<m)$,即被除数$=$除数$\times$商$+$余数,就是带有余数的除法形式,称为带余除法.主要包括整数的带余除法和多项式的带余除法.

2. 绝对值

算术定义:$|a|=\begin{cases}a, & a\geqslant 0,\\ -a, & a<0.\end{cases}$

几何定义:$|a-b|$表示$a$,$b$在数轴上的距离.

对称性:$|-a|=|a|$.

自反性:$\frac{|a|}{a}=\frac{a}{|a|}=\begin{cases}1, & a>0,\\ -1, & a<0.\end{cases}$

等价性:$|a|=\sqrt{a^2}$.

非负性:$\sqrt{A}+|B|+(C)^{2n}=0\Rightarrow A=B=C=0$.

三角不等式:$\big||a|-|b|\big|\leqslant|a+b|\leqslant|a|+|b|$,当$ab\leqslant 0$时,左边不等式等号成立;当$ab\geqslant 0$时,右边不等式等号成立.

3. 比与比例

交叉相等:$\frac{a}{b}=\frac{c}{d}\Rightarrow ad=bc$.

合分比定理：$\frac{a}{b}=\frac{c}{d}\Rightarrow\begin{cases}\frac{a\pm b}{b}=\frac{c\pm d}{d} & (b\neq 0,d\neq 0),\\ \frac{a}{a\pm b}=\frac{c}{c\pm d} & (b\neq 0,d\neq 0,a\pm b\neq 0,c\pm d\neq 0).\end{cases}$

等比定理：$\frac{a}{b}=\frac{c}{d}\Rightarrow\frac{a}{b}=\frac{c}{d}=\frac{a+c}{b+d}(b\neq 0,d\neq 0,b+d\neq 0)$.

更比定理：$\frac{a}{b}=\frac{c}{d}\Rightarrow\frac{d}{b}=\frac{c}{a}(b\neq 0,d\neq 0,a\neq 0)$.

4. 乘法运算公式

完全平方公式：$(a\pm b)^2=a^2\pm 2ab+b^2$；$\left(a\pm\frac{1}{a}\right)^2=a^2+\frac{1}{a^2}\pm 2$.

平方差公式：$a^2-b^2=(a+b)(a-b)$.

立方差公式：$a^3\pm b^3=(a\pm b)(a^2\mp ab+b^2)$.

其他公式：$(a\pm b)^3=a^3\pm 3a^2b+3ab^2\pm b^3$；

$(a+b+c)^2=a^2+b^2+c^2+2(ab+bc+ca)$；

$3(a^2+b^2+c^2)=(a-b)^2+(b-c)^2+(c-a)^2+(a+b+c)^2$；

$a^3+b^3+c^3-3abc=(a+b+c)(a^2+b^2+c^2-ab-bc-ca)$.

## 第二节　真题深度分类解析

### 考点精解 1 实数计算

【考点突破】本考点主要涉及等差数列、等比数列求和计算，裂项相消计算，乘法运算公式运用等手段.

#### 子考点 1 等差数列求和

考点运用技巧：利用等差数列求和计算公式（高斯求和）进行计算，公式为

$$S_n=\frac{n(a_1+a_n)}{2},$$

式中：$a_1$ 表示首项，$a_n$ 表示末项，$n$ 表示项数.

典型真题：（2016—12）在1与100之间，能被9整除的整数的平均值是（　　）. 难度 ★★

A. 27　　B. 36　　C. 45　　D. 54　　E. 63

**考点**　等差数列求和.

**解析**　1到100之间，被9整除的整数有：9，18，…，81，90，99，共11个数，为等差数列，先求和，再求平均值，则有

$$\overline{S}=\frac{\frac{(9+99)\times 11}{2}}{11}=54.$$选 D.

**子考点 2** 等比数列求和

考点运用技巧:利用等比数列求和公式 $S_n=\frac{a_1(1-q^n)}{1-q}(q\neq 1)$.

典型真题:(2007-10) $\frac{\frac{1}{2}+\left(\frac{1}{2}\right)^2+\left(\frac{1}{2}\right)^3+\cdots+\left(\frac{1}{2}\right)^8}{0.1+0.2+0.3+\cdots+0.9}=(\quad)$. **难度** ★★

A. $\frac{85}{768}$　　B. $\frac{85}{512}$　　C. $\frac{85}{384}$

D. $\frac{255}{256}$　　E. 以上结论均不正确

**考点** 数列的运算.

**解析** $\frac{\frac{1}{2}+\left(\frac{1}{2}\right)^2+\left(\frac{1}{2}\right)^3+\cdots+\left(\frac{1}{2}\right)^8}{0.1+0.2+0.3+\cdots+0.9}=\frac{1-\left(\frac{1}{2}\right)^8}{\frac{9}{2}}=\frac{\frac{255}{256}}{\frac{9}{2}}=\frac{85}{384}$.选 C.

**技巧** 本题当计算出$\frac{1-\left(\frac{1}{2}\right)^8}{\frac{9}{2}}$时就可以进行估值了,显然结果非常接近$\frac{1}{\frac{9}{2}}$,那么也只有 C 选项最为适合.

**点睛** 本题中分子是首项为$\frac{1}{2}$,公比为$\frac{1}{2}$的等比数列的前 8 项之和,分母是首项为 0.1,公差为 0.1 的等差数列的前 9 项之和.通过计算本题分子也可以记住结论:$\frac{1}{2}+\left(\frac{1}{2}\right)^2+\left(\frac{1}{2}\right)^3+\cdots+\left(\frac{1}{2}\right)^n=1-\left(\frac{1}{2}\right)^n$.

**子考点 3** 分数裂项求和

考点运用技巧:遇到分数可以将其拆分成两个分数的差,例如:$\frac{1}{6}=\frac{1}{2\times 3}=\frac{1}{2}-\frac{1}{3}$,公式为$\frac{1}{n(n+k)}=\frac{1}{k}\left(\frac{1}{n}-\frac{1}{n+k}\right)$.

典型真题:(2013-1) 已知 $f(x)=\frac{1}{(x+1)(x+2)}+\frac{1}{(x+2)(x+3)}+\cdots+\frac{1}{(x+9)(x+10)}$,则 $f(8)=(\quad)$. **难度** ★★

A. $\frac{1}{9}$　　B. $\frac{1}{10}$　　C. $\frac{1}{16}$　　D. $\frac{1}{17}$　　E. $\frac{1}{18}$

**考点**　裂项求和运算问题.

**解析**　$f(x)=\frac{1}{x+1}-\frac{1}{x+2}+\frac{1}{x+2}-\frac{1}{x+3}+\cdots+\frac{1}{x+9}-\frac{1}{x+10}=\frac{1}{x+1}-\frac{1}{x+10}$，则 $f(8)=\frac{1}{9}-\frac{1}{18}=\frac{1}{18}$.选 E.

**技巧**　通过观察 $f(8)$ 的运算表达式发现分母中肯定含有 18 这个数字(分母最大化原则)，那么$\frac{1}{18}$为正确答案的可能性就非常大.

**点睛**　熟练掌握裂项基本公式：$\frac{1}{n(n+k)}=\frac{1}{k}\left(\frac{1}{n}-\frac{1}{n+k}\right)$.

练习：(2000－10) $\frac{1}{1\times2}+\frac{1}{2\times3}+\frac{1}{3\times4}+\cdots+\frac{1}{99\times100}=$(　　). **难度** ★

A. $\frac{99}{100}$　　B. $\frac{100}{101}$　　C. $\frac{99}{101}$　　D. $\frac{97}{100}$　　E. $\frac{98}{101}$

**考点**　实数求和技巧(裂项相消法).

**解析**　$\frac{1}{1\times2}+\frac{1}{2\times3}+\frac{1}{3\times4}+\cdots+\frac{1}{99\times100}=\left(1-\frac{1}{2}\right)+\left(\frac{1}{2}-\frac{1}{3}\right)+\cdots+\left(\frac{1}{99}-\frac{1}{100}\right)=\frac{99}{100}$.选 A.

**技巧**　最后一项的分母中含有 100，显然正确选项在 A，D 中的可能性大.

**点睛**　考生要熟悉裂项技巧：$\frac{1}{n(n+k)}=\frac{1}{k}\left(\frac{1}{n}-\frac{1}{n+k}\right)$.

## 子考点 4　利用乘法运算公式

考点运用技巧：利用平方差、完全平方等公式进行数的合理巧算.

$$(a-b)(a+b)=a^2-b^2,(a\pm b)^2=a^2\pm2ab+b^2.$$

典型真题：(2008－1) $\frac{(1+3)(1+3^2)(1+3^4)(1+3^8)\cdots(1+3^{32})+\frac{1}{2}}{3\times3^2\times3^3\times3^4\times\cdots\times3^{10}}=$(　　).

**难度**　★★

A. $\frac{1}{2}\times3^{10}+3^{19}$　　B. $\frac{1}{2}+3^{19}$　　C. $\frac{1}{2}\times3^{19}$

D. $\frac{1}{2}\times3^{9}$　　E. 以上结论均不正确

**考点**　实数的运算.

**解析** 原式 $=\dfrac{(1-3)\left[(1+3)(1+3^2)(1+3^4)(1+3^8)\cdots(1+3^{32})+\dfrac{1}{2}\right]}{(1-3)\times 3\times 3^2\times 3^3\times\cdots\times 3^{10}}$

$=\dfrac{(1-3)(1+3)(1+3^2)(1+3^4)(1+3^8)\cdots(1+3^{32})+\dfrac{1-3}{2}}{(1-3)\times 3^{1+2+3+\cdots+10}}$

$=\dfrac{(1-3^2)(1+3^2)(1+3^4)(1+3^8)\cdots(1+3^{32})+\dfrac{1-3}{2}}{(1-3)\times 3^{55}}$

$=\dfrac{1-3^{64}-1}{(-2)\times 3^{55}}=\dfrac{1}{2}\times 3^9$.选D.

**技巧** 此题主要运用了平方差公式，在考试时由于时间紧迫，很难想到这样做，所以也可以进行大致估计，列式如下：

$$\frac{(1+3)(1+3^2)(1+3^4)(1+3^8)\cdots(1+3^{32})+\dfrac{1}{2}}{3\times 3^2\times 3^3\times 3^4\times\cdots\times 3^{10}}\approx\frac{3\times 3^2\times 3^4\times\cdots\times 3^{32}}{3\times 3^2\times 3^3\times 3^4\times\cdots\times 3^{10}}=\frac{3^{63}}{3^{55}}=3^8,$$

显然选D的可能性最大.

**点睛** 本题要熟悉平方差公式的运用，$(a-b)(a+b)=a^2-b^2$，体现了在数学中有运用乘法公式的转化思维能力.

练习：$\dfrac{2^2}{1\times 3}+\dfrac{4^2}{3\times 5}+\dfrac{6^2}{5\times 7}+\cdots+\dfrac{10^2}{9\times 11}=($　　$)$. **难度** ★★

A. $2\dfrac{2}{11}$　　B. $3\dfrac{3}{11}$　　C. $4\dfrac{4}{11}$

D. $5\dfrac{5}{11}$　　E. 以上结论均不正确

**考点** 实数的运算.

**解析** 原式 $=\dfrac{2^2-1+1}{1\times 3}+\dfrac{4^2-1+1}{3\times 5}+\dfrac{6^2-1+1}{5\times 7}+\cdots+\dfrac{10^2-1+1}{9\times 11}$

$=\dfrac{(2-1)(2+1)+1}{1\times 3}+\dfrac{(4-1)(4+1)+1}{3\times 5}+\dfrac{(6-1)(6+1)+1}{5\times 7}+\cdots+\dfrac{(10-1)(10+1)+1}{9\times 11}$

$=5+\dfrac{1}{1\times 3}+\dfrac{1}{3\times 5}+\cdots+\dfrac{1}{9\times 11}$

$=5+\dfrac{1}{2}\left(1-\dfrac{1}{3}+\dfrac{1}{3}-\dfrac{1}{5}+\cdots+\dfrac{1}{9}-\dfrac{1}{11}\right)=5\dfrac{5}{11}$.

选D.

## 考点精解 2　实数的性质

【考点突破】本考点主要涉及代数式的非负性、整数的奇偶性、质数与合数等相关性质.

### 子考点 1　代数式的非负性

考点运用技巧:若干个非负代数式的和为 0,只能是每个代数式的值均为 0,常见的非负代数表达式有:$a^2\geqslant 0$,$|b|\geqslant 0$,$\sqrt{c}\geqslant 0$,即 $a^2+|b|+\sqrt{c}=0\Rightarrow a=b=c=0$.

典型真题:(2011－1)若实数 $a,b,c$ 满足 $|a-3|+\sqrt{3b+5}+(5c-4)^2=0$,则 $abc=$(　　).

难度 ★

A. $-4$　　B. $-\frac{5}{3}$　　C. $-\frac{4}{3}$　　D. $\frac{4}{5}$　　E. 3

**考点**　代数式的非负性.

**解析**　$|a-3|$,$\sqrt{3b+5}$,$(5c-4)^2$ 都是非负值,它们的和为 0,可知它们分别为 0,即 $a-3=0$,$3b+5=0$,$5c-4=0$,解得 $a=3$,$b=-\frac{5}{3}$,$c=\frac{4}{5}$,则 $abc=-4$.选 A.

练习:(2009－1)已知实数 $a,b,x,y$ 满足 $y+\left|\sqrt{x}-\sqrt{2}\right|=1-a^2$ 和 $|x-2|=y-1-b^2$,则 $3^{x+y}+3^{a+b}=$(　　).难度 ★★★

A. 25　　B. 26　　C. 27　　D. 28　　E. 29

**考点**　代数式的非负性.

**解析**　从所给两式中消去 $y$ 得 $\left|\sqrt{x}-\sqrt{2}\right|+|x-2|+a^2+b^2=0$,可见必有 $\begin{cases}\sqrt{x}-\sqrt{2}=0,\\ x-2=0,\end{cases}$ 即 $x=2$,且 $a=b=0$,从而 $y=1$,所求为 $3^3+3^0=28$.选 D.

**技巧**　采用尾数判别法,3 的指数幂结果的尾数有 1,3,9,7,其所求和的尾数可能为 4,0,6,8,2,那么显然 26 和 28 为正确答案的选择范围.

**点睛**　本题的关键在于学会消元的思想,由于两个式子中均含有 $y$ 的一次项,那么应该将其消去才能解决问题.

练习:(2009－10)$2^{x+y}+2^{a+b}=17$. 难度 ★★★

(1) $a,b,x,y$ 满足 $y+\left|\sqrt{x}-\sqrt{3}\right|=1-a^2+\sqrt{3}b$.

(2) $a,b,x,y$ 满足 $|x-3|+\sqrt{3}b=y-1-b^2$.

**考点**　代数式的非负性、指数运算.

**解析**　两个条件都只给出一个方程,未知数个数非常多,无法确定未知数的值,单独显然不充分,考虑联合:两式相加得到 $y+\left|\sqrt{x}-\sqrt{3}\right|+|x-3|+\sqrt{3}b=1-a^2+\sqrt{3}b+y-1-b^2$,整理得 $a^2+b^2+\left|\sqrt{x}-\sqrt{3}\right|+|x-3|=0$,可得 $a=b=0$,$x=3$,进而求得 $y=1$,故 $2^{x+y}+2^{a+b}=17$,

充分.选 C.

技巧 把方程化成$(\quad)^2+|\quad|+\sqrt{\quad}=0$的形式.

子考点 2 整数的奇偶性

考点运用技巧:利用整数的奇偶特性进行合情推理.

(1) 奇数与奇数的差为偶数,奇数与奇数的和为偶数.

(2) 偶数与偶数的差为偶数,偶数与偶数的和为偶数.

(3) 偶数与奇数的差为奇数,偶数与奇数的和为奇数.

(4) 两个奇数的乘积为奇数,奇数(偶数)的正整数次幂仍为奇数(偶数),一个偶数和一个奇数的乘积为偶数.

典型真题:(2012-1) 已知 $m,n$ 是正整数,则 $m$ 为偶数. 难度 ★★

(1) $3m+2n$ 是偶数.

(2) $3m^2+2n^2$ 是偶数.

考点 偶数的性质.

解析 条件(1):由于 $2n$ 是偶数,得 $3m$ 也是偶数,则 $m$ 为偶数,充分;

条件(2):同理得 $m$ 为偶数,也充分.选 D.

技巧 其实本题由于条件(1)和(2)只相差了一个平方,而平方不会改变一个数的奇偶性,那么直接可以认为两个条件都充分.

点睛 奇数±奇数=偶数,偶数±偶数=偶数,奇数±偶数=奇数,奇数的正整数次幂是奇数,偶数的正整数次幂是偶数.

练习:(2014-10) $m^2-n^2$ 是 4 的倍数. 难度 ★

(1) $m,n$ 都是偶数.

(2) $m,n$ 都是奇数.

考点 奇偶性分析.

解析 $m^2-n^2=(m+n)(m-n)$.

条件(1):因为偶数±偶数=偶数,偶数×偶数必定是 4 的倍数,故充分;

条件(2):因为奇数±奇数=偶数,偶数×偶数必定是 4 的倍数,故充分.选 D.

技巧 本题属于条件矛盾型,经逐个分析可以直接选 D.

练习:(2013-10) $m^2n^2-1$ 能被 2 整除. 难度 ★

(1) $m$ 是奇数.

(2) $n$ 是奇数.

考点 奇偶性分析.

解析 条件(1):$n$ 为偶数时,$m^2n^2$ 是偶数,则 $m^2n^2-1$ 为奇数,无法被 2 整除,不充分;

条件(2):$m$ 为偶数时,$m^2n^2$ 是偶数,则 $m^2n^2-1$ 为奇数,无法被 2 整除,不充分.

考虑联合:$m,n$ 均为奇数时,$m^2n^2$ 是奇数,则 $m^2n^2-1$ 为偶数,能被 2 整除,充分.选 C.

**技巧**　可赋值代入验证.

## 子考点 3　质数的概念

考点运用技巧:对于质数、合数问题,要特别注意偶质数 2 的运用,熟悉 30 以内的质数.

典型真题:(2011－12)若 $a,b,c$ 是小于12的三个不同的质数(素数),且 $|a-b|+|b-c|+|c-a|=8$,则 $a+b+c=$(　　).**难度**　★★

A. 10　　B. 12　　C. 14　　D. 15　　E. 19

**考点**　质数性质.

**解析**　小于 12 的质数为 2,3,5,7,11,不妨设 $a<b<c$,则由 $|a-b|+|b-c|+|c-a|=8$,有 $2c-2a=8\Rightarrow c-a=4$,显然 $c=7,a=3$,那么 $b=5$,则 $a+b+c=15$.选 D.

**技巧**　本题考查常见的质数性质,除了 2 以外的质数均为奇数,根据任意两个奇数的差为偶数,所以想到 $2+2+4=8$,得到 $a=7,b=5,c=3$.

**点睛**　本题要熟悉 20 以内的所有质数.另外,本题也可以在数轴上通过观察距离求出结果.

练习:(2013－1)$p=mq+1$ 为质数.**难度**　★★

(1) $m$ 为正整数,$q$ 为质数.

(2) $m,q$ 均为质数.

**考点**　质数及运算.

**解析**　除了 2 以外,所有质数均为奇数,当 $m,q$ 均为奇数时,$mq$ 为奇数,$p=mq+1$ 为偶数,除了 $m=q=1$ 之外,$p$ 都不是质数,故两条件均不充分,联合后依然不充分,选 E.

**技巧**　代入赋值验证.

## 子考点 4　数的分解

考点运用技巧:本考点要求考生能熟练进行质因数的分解.

典型真题:(2009－10) $a+b+c+d+e$ 的最大值是 133.**难度**　★★★

(1) $a,b,c,d,e$ 是大于 1 的自然数,且 $abcde=2\,700$.

(2) $a,b,c,d,e$ 是大于 1 的自然数,且 $abcde=2\,000$.

**考点**　因数分解.

**解析**　条件(1):$2\,700=2\times2\times3\times3\times75$;

条件(2):$2\,000=2\times2\times2\times2\times125$.

易知由条件(2)有 $(a+b+c+d+e)_{max}=2\times4+125=133$.选 B.

练习:(2014－1) 若几个质数(素数) 的乘积为770,则它们的和为(　　). **难度** ★

A. 85　　B. 84　　C. 27　　D. 26　　E. 25

**考点**　分解质因数.

**解析**　$N=770=7\times11\times2\times5$,和为25.选E.

## 子考点5　数的整除与带余除法

考点运用技巧:考查数的除法,一般涉及余数问题,当余数为0时,就称为整除.

熟练掌握如下除法公式:

设正整数 $n$ 被正整数 $m$ 除,得商为 $s$,余数为 $r$,则可以表示为 $n=ms+r$($s$,$r$ 均为自然数,且 $0\leqslant r<m$).特别是当余数 $r=0$ 时,称 $n$ 能被 $m$ 整除.

典型真题:(2008－10) $\frac{n}{14}$ 是一个整数. **难度** ★

(1) $n$ 是一个整数,且 $\frac{3n}{14}$ 也是一个整数.

(2) $n$ 是一个整数,且 $\frac{n}{7}$ 也是一个整数.

**考点**　整除的性质.

**解析**　条件(1):$\frac{3n}{14}$ 是一个整数,因为3不是14的约数,所以 $n$ 是14的倍数,则 $\frac{n}{14}$ 是一个整数,充分;

条件(2):取 $n=7$,显然不充分.选A.

**点睛**　其实本题很容易发现条件(2)是不充分的,那么就应该认为条件(1)充分的可能性非常大,快速选A.

练习:(2007－10) $m$ 是一个整数. **难度** ★★

(1) 若 $m=\frac{p}{q}$,其中 $p$ 与 $q$ 为非零整数,且 $m^2$ 是一个整数.

(2) 若 $m=\frac{p}{q}$,其中 $p$ 与 $q$ 为非零整数,且 $\frac{2m+4}{3}$ 是一个整数.

**考点**　整除的性质.

**解析**　条件(1):由于 $m=\frac{p}{q}$,说明 $m$ 为有理数,又 $m^2$ 是一个整数,则 $m$ 为整数,充分;

条件(2):取 $p=-1$,$q=2$,$m=-\frac{1}{2}$,显然 $\frac{2m+4}{3}$ 是一个整数,但 $m$ 不是整数,不充分.选A.

**技巧**　本题可以先观察条件(2),明显可以找到反例,发现不充分,那么条件(1)充分的可能性就比较大了.

**点睛** 本题要理解条件(1)的内涵,一个有理数的平方若为整数,只能是这个有理数本身是整数.

练习:(2010－10)某种同样的商品装成一箱,每个商品的质量都超过1千克,并且是1千克的整数倍,去掉箱子质量后净重210千克,拿出若干个商品后,净重183千克,则每个商品的质量为(　　). **难度** ★★

A. 1千克　　B. 2千克　　C. 3千克　　D. 4千克　　E. 5千克

**考点** 数的整除.

**解析** 拿出的商品质量是$210-183=27$(千克),由于每个商品的质量都大于1千克且是1千克的整数倍,那么27就一定能被单个商品的质量数整除,验证各选项只能选C.

**技巧** 把选项代入验证.

## 考点精解3 数的大小比较

【考点突破】本考点主要要求考生会比较两个数的大小关系,也需要了解一些不等式的性质.

(1) 若$a>b,c>0$,则$ac>bc$;若$a>b$, $d<0$,则$ad<bd$.

(2) 传递性:$a>b,b>c\Rightarrow a>c$.

(3) 同向可加性:$a>b,c>d\Rightarrow a+c>b+d$.

(4) 同向皆正相乘性:$a>b>0,c>d>0\Rightarrow ac>bd$.

(5) 皆正倒数性:$a>b>0\Rightarrow \frac{1}{b}>\frac{1}{a}>0$.

(6) 皆正乘方性:$a>b>0\Rightarrow a^n>b^n>0$ ($n$为正整数).

典型真题:(2008－1)$ab^2<cb^2$. **难度** ★★

(1) 实数$a,b,c$满足$a+b+c=0$.

(2) 实数$a,b,c$满足$a<b<c$.

**考点** 实数的运算性质.

**解析** 只需要取$a=-1,b=0,c=1$,既满足条件(1),又满足条件(2),却不满足题干,显然两个条件都不充分,联合也不充分.选E.

**点睛** 此题很容易忽略$b=0$的情况而选C,要求考生考试时细心.

练习:(2012－1)已知$a,b$是实数,则$a>b$. **难度** ★

(1) $a^2>b^2$.

(2) $a^2>b$.

**考点** 实数的大小比较.

**解析** 只需要取 $a=-1,b=0$ 这组值，两个条件都满足，却不满足题干，即可说明两条件都不充分，联合也不充分.选 E.

**技巧** 由带平方或绝对值的表达式大小一般无法得到不带平方或绝对值的表达式大小.

练习：(2007－10)$x>y$. **难度** ★★

(1) 若 $x$ 和 $y$ 都是正整数，且 $x^2<y$.

(2) 若 $x$ 和 $y$ 都是正整数，且 $\sqrt{x}<y$.

**考点** 实数运算.

**解析** 条件(1)：$x^2<y$ 显然无法推出 $x>y$，比如可取反例 $x=1,y=2$，不充分；

条件(2)：$\sqrt{x}<y$ 显然无法推出 $x>y$，比如可取反例 $x=1,y=2$，不充分.

联合后依然可取反例 $x=1,y=2$，亦不充分.综上选 E.

**技巧** 举反例代入验证.

## 考点精解 4 绝对值定义的运用

【考点突破】本考点主要涉及绝对值的运算问题，常见解题手段有绝对值的算术定义与几何定义.绝对值的算术定义为 $|a|=\begin{cases}a, & a\geqslant 0,\\ -a, & a<0,\end{cases}$ 绝对值的几何定义为 $|a|$ 表示实数 $a$ 在数轴上所对应的点到原点的距离.

【名师总结】处理绝对值的最值问题时，可以采用算术的方法去掉绝对值后进行讨论，从而研究最值，但这样的方法比较慢；也可以从几何定义的角度，将绝对值理解成距离进行研究；还可以用零点直接代入检验(这样的方法比较快捷).熟悉常见的绝对值函数 $y=|x-a|+|x-b|$，其最小值为 $|a-b|$，其函数图像为平底锅形状.

### 子考点 1 绝对值函数问题

考点运用技巧：常见的绝对值函数有 $y=|x-a|+|x-b|$(平底锅形) 和 $y=|x-a|-|x-b|$($Z$ 形).

典型真题：(2009－10)设 $y=|x-a|+|x-20|+|x-a-20|$，其中 $0<a<20$，则对于满足 $a\leqslant x\leqslant 20$ 的 $x$ 值，$y$ 的最小值是(　　). **难度** ★★

A. 10　　B. 15　　C. 20　　D. 25　　E. 30

**考点** 去绝对值符号.

**解析** 方法一：(算术法) 因为 $0<a<20$，$a\leqslant x\leqslant 20$，所以 $x-a\geqslant 0$，$x-20\leqslant 0$，故

$$y=|x-a|+|x-20|+|x-a-20|=x-a+20-x-(x-a-20)=-x+40,$$

而 $a\leqslant x\leqslant 20$，所以 $20\leqslant -x+40\leqslant 40-a$，故 $y_{\min}=20$.选 C.

方法二：(几何法) 本题也可以用绝对值的几何意义求解，即 $y$ 表示数轴上实数 $x$ 到三个点 $a$，$20$，$a+20$ 的距离之和，显然最小值在 $x=20$ 时能取到，则最小值就为 20.选 C.

练习:(2007－10) 设 $y=|x-2|+|x+2|$,则下列结论正确的是(　　). 难度 ★★

A. $y$ 没有最小值

B. 只有一个 $x$ 使 $y$ 取到最小值

C. 有无穷多个 $x$ 使 $y$ 取到最大值

D. 有无穷多个 $x$ 使 $y$ 取到最小值

E. 以上结论均不正确

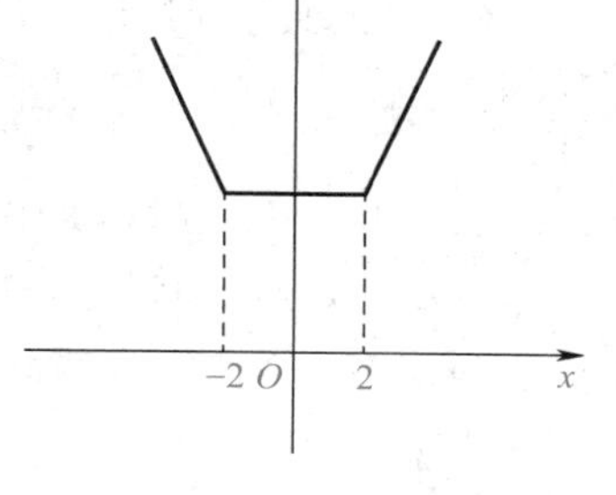


**考点**　绝对值函数的最值.

**解析**　当且仅当 $-2\leqslant x\leqslant 2$ 时,$y$ 能取得最小值 4.选 D.

**技巧**　采用图像法,画出平底锅形图像,见右图,也可以得出结论.

**点睛**　函数 $y=|x-a|+|x-b|(a<b)$,当且仅当 $a\leqslant x\leqslant b$ 时,$y$ 取得最小值 $|a-b|$,图像如平底锅.

## 子考点 2　绝对值方程解的问题

考点运用技巧:对于绝对值方程解的问题,可以利用绝对值的算术定义将其去掉绝对值后进行常规求解;也可以利用绝对值的几何定义,从数轴的角度进行求解;当然还可以利用绝对值函数的图像进行求解.

典型真题:(2007－10) 方程 $|x+1|+|x|=2$ 无根. 难度 ★★

(1) $x\in(-\infty,-1)$.

(2) $x\in(-1,0)$.

**考点**　绝对值方程.

**解析**　方法一:从条件出发,条件(1) $|x+1|+|x|=2\Rightarrow -x-1-x=2\Rightarrow x=-\dfrac{3}{2}$,有根,不充分;条件(2) $|x+1|+|x|=2\Rightarrow x+1-x=1=2$,无根,充分.选 B.

方法二:当 $x\in(-\infty,-1)$ 时,$x$ 到 $-1$ 的距离与到原点的距离之和等于 2 是完全有可能实现的,而当 $x\in(-1,0)$ 时,$x$ 到 $-1$ 的距离与到原点的距离之和只能等于 1,明显是不可能等于 2 的,所以条件(1) 不充分,条件(2) 充分.选 B.

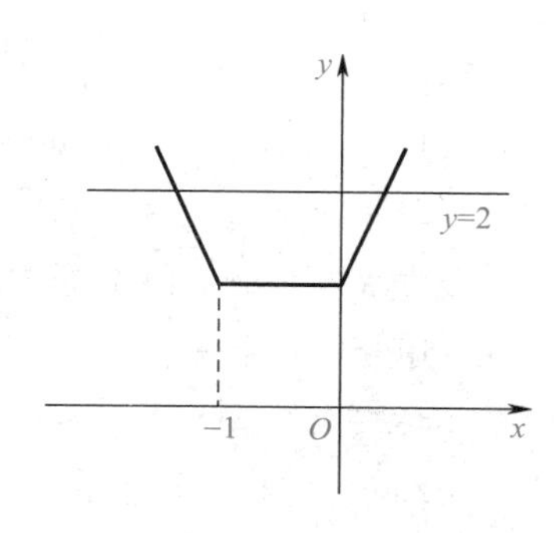


**技巧**　本题只要画出图像,如右图,该方程的左边 $y=|x+1|+|x|$ 是一个平底锅形图像,右边 $y=2$ 是一条直线,那么条件(1) 在 $x\in(-\infty,-1)$ 时,明显发现它们是有交点的,而条件(2) 在 $x\in(-1,0)$ 时,明显没有交点,也就是方程无实数根.

练习:(2013－10) 方程 $|x+1|+|x+3|+|x-5|=9$ 存在唯一解. 难度 ★★★

(1) $|x-2|\leqslant 3$.

(2) $|x-2|\geqslant 2$.

**考点** 绝对值方程与不等式.

**解析** 条件(1),即 $-3\leqslant x-2\leqslant 3\Rightarrow -1\leqslant x\leqslant 5$,原方程可化为 $x+1+x+3+5-x=9\Rightarrow x=0$,存在唯一解,故条件(1)充分.

条件(2),即 $x-2\geqslant 2$ 或 $x-2\leqslant -2\Rightarrow x\geqslant 4$ 或 $x\leqslant 0$.

(1) 当 $x\geqslant 4$ 时,$x+1+x+3+|x-5|=9\Rightarrow |x-5|=5-2x$,两边平方解得 $x_1=0,x_2=\frac{10}{3}$(都舍去);

(2) 当 $x\leqslant 0$ 时,$|x+1|+|x+3|-x+5=9$,$|x+1|+|x+3|=x+4$.

方法一:分区间讨论去掉绝对值求解:

当 $x<-3$ 时,原式化为 $-x-1-x-3=x+4\Rightarrow x=-\frac{8}{3}$(舍去);

当 $-3\leqslant x\leqslant -1$ 时,原式化为 $-x-1+x+3=x+4\Rightarrow x=-2$;

当 $-1<x\leqslant 0$ 时,原式化为 $x+1+x+3=x+4\Rightarrow x=0$.

综上所述,此时存在 $x=-2$ 或 $x=0$ 两个根,则条件(2)不充分.选 A.

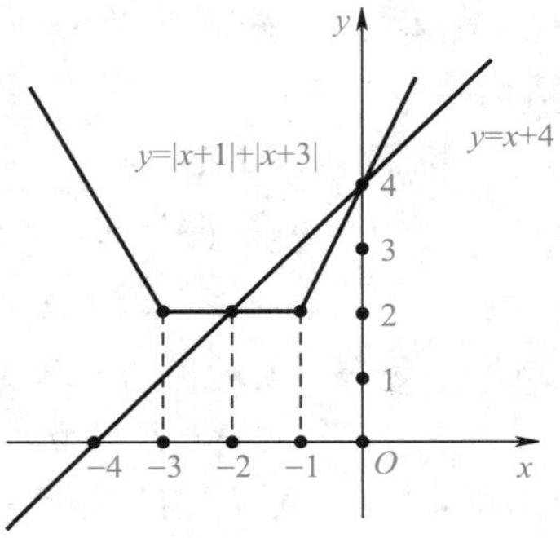

方法二:画图,如右图,可知 $y=|x+1|+|x+3|$ 与 $y=x+4$ 有 2 个交点,且分别在 $x=-2$ 和 $x=0$ 处,则条件(2)不充分. 选 A.

**技巧** 本题属于绝对值方程的问题,最适合的做法就是使用几何意义来做,由条件(1),当 $-1\leqslant x\leqslant 5$ 时,明显发现只有取 $x=0$ 时,才能满足三段距离之和是 9;而由条件(2),当 $x\leqslant 0$ 或 $x\geqslant 4$ 时,明显发现取 $x=0$ 或 $x=-2$ 都满足结果是 9,即存在两组解,不充分.

## 子考点 3 关于绝对值表达式的恒成立问题

考点运用技巧:本考点建议利用绝对值函数的最值进行合理的分析.

典型真题:(2003-1) 不等式 $|x-2|+|4-x|<s$ 无解. **难度** ★★

(1) $s\leqslant 2$.

(2) $s>2$.

**考点** 绝对值不等式.

**解析** 由于 $|x-2|+|4-x|$ 的最小值为 2,所以 $s\leqslant 2$ 才能保证不等式无解,选 A.

**技巧** 由于两个条件对立,答案一般在 A,B 中选择,那么取 $s=2$ 代入运算,$|x-2|+|4-x|<2$ 显然是无解的,那么选 A 的可能性非常大.

**点睛** 本题表面上是考查无解问题,实际是考查绝对值的最值问题.另外,遇到不等式的无解问题,可以转化成解为任意实数的恒成立问题分析,此题"$|x-2|+|4-x|<s$ 无解"可以等价转化为"$|x-2|+|4-x|\geqslant s$ 的解为任意实数"进行分析.

## 考点精解 5 绝对值的性质

【考点突破】本考点主要涉及绝对值的性质，包括自反性、对称性、三角不等式等.

### 子考点 1 三角不等式问题

$|a+b|\leqslant|a|+|b|$（$ab\geqslant0$ 时等号成立）；

$|a+b|\geqslant\big||a|-|b|\big|$（$ab\leqslant0$ 时等号成立）；

$|a-b|\leqslant|a|+|b|$（$ab\leqslant0$ 时等号成立）；

$|a-b|\geqslant\big||a|-|b|\big|$（$ab\geqslant0$ 时等号成立）.

考点运用技巧：掌握等号成立的条件.

典型真题：(2013－1) 已知 $a,b$ 为实数，则 $|a|\leqslant1,|b|\leqslant1$. 难度 ★★

(1) $|a+b|\leqslant1$.

(2) $|a-b|\leqslant1$.

考点 绝对值不等式问题（三角不等式的运用）.

解析 条件(1)，取 $a=-2,b=1$ 即可发现不充分；条件(2)，取 $a=2,b=1$ 也可以发现不充分.联合两个条件：$2|a|=|(a+b)+(a-b)|\leqslant|a+b|+|a-b|\leqslant2\Rightarrow|a|\leqslant1$.

同理：$2|b|=|(a+b)-(a-b)|\leqslant|a+b|+|a-b|\leqslant2\Rightarrow|b|\leqslant1$，联合充分.选 C.

技巧 此题显然联合后成立，就别再去证明了.

点睛 熟练掌握三角不等式 $|a\pm b|\leqslant|a|+|b|$，并熟悉什么时候能取到等号.

练习：(2004－1) $x,y$ 是实数，$|x|+|y|=|x-y|$. 难度 ★

(1) $x>0,y<0$.

(2) $x<0,y>0$.

考点 绝对值的性质（三角不等式的运用）.

解析 $|x|+|y|=|x-y|\Rightarrow xy\leqslant0$，所以条件(1)，(2) 都充分，选 D.

技巧 本题也可以从条件出发，直接验证题干是否正确，当条件(1) 成立时，$|x|+|y|=x-y$，$|x-y|=x-y$，题干成立.同理条件(2) 成立时，题干也成立.选 D.

点睛 三角不等式 $|x+y|\leqslant|x|+|y|$，当且仅当 $xy\geqslant0$ 时等号成立；$|x-y|\leqslant|x|+|y|$，当且仅当 $xy\leqslant0$ 时等号成立.

练习：$\dfrac{|a-b|}{|a|+|b|}<1$. 难度 ★

(1) $\dfrac{a}{|a|}-\dfrac{b}{|b|}=0$.

(2) $\dfrac{a}{|a|}+\dfrac{b}{|b|}=0$.

**考点** 绝对值的自比性.

**解析** 条件(1) 显然 $ab>0$,而条件(2) 显然 $ab<0$,所以条件(1) 充分.选 A.

### 子考点2 对称性和自反性

考点运用技巧:

对称性:互为相反数的两个数的绝对值相等,即 $|-x|=|x|$.

自反性:$\dfrac{|x|}{x}=\dfrac{x}{|x|}=\begin{cases}1, & x>0,\\ -1, & x<0.\end{cases}$

典型真题:(2008-10) $-1<x\leqslant\dfrac{1}{3}$. **难度** ★★

(1) $\left|\dfrac{2x-1}{x^2+1}\right|=\dfrac{1-2x}{1+x^2}$.

(2) $\left|\dfrac{2x-1}{3}\right|=\dfrac{2x-1}{3}$.

**考点** 绝对值的性质.

**解析** 由条件(1),有 $\dfrac{2x-1}{1+x^2}\leqslant 0\Rightarrow x\leqslant\dfrac{1}{2}$,不充分;由条件(2),有 $\dfrac{2x-1}{3}\geqslant 0\Rightarrow x\geqslant\dfrac{1}{2}$,不充分;联合两个条件,有 $x=\dfrac{1}{2}$,也不充分.选 E.

**技巧** 可以看出两个条件都包含 $x=\dfrac{1}{2}$,直接取 $x=\dfrac{1}{2}$,不满足题干,则都不充分.选 E.

**点睛** 对本题考生很容易自上而下,把题干当成条件进行分析,这样就容易误选 A.另外,本题要熟悉绝对值的自反性结论:$|a|=a\Rightarrow a\geqslant 0$,$|a|=-a\Rightarrow a\leqslant 0$.

练习:(2010-1) $a|a-b|\geqslant|a|(a-b)$. **难度** ★★

(1) 实数 $a>0$.

(2) 实数 $a,b$ 满足 $a>b$.

**考点** 绝对值的性质.

**解析** 从题干分析:$a|a-b|\geqslant|a|(a-b)\xleftrightarrow{\text{两边同除以}|a|\cdot|a-b|}\dfrac{a}{|a|}\geqslant\dfrac{a-b}{|a-b|}$,则只需要满足 $a\geqslant 0$ 或 $a\leqslant b$ 即可,那么条件(1) 充分,条件(2) 不充分.选 A.

**技巧** 本题也可以从条件出发,在条件(1) 的情况下,题干为 $|a-b|\geqslant a-b$,显然题干成立,故条件(1) 充分;而在条件(2) 的情况下,题干即 $a\geqslant|a|$,显然不成立,也就不充分.选 A.

**点睛** 本题考生的错误率极高,考生很容易误认为联合充分,从而误选 C.要知道,当某个条件单独能够充分时,即使联合后也充分,也不能选 C.

## 考点精解 6 比例及其性质

【考点突破】本考点主要考查比和比例的运算，要求考生遇到连比时会设 $k$，即统一比例法，然后用 $k$ 进行相关运算. 另外，比例的相关性质，如等比定理等也是值得关注的.

【要点浏览】

(1) 合比定理：$\frac{a}{b}=\frac{c}{d}\Rightarrow\frac{a+b}{b}=\frac{c+d}{d}$；

(2) 分比定理：$\frac{a}{b}=\frac{c}{d}\Rightarrow\frac{a-b}{b}=\frac{c-d}{d}$；

(3) 等比定理：$\frac{a}{b}=\frac{c}{d}=\frac{e}{f}\Rightarrow\frac{a+c+e}{b+d+f}=\frac{a}{b}(b+d+f\neq0)$.

【名师总结】本考点要求能将一个比例式化成最简整数比，从而用设比例系数 $k$ 的方法解决问题，目前此类题考查力度在逐年减小.

### 子考点 1 比例计算

考点运用技巧：遇到连比时先化为整数比，然后设 $k$，即统一比例法.

典型真题：(2002－1) 设 $\frac{1}{x}:\frac{1}{y}:\frac{1}{z}=4:5:6$，则使 $x+y+z=74$ 成立的 $y$ 值是(　　).

**难度** ★

A. 24　　B. 36　　C. $\frac{74}{3}$　　D. $\frac{37}{2}$　　E. 48

**考点** 比例式运算.

**解析** 由题干有 $x:y:z=\frac{1}{4}:\frac{1}{5}:\frac{1}{6}=15:12:10$，设 $\frac{x}{15}=\frac{y}{12}=\frac{z}{10}=k$，则 $x=15k$，$y=12k$，$z=10k$，从而 $x+y+z=15k+12k+10k=74$，解得 $k=2$，所以 $y=24$.选 A.

**点睛** 遇到比例式问题，首先要化成最简的整数比.

练习：(2014－12) 若实数 $a:b:c=1:2:5$，且 $a+b+c=24$，则 $a^2+b^2+c^2=$(　　).

**难度** ★

A. 30　　B. 90　　C. 120　　D. 240　　E. 270

**考点** 比例问题.

**解析** 由题干可设 $a=k$，$b=2k$，$c=5k$，那么 $a+b+c=k+2k+5k=24\Rightarrow8k=24\Rightarrow k=3$，得 $a=3$，$b=6$，$c=15$，则 $a^2+b^2+c^2=9+36+225=270$.选 E.

**点睛** 遇到比例问题设 $k$ 的方法非常重要.

### 子考点 2 比例性质

考点运用技巧：本考点主要要求考生掌握合分比定理和等比定理.

典型真题：(2002－10) 若$\frac{a+b-c}{c}=\frac{a-b+c}{b}=\frac{-a+b+c}{a}=k$，则 $k$ 的值为（　　）.

难度 ★★

A. 1　　B. 1 或 －2　　C. －1 或 2　　D. －2　　E. －1 或 －2

考点　比例式的运算(等比定理).

解析　当 $a+b+c\neq 0$ 时，$k=\frac{a+b-c}{c}=\frac{a-b+c}{b}=\frac{-a+b+c}{a}=\frac{a+b+c}{a+b+c}=1$；

当 $a+b+c=0$ 时，$k=\frac{a+b-c}{c}=\frac{-c-c}{c}=-2$.选 B.

技巧　由于 B 选项中包含了 A 和 D 选项，那么考试时一般可以猜测答案为 B.

点睛　本题的关键是熟悉等比定理的适用范围.

## 考点精解 7　乘法运算及公式

【考点突破】本考点主要考查整式的运算，包括整式的乘法运算、乘法运算公式(平方差公式、完全平方公式等)、整式的除法运算、因式定理与因式分解、余式定理等内容.

【要点浏览】常用的几个乘法公式，参考第一节中的知识点.

### 子考点 1　整式的运算

考点运用技巧：完全平方公式最大的用途就在于对代数式进行合理的配方，从而获得解题途径.

典型真题：(2008－1) 若△$ABC$ 的三边 $a,b,c$ 满足 $a^2+b^2+c^2=ab+ac+bc$，则△$ABC$ 为（　　）. 难度 ★★

A. 等腰三角形　　B. 直角三角形　　C. 等边三角形

D. 等腰直角三角形　　E. 以上结论均不正确

考点　整式的运算.

解析　由于 $a^2+b^2+c^2=ab+ac+bc$，则 $2a^2+2b^2+2c^2-2ab-2ac-2bc=0$，即 $a^2-2ab+b^2+b^2-2bc+c^2+c^2-2ac+a^2=0$，配方有 $(a-b)^2+(b-c)^2+(c-a)^2=0$，得到 $a=b=c$，则三角形为等边三角形.选 C.

点睛　一般遇到形如 $ab,ac,bc$ 之类的轮换式，很容易导出 $a=b=c$.

练习：(2010－10) 若实数 $a,b,c$ 满足 $a^2+b^2+c^2=9$，则代数式 $(a-b)^2+(b-c)^2+(c-a)^2$ 的最大值是（　　）. 难度 ★★★

A. 21　　B. 27　　C. 29　　D. 32　　E. 39

考点　整式运算与最值.

解析　$(a-b)^2+(b-c)^2+(c-a)^2=2(a^2+b^2+c^2)-2(ab+bc+ca)$

$$=3(a^2+b^2+c^2)-(a^2+b^2+c^2+2ab+2bc+2ca)$$
$$=3(a^2+b^2+c^2)-(a+b+c)^2\leqslant 27.$$

选 B.

**技巧**　本题很容易发现选项中只有 27 是 9 的倍数,正确可能性较大,直接选 B.

**点睛**　首先利用完全平方公式将代数式展开,然后配方,利用非负性求解最值.本题的关键在于 $2ab+2bc+2ca=(a+b+c)^2-(a^2+b^2+c^2)$,然后才能利用非负性求解.

练习:(模考题)已知 $\frac{x}{a}+\frac{y}{b}+\frac{z}{c}=3$,$\frac{a}{x}+\frac{b}{y}+\frac{c}{z}=0$,那么 $\frac{x^2}{a^2}+\frac{y^2}{b^2}+\frac{z^2}{c^2}=$(　　).

**难度**　★★

A. 0　　B. 1　　C. 3

D. 9　　E. 以上结论均不正确

**考点**　完全平方式.

**解析**　采用换元法:假设 $\frac{x}{a}=M$,$\frac{y}{b}=N$,$\frac{z}{c}=Q$,那么 $M+N+Q=3$,$\frac{1}{M}+\frac{1}{N}+\frac{1}{Q}=0$,即 $MN+NQ+QM=0$,$M^2+N^2+Q^2=(M+N+Q)^2-2(MN+NQ+MQ)=9$.

选 D.

**子考点 2**　立方和(差)公式的运用

考点运用技巧:立方和(差)公式是最近几年的命题方向,大部分考生对其比较陌生.

典型真题:(2011－1)已知 $x^2+y^2=9$,$xy=4$,则 $\frac{x+y}{x^3+y^3+x+y}=$(　　). **难度**　★★

A. $\frac{1}{2}$　　B. $\frac{1}{5}$　　C. $\frac{1}{6}$　　D. $\frac{1}{13}$　　E. $\frac{1}{14}$

**考点**　分式的化简与运算.

**解析**
$$\frac{x+y}{x^3+y^3+x+y}=\frac{x+y}{(x+y)(x^2-xy+y^2)+x+y}$$
$$=\frac{1}{x^2-xy+y^2+1}=\frac{1}{6}.$$

选 C.

**点睛**　先用立方和公式进行因式分解,然后约分,最后代入求值.

练习:(2014－1)设 $x$ 是非零实数,则 $x^3+\frac{1}{x^3}=18$. **难度**　★★

(1) $x+\frac{1}{x}=3$.

(2) $x^2+\frac{1}{x^2}=7$.

**考点** 乘法运算公式.

**解析** 条件(1):

$$x^3+\left(\frac{1}{x}\right)^3=\left(x+\frac{1}{x}\right)\left[x^2-x\cdot\frac{1}{x}+\left(\frac{1}{x}\right)^2\right]=\left(x+\frac{1}{x}\right)\left[\left(x+\frac{1}{x}\right)^2-3x\cdot\frac{1}{x}\right]$$

$=3\times(9-3)=18$,充分;

条件(2):

$$x^2+\left(\frac{1}{x}\right)^2=7\Rightarrow\left(x+\frac{1}{x}\right)^2-2=7\Rightarrow x+\frac{1}{x}=\pm3,\text{不充分}.$$

选 A.

**技巧** 条件(2)有负数的情况,并不充分,又因两条件不可能联合,只能选条件(1)充分.

**点睛** 本题很容易错选 C,觉得需要联合才能充分,这样就陷入了出题陷阱.夯实基础非常重要.

## 考点精解 8 整式的除法问题

【考点突破】余数定理:$F(x)=a_0x^n+a_1x^{n-1}+\cdots+a_n$ 除以一次因式 $x-a$ 所得的余数一定是 $F(a)$.

因式定理:$F(x)$ 能被 $x-a$ 整除,则 $F(a)=0$.

【名师总结】除法问题一般可以转化为乘法进行运算(待定系数法),也可以令除式为 0,得到相应变量 $x$ 的值,这样代入被除式后即余数的值,就可以得到相应参数的值.

### 子考点 1 整除问题与因式问题

考点运用技巧:因式定理:$F(x)$ 能被 $x-a$ 整除,则 $F(a)=0$.

典型真题:(2012-1)若 $x^3+x^2+ax+b$ 能被 $x^2-3x+2$ 整除,则(　　). **难度** ★★

A. $a=4,b=4$　　B. $a=-4,b=-4$　　C. $a=10,b=-8$

D. $a=-10,b=8$　　E. $a=-2,b=0$

**考点** 整式的运算.

**解析** $f(x)=x^3+x^2+ax+b=(x^2-3x+2)g(x)=(x-1)(x-2)g(x)$,则

$$\begin{cases}f(1)=1+1+a+b=0,\\f(2)=8+4+2a+b=0\end{cases}\Rightarrow\begin{cases}a=-10,\\b=8.\end{cases}$$

选 D.

**点睛** 本题也可以采用综合除法进行运算,列式如下:

$$\begin{array}{r} x+4 \\ x^2-3x+2\overline{\big)x^3+x^2+ax+b} \\ x^3-3x^2+2x \\ \hline 4x^2+(a-2)x+b \\ 4x^2-12x+8 \\ \hline (a+10)x+b-8 \end{array}$$

因为能够整除，所以$\begin{cases}a+10=0,\\ b-8=0\end{cases}\Rightarrow\begin{cases}a=-10,\\ b=8.\end{cases}$选 D.

练习：(2009－10) 二次三项式 $x^2+x-6$ 是多项式 $2x^4+x^3-ax^2+bx+a+b-1$ 的一个因式. **难度** ★★

(1) $a=16$.

(2) $b=2$.

**考点**　整式的运算.

**解析**　$f(x)=2x^4+x^3-ax^2+bx+a+b-1$

$=(x^2+x-6)g(x)=(x+3)(x-2)g(x)$,

即

$$\begin{cases}f(2)=0,\\ f(-3)=0\end{cases}\Rightarrow\begin{cases}a-b-13=0,\\ 4a+b=67\end{cases}\Rightarrow\begin{cases}a=16,\\ b=3.\end{cases}$$

选 E.

**技巧**　联合起来，看常数项，所以 $a+b-1=16+2-1=17$，显然不是 6 的倍数，马上选 E.

练习：(2010－1) 多项式 $x^3+ax^2+bx-6$ 的两个因式是 $x-1$ 和 $x-2$，则第三个一次因式为(　　). **难度** ★

A. $x-6$　　B. $x-3$　　C. $x+1$　　D. $x+2$　　E. $x+3$

**考点**　整式的运算.

**解析**　最高次项 $x^3$ 的系数和两个已知一次因式 $x-1$，$x-2$ 的系数都是正数，那么第三个一次因式的一次项系数一定是1，且两个已知一次因式的常数为$-1$，$-2$，展开式常数项是$-6$，则第三个一次项的常数一定为$-3$.选 B.

**技巧**　$-6=-1\times(-2)\times(-3)$，所以选 B.

### 子考点 2　带余除法问题

考点运用技巧：余数定理：$F(x)=a_0x^n+a_1x^{n-1}+\cdots+a_n$ 除以一次因式 $x-a$ 所得的余数一定是 $F(a)$.其实，对本考点考生只需要写出带余除法表达式(被除式＝除式×商式＋余式)，然后令除式为0即可求解.

典型真题:(2007－10) 若多项式 $f(x)=x^3+a^2x^2+x-3a$ 能被 $x-1$ 整除,则实数 $a=$ (　　). 难度 ★

A. 0　　B. 1　　C. 0 或 1　　D. 2 或 −1　　E. 2 或 1

考点　整式的运算(整除).

解析　多项式 $f(x)=x^3+a^2x^2+x-3a$ 能被 $x-1$ 整除 $\Leftrightarrow f(1)=0$,即 $1+a^2+1-3a=0$,解得 $a=1$ 或 $a=2$.选 E.

## 考点精解 9 ‖ 代数式的化简与求值

【考点突破】本考点主要涉及代数式的求值,包括赋值运算、降幂运算等.

### 子考点 1 消元消除法

考点运用技巧:本考点主要要求考生能将一个变量用另一个变量进行表示,从而进行消元求解.

典型真题:(2014－12) 已知 $p,q$ 为非零实数,则能确定 $\frac{p}{q(p-1)}$ 的值. 难度 ★★

(1) $p+q=1$.

(2) $\frac{1}{p}+\frac{1}{q}=1$.

考点　整式与分式.

解析　条件(1):首先取 $p=-1,q=2$,题干为 $\frac{-1}{2\times(-1-1)}=\frac{1}{4}$,再取 $p=2,q=-1$,题干为

$$\frac{2}{(-1)\times(2-1)}=-2,$$

显然不充分;

条件(2):$\frac{1}{p}+\frac{1}{q}=1\Rightarrow p+q=pq$,题干为

$$\frac{p}{q(p-1)}=\frac{p}{pq-q}=\frac{p}{p+q-q}=1,$$

充分.选 B.

技巧　显然两个条件中条件(1)简单,先做条件(1),当条件(1)不充分时,再判断条件(2)的充分性.

练习:(2013－10) 已知 $f(x,y)=x^2-y^2-x+y+1$,则 $f(x,y)=1$. 难度 ★

(1) $x=y$.

(2) $x+y=1$.

**考点** 代数运算与函数问题.

**解析** 条件(1):当 $x=y$ 时,代入得 $f(x,y)=1$,充分;

条件(2):当 $x+y=1$ 时,$f(x,y)=(x+y)(x-y)-(x-y)+1=1$,充分.选 D.

**点睛** 本题很多同学容易误选 C,联合后其实也是正确的,但单独正确是不需要联合的.

练习:(2013-1) 设 $x,y,z$ 为非零实数,则 $\frac{2x+3y-4z}{-x+y-2z}=1$. **难度** ★★

(1) $3x-2y=0$.

(2) $2y-z=0$.

**考点** 分式运算.

**解析** 题干表达式中含有 $x,y,z$ 三个变量,而两个条件中分别只给出含有两个变量的方程,显然无法确定另一个变量的值,也无法确定题干表达式的值,故两个条件单独一定是不充分的,显然需要联合分析:由条件(1),有 $3x-2y=0$,可得 $x=\frac{2y}{3}$,由条件(2),有 $2y-z=0$,可得 $z=2y$,将题干表达式中的 $x,z$ 均用 $y$ 来表示,可得 $\frac{2x+3y-4z}{-x+y-2z}=\frac{\frac{4}{3}y+3y-8y}{-\frac{2}{3}y+y-4y}=1$.选 C.

**技巧** 题干有三个未知数,条件(1) 和条件(2) 各有两个未知数,所以需要联合.

**子考点 2** 降次运算法

考点运用技巧:本考点的运用方法:不要将变量解出,直接采用从高次向低次逐渐代入进行求解.

典型真题:(2009-1) $2a^2-5a-2+\frac{3}{a^2+1}=-1$. **难度** ★★★

(1) $a$ 是方程 $x^2-3x+1=0$ 的根.

(2) $|a|=1$.

**考点** 分式的化简与运算.

**解析** 条件(1),$a$ 是方程 $x^2-3x+1=0$ 的根,所以 $a^2+1=3a$,有

$$a+\frac{1}{a}=3,2a^2-5a=a-2,$$

则

$$2a^2-5a-2+\frac{3}{a^2+1}=a-2-2+\frac{1}{a}=-1,$$

充分;条件(2) 不充分.选 A.

**点睛** 条件(1) 主要采用构造整体的思维方法,而不是求出具体 $a$ 的值,当然如果考试时

间来不及可以猜其正确.

练习:若 $a^2+a=-1$,则 $a^4+2a^3-3a^2-4a+3=$(　　). 难度 ★★

A. 2　　B. 4　　C. 6　　D. 8　　E. 10

考点　高次多项式降次.

解析　方法一:$a^2+a=-1 \Rightarrow (a^2+a)^2=1 \Rightarrow a^4+2a^3=1-a^2$,则

$$a^4+2a^3-3a^2-4a+3=1-4a^2-4a+3=-4(a^2+a)+4=8.$$

方法二:利用多项式除法.考虑多项式 $a^4+2a^3-3a^2-4a+3$ 除以 $a^2+a+1$ 的余数,很快能得出余数就是 8.选 D.

## 子考点 3　整体消除法

考点运用技巧:本考点就是采用换元的方法,使复杂的代数式变成简单明了的代数式进行求解.

典型真题:(2014－12) 已知 $M=(a_1+a_2+\cdots+a_{n-1})(a_2+a_3+\cdots+a_n)$,$N=(a_1+a_2+\cdots+a_n)(a_2+a_3+\cdots+a_{n-1})$,则 $M>N$. 难度 ★★

(1) $a_1>0$.

(2) $a_1a_n>0$.

考点　整式运算.

解析　设 $a_2+a_3+a_4+\cdots+a_{n-1}=t$,那么题干为 $M=(a_1+t)(t+a_n)$,$N=(a_1+t+a_n)t$,证明 $M>N \Leftrightarrow (a_1+t)(t+a_n)>(a_1+t+a_n)t \Leftrightarrow a_1a_n>0$,很明显条件(2) 充分.选 B.

点睛　本题考查了代数式整体运算的理解能力,一般遇到复杂整体时,可以利用换元法将复杂的整体换成一个变量.

## 子考点 4　赋值消除法

考点运用技巧:本考点主要是采用取特殊值的方法求一些代数式的参数或系数.

典型真题:(2009－1) 若 $(1+x)+(1+x)^2+\cdots+(1+x)^n=a_1(x-1)+2a_2(x-1)^2+\cdots+na_n(x-1)^n$,则 $a_1+2a_2+3a_3+\cdots+na_n=$(　　). 难度 ★★

A. $\frac{3^n-1}{2}$　　B. $\frac{3^{n+1}-1}{2}$　　C. $\frac{3^{n+1}-3}{2}$　　D. $\frac{3^n-3}{2}$　　E. $\frac{3^n-3}{4}$

考点　整式的运算.

解析　取 $x=2$,则

$$a_1+2a_2+3a_3+\cdots+na_n=(1+2)+(1+2)^2+\cdots+(1+2)^n=\frac{3^{n+1}-3}{2}.$$

选 C.

技巧　采用特殊值法,令 $n=1$,$x=2$,则有 $a_1=3$,排除选项后选 C.

**点睛** 此题的关键点是对 $x$ 的处理，因为要计算的式子不含 $x$，而已知式子中却含有 $x$，比较后容易发现令 $x=2$ 即可.

## 第三节 母题精讲

### 一、问题求解

1. $\dfrac{20\ 122\ 011^2}{20\ 122\ 010^2+20\ 122\ 012^2-2}=(\quad)$. **难度** ★★

A. $\dfrac{1}{4}$　　B. $\dfrac{1}{3}$　　C. $\dfrac{1}{2}$　　D. $\dfrac{3}{5}$　　E. $\dfrac{2\ 012}{20\ 122\ 012}$

**答案** C

**考点** 实数的计算.

**解析** 
$$\frac{20\ 122\ 011^2}{20\ 122\ 010^2+20\ 122\ 012^2-2}=\frac{20\ 122\ 011^2}{20\ 122\ 010^2-1+20\ 122\ 012^2-1}$$
$$=\frac{20\ 122\ 011^2}{20\ 122\ 011\times 20\ 122\ 009+20\ 122\ 011\times 20\ 122\ 013}$$
$$=\frac{20\ 122\ 011^2}{20\ 122\ 011\times(2\times 20\ 122\ 011)}$$
$$=\frac{1}{2}.$$

【评注】 在代数计算中熟练运用乘法运算公式.

2. 若整数 $x$ 使 $\dfrac{2x^2-x+2}{x-1}$ 也是整数，则所有这种整数 $x$ 之和等于(　　). **难度** ★★

A. 4　　B. 2　　C. 0　　D. $-2$　　E. $-4$

**答案** A

**考点** 整数.

**解析** 
$$\frac{2x^2-x+2}{x-1}=\frac{2x(x-1)+x+2}{x-1}$$
$$=\frac{2x(x-1)+x-1+3}{x-1}=2x+1+\frac{3}{x-1},$$
所以 $x$ 只能取 $-2,0,2,4$ 这 4 个数，所有数之和为 4.

【评注】 一般遇到分式的分子次数比分母高时，可以采用分离的方法，将其次数降低，这样可以大大简化题目.

3. 已知两个自然数的差为48，它们的最小公倍数为60，则这两个数的最大公约数为(　　). 难度 ★

A. 10　　B. 12　　C. 15　　D. 20　　E. 30

答案　B

考点　最小公倍数和最大公约数.

解析　设两个数分别为 $a=ck_1, b=ck_2$（$a>b$，且 $k_1, k_2$ 互质），得

$$\begin{cases} ck_1-ck_2=48, \\ ck_1k_2=60 \end{cases} \Rightarrow \begin{cases} k_1=5, \\ k_2=1, \\ c=12. \end{cases}$$

【评注】　使用假设法做题非常简单快捷，对于本题也可以发现两个数的最大公约数一定是60与48之差的约数，显然就是12.

4. 绝对值小于100的所有被3除余1的整数之和等于(　　). 难度 ★

A. 0　　B. $-32$　　C. 33　　D. $-33$　　E. 32

答案　D

考点　带余除法.

解析　根据题意求绝对值小于100的所有被3除余1的整数之和，其实就是求 $-100$ 到100之间被3除余1的整数之和，即找到 $-100$ 到100被3除余1的整数，然后求和.

在0到100之间被3除余1的整数是 $1,4,7,\cdots,91,94,97$，共计33个.

在 $-100$ 到0之间被3除余1的整数是 $-98,-95,-92,-89,\cdots,-8,-5,-2$，共计33个.

其总和为 $-33$.

【评注】　本题主要考查带余除法的知识点，解答本题的关键是找到被3除余1的整数，此题有一定的难度.

5. 设正整数 $a$ 与 $b$ 的最大公约数为18，且 $5a+2b=540$，则 $a$ 与 $b$ 的最小公倍数为(　　). 难度 ★★

A. 180　　B. 180或360　　C. 360　　D. 540或360　　E. 540

答案　C

考点　最大公约数和最小公倍数.

解析　设 $a=18k_1, b=18k_2$，且 $k_1, k_2$ 互质，代入 $5a+2b=540$，得

$$5\times18k_1+2\times18k_2=540 \Rightarrow 5k_1+2k_2=30 \Rightarrow k_1=4, k_2=5,$$

所以 $a$ 与 $b$ 的最小公倍数为 $18k_1k_2=360$.

【评注】　一般已知两个数的最大公约数，可以假设这两个数分别为最大公约数的倍数，且这个倍数是互质的.

6. 用若干条长为1的线段围成一个长方形，长方形的长和宽的最大公约数是7，最小公倍数

是 140，当周长最小时，它的面积是（　　）．难度　★

A. 280　　B. 560　　C. 980　　D. 490　　E. 700

答案　C

考点　最大公约数与最小公倍数.

解析　设长为 $7a$，宽为 $7b$，且 $a$，$b$ 互质，由题意可知 $7ab=140$，即 $ab=20$，又 $20=1\times20=2\times10=4\times5$，且 $4+5=9$ 最小，此时长方形的周长最小，所以 $a=7\times4=28$，$b=7\times5=35$，面积为 $28\times35=980$.

【评注】　此题主要考查最大公约数与最小公倍数的求法，熟练掌握周长与面积的计算公式是解题的关键.

7. 某产品有三个生产工序，第一个工序上每人每分钟可完成 3 个，第二个工序上每人每分钟可完成 5 个，第三个工序上每人每分钟可完成 7 个，为合理安排人员，原有的 500 名工人可裁减（　　）名工人. 难度　★

A. 4　　B. 3　　C. 5　　D. 7　　E. 1

答案　B

考点　最小公倍数问题与余数问题.

解析　先求出 3，5，7 的最小公倍数为 105，所以三个工序上需要的人数比为 $35:21:15$，将 500 除以 71，余数为 3.

【评注】　此题是最小公倍数的灵活考法.

8. 设 $\alpha$ 和 $\beta$ 都是 $|2x+1|+|2x+5|=4$ 的解，则 $|\alpha-\beta|_{\max}=$（　　）. 难度　★★

A. 5　　B. 4　　C. 3　　D. 2　　E. 1

答案　D

考点　绝对值方程.

解析　$|2x+1|+|2x+5|=4\Rightarrow\left|x+\frac{1}{2}\right|+\left|x+\frac{5}{2}\right|=2$，它的几何意义表示数轴上一动点 $x$ 到定点 $-\frac{1}{2}$ 和定点 $-\frac{5}{2}$ 的距离之和为 2，由于这两个定点间的距离为 2，所以动点 $x$ 只需要满足 $-\frac{5}{2}\leqslant x\leqslant-\frac{1}{2}$ 即可，则 $|\alpha-\beta|_{\max}=2$.

【评注】　本题采用了绝对值的几何定义来解题，要熟悉重要绝对值函数 $y=|x-a|+|x-b|(a<b)$ 有最小值 $|a-b|$（当且仅当自变量 $x$ 取 $a\leqslant x\leqslant b$ 时能取到最小值）.

9. 正整数 $n$ 被 22 除的余数为 17，被 42 除的余数为 37，那么 $n$ 被 33 除的余数为（　　）. 难度　★★

A. 30　　B. 28　　C. 23　　D. 16　　E. 5

**答案** B

**考点** 带余除法问题.

**解析** 由带余除法定义可得：$n=22k_1+17=42k_2+37 \Rightarrow 22(k_1+1)-5=42(k_2+1)-5$，即 $11(k_1+1)=21(k_2+1)$.由于11，21互质，则满足此等式的最小的 $k_1=20, k_2=10$，显然最小的正整数 $n$ 为457，被33除的余数为28.

【评注】 带余除法问题一般可以用待定系数法将表达式表示出来，然后观察余数为整数的情况，而由于本题的余数与除数之差都是5，所以具有独特的做法.

10. 设实数 $a$ 和 $b$ 满足 $2|a+3|+b^2+\frac{9}{4}=3b$，则 $(a+3)^2-2|b|=$（　　）. **难度** ★

A. 4　　B. $-4$　　C. 3　　D. $-3$　　E. 不确定

**答案** D

**考点** 代数式的非负性质.

**解析** $2|a+3|+b^2+\frac{9}{4}=3b \Rightarrow 2|a+3|+\left(b-\frac{3}{2}\right)^2=0 \Rightarrow a=-3, b=\frac{3}{2}$，代入，有 $(a+3)^2-2|b|=-3$.

【评注】 当平方和与绝对值同时出现的时候，要多考虑构造成非负式，利用非负式的代数和为0的时候，只能每个代数式都是0这个特性解题.

11. 已知二次三项式 $21x^2+ax-10$ 可分解为两个整系数的一次因式乘积，那么（　　）. **难度** ★

A. $a$ 一定为奇数　　B. $a$ 一定为偶数　　C. $a$ 可能为奇数也可能为偶数
D. $a$ 一定为负数　　E. 以上结论均不正确

**答案** A

**考点** 因式分解与数的奇偶性质.

**解析** 由于21只可以分解成两个奇数，而 $-10$ 只能分解成一个奇数和一个偶数，所以可以分析得出 $a$ 为奇数.

【评注】 要熟练掌握奇数和偶数性质的推理.

12. 已知实数 $x,y,z$ 满足 $x^2+y^2+z^2=4$，则 $(2x-y)^2+(2y-z)^2+(2z-x)^2$ 的最大值是（　　）. **难度** ★★

A. 12　　B. 20　　C. 28　　D. 36　　E. 44

**答案** C

**考点** 完全平方公式，代数式求值.

**解析** 因为实数 $x,y,z$ 满足 $x^2+y^2+z^2=4$，所以

$$(2x-y)^2+(2y-z)^2+(2z-x)^2=5(x^2+y^2+z^2)-4(xy+yz+xz)$$

$=20-2[(x+y+z)^2-(x^2+y^2+z^2)]=28-2(x+y+z)^2\leqslant 28.$

所以当 $x+y+z=0$ 时，$(2x-y)^2+(2y-z)^2+(2z-x)^2$ 的最大值是 28.

【评注】 此题主要考查完全平方式的性质及代数式的求值，要学会拼凑多项式.

13. 设 $abc\neq 0$，$(a+b+c)^2\geqslant 3(a^2+b^2+c^2)$，则 $\frac{5bc-4ab}{2a^2+b^2+3c^2}=$（　　）. 难度 ★★

A. 0　　B. 1　　C. $\frac{1}{6}$　　D. $\frac{2}{5}$　　E. $\frac{3}{4}$

答案　C

考点　代数式运算.

解析　$(a+b+c)^2\geqslant 3(a^2+b^2+c^2)\Rightarrow a^2+b^2+c^2\leqslant ab+bc+ca$

$\Rightarrow(a-b)^2+(b-c)^2+(c-a)^2\leqslant 0\Rightarrow a=b=c$，

则 $\frac{5bc-4ab}{2a^2+b^2+3c^2}=\frac{a^2}{6a^2}=\frac{1}{6}.$

【评注】 轮换式的运算问题是比较重要的.尤其注意公式

$$(a+b+c)^2=a^2+b^2+c^2+2ab+2bc+2ca.$$

14. 若 $a,b$ 都是实数，且 $a^2+2ab+2b^2+4a+8=0$，则 $ab=$（　　）. 难度 ★★

A. $-8$　　B. 8　　C. 32　　D. 2 004　　E. 1

答案　A

考点　实数的非负性.

解析　$a^2+2ab+2b^2+4a+8=0\Rightarrow 2a^2+4ab+4b^2+8a+16=0$

$\Rightarrow a^2+4ab+4b^2+a^2+8a+16=0$

$\Rightarrow(a+2b)^2+(a+4)^2=0\Rightarrow\begin{cases}a=-4,\\b=2.\end{cases}$

则 $ab=-8$.

【评注】 构造完全平方式往往需要整式两边乘以一个系数.

## 二、条件充分性判断

15. $M=24$. 难度 ★★★

(1) 已知 3 个连续的正整数的倒数和等于 $\frac{191}{504}$，这 3 个数之和为 $M$.

(2) 已知 3 个质数的倒数和等于 $\frac{113}{154}$，这 3 个数之和为 $M$.

答案　A

考点　实数的运算.

**解析** 条件(1)：要求这 3 个数的和是多少，首先应求出这 3 个数分别是多少，已知 3 个数的倒数之和是$\frac{191}{504}$，所以先把 504 分解质因数，得到$504=7\times8\times9$，通过计算 $\frac{1}{7}+\frac{1}{8}+\frac{1}{9}=\frac{191}{504}$ 正好成立，故得这 3 个正整数分别为 7，8，9，所以这 3 个数之和是 $7+8+9=24$，充分；

条件(2)：由于 $154=2\times7\times11$，倒数和为$\frac{1}{2}+\frac{1}{7}+\frac{1}{11}=\frac{113}{154}$，所以 3 个质数分别为 2，7，11，这 3 个数之和为 20，不充分.

【评注】 此题考查学生对分数拆分的方法，同时考查分解质因数及倒数等知识.

16. $\frac{2a^2-b^2}{3a^2+b^2}=\frac{4}{11}$. **难度** ★★★

(1) $\frac{6b^4}{2a^2+b^2}=a^2$.

(2) $\log_2\frac{\sqrt{2}a-1}{\sqrt{3}b-1}=0$.

**答案** A

**考点** 代数式的运算.

**解析** 条件(1)：$\frac{6b^4}{2a^2+b^2}=a^2\Rightarrow6b^4=2a^4+a^2b^2\Rightarrow2a^4+a^2b^2-6b^4=0$，即

$$(a^2+2b^2)\cdot(2a^2-3b^2)=0\Rightarrow a^2=-2b^2(\text{舍})\text{ 或 }2a^2=3b^2,$$

代入原式后得$\frac{3b^2-b^2}{\frac{9}{2}b^2+b^2}=\frac{4}{11}$，充分；

条件(2)：$\log_2\frac{\sqrt{2}a-1}{\sqrt{3}b-1}=0\Rightarrow\frac{\sqrt{2}a-1}{\sqrt{3}b-1}=1\Rightarrow\sqrt{2}a=\sqrt{3}b\Rightarrow2a^2=3b^2$，显然包含 $a=b=0$ 的情况，不充分.

【评注】 本题的关键在于要考虑到不满足题意的情况.

17. $\frac{a}{a^2+7a+1}=\frac{1}{10}$. **难度** ★★

(1) $a+\frac{1}{a}=3$.

(2) $a+\frac{1}{a}=2$.

**答案** A

**考点** 代数式的运算.

**解析** 由题干分析得$\frac{a}{a^2+7a+1}=\frac{1}{a+\frac{1}{a}+7}$，条件(1) 代入充分，条件(2) 代入不充分.选 A.

【评注】 此类题不建议解出具体 $a$ 的值，这样的运算太麻烦，应采用整体运算的技巧.

18. 已知三角形 $ABC$ 的三条边分别为 $a,b,c$，则三角形 $ABC$ 是等腰直角三角形.

难度 ★★

(1) $(a-b)(c^2-a^2-b^2)=0$.

(2) $c=\sqrt{2}b$.

答案 C

考点 三角形判定，代数式运算.

解析 条件(1)：$(a-b)(c^2-a^2-b^2)=0$，得 $a^2+b^2=c^2$ 或 $a=b$，只能得到 $\triangle ABC$ 是直角三角形或等腰三角形，不充分；

条件(2)：$c=\sqrt{2}b$ 单独显然不充分；考虑联合：当 $a=b$，并且 $c=\sqrt{2}b$ 时，$a^2+b^2=c^2$，可以得到 $\triangle ABC$ 为等腰直角三角形，当 $a^2+b^2=c^2$，并且 $c=\sqrt{2}b$ 时，$a^2+b^2=2b^2\Rightarrow a^2=b^2\Rightarrow a=b$，可以得到 $\triangle ABC$ 为等腰直角三角形，充分.

19. $\triangle ABC$ 的边长为 $a,b,c$，则 $\triangle ABC$ 是直角三角形. 难度 ★★

(1) $(c^2-a^2-b^2)(a^2-b^2)=0$.

(2) $\triangle ABC$ 的面积为 $\frac{1}{2}ab$.

答案 B

考点 三角形判定，代数式运算.

解析 条件(1)：$(c^2-a^2-b^2)(a^2-b^2)=0$，得 $a^2+b^2=c^2$ 或 $a^2=b^2$，只能得到 $\triangle ABC$ 是直角三角形或等腰三角形，不充分；

条件(2) 是直角三角形面积的计算公式，充分.选 B.

# 第二章
# 函数、方程、不等式真题应试技巧


◆ 第一节 核心公式、知识点与考点梳理
◆ 第二节 真题深度分类解析
◆ 第三节 母题精讲


---

【考试地位】函数、方程、不等式是整个联考的核心，要作为一个密不可分的整体进行复习，要求考生能够迅速求解简单方程或不等式，能理解方程的解其实就是对应两个函数的交点坐标，以及能由方程和不等式的解的特性来研究其参数，包括会利用方程和不等式的思想解决实际应用问题.本模块在每年考试中一般有 3 道题.

# 第一节　核心公式、知识点与考点梳理

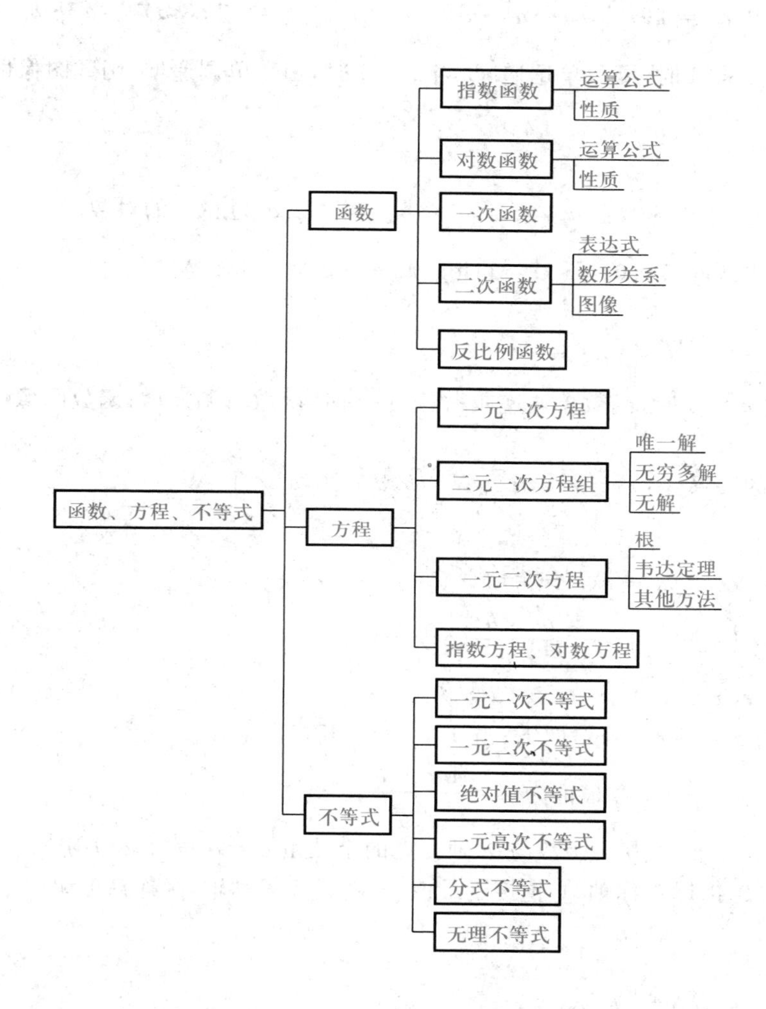

1. 指数函数

定义：$y=a^x(a>0$，且$a\neq 1)$.

基本运算公式：$a^0=1$；$a^{-1}=\frac{1}{a}$；$a^r\cdot a^z=a^{r+z}$；$(a^r)^z=a^{rz}$；$(ab)^r=a^r\cdot b^r$；$\frac{a^r}{a^z}=a^{r-z}$.

性质：当$0<a<1$时，函数单调递减；当$a>1$时，函数单调递增；函数图像恒过点$(0,1)$，且在$x$轴上方.

2. 对数函数

定义：$y=\log_a x(a>0$，且$a\neq 1)$，$x>0$，$y$叫作以$a$为底$x$的对数.

基本运算公式：$\log_a 1=0$；$\log_a a=1$；$\log_a M+\log_a N=\log_a MN$；$\log_a N=\frac{\log_b N}{\log_b a}$；$\log_a M-\log_a N=\log_a \frac{M}{N}$；$\log_{a^k} M^n=\frac{n}{k}\log_a M$.

性质：当$0<a<1$时，函数单调递减；当$a>1$时，函数单调递增；函数图像恒过点$(1,0)$，且在$y$轴右侧.

指数与对数的关系式：$a^b=N\Leftrightarrow\log_a N=b(a>0,a\neq 1,N>0)$.

3. 二次函数

一般式：$y=ax^2+bx+c(a\neq 0)$.

顶点式：$y=a\left(x+\frac{b}{2a}\right)^2+\frac{4ac-b^2}{4a}(a\neq 0)$.

零点式：$y=a(x-x_1)(x-x_2)(a\neq 0)$.

数形关系：当$a<0$时，开口向下；当$a>0$时，开口向上；

对称轴为$x=-\frac{b}{2a}$；函数最值为$y=\frac{4ac-b^2}{4a}$；

函数在$y$轴上的截距为$c$；函数与$x$轴交点的个数由$\Delta=b^2-4ac$决定.

图像特点：$x$越接近对称轴，$y$越接近最值；$x$越远离对称轴，$y$越趋于无穷.

4. 反比例函数

定义：$y=\frac{k}{x}(k$为常数，$k\neq 0)$.

5. 一元一次方程

参考一次函数.

6. 二元一次方程组

唯一解：两直线相交；无穷多解：两直线重合；无解：两直线平行.

7. 一元二次方程(参考二次函数)

十字相乘法(因式分解法)：将方程$ax^2+bx+c=0(a\neq 0)$化为$(mx-n)(dx-e)=0$的形式，方程的解为$x_1=\frac{n}{m}$或$x_2=\frac{e}{d}$.

求根公式：当 $\Delta<0$ 时，方程无实根；当 $\Delta\geqslant 0$ 时，方程的解为 $x_{1,2}=\dfrac{-b\pm\sqrt{b^2-4ac}}{2a}$.

根的个数：当 $\Delta>0$ 时，方程有两个不同的实数根；当 $\Delta=0$ 时，方程有两个相等的实数根；当 $\Delta<0$ 时，方程无实数根.

根的分布[记 $f(x)=ax^2+bx+c$，若 $m,n(m<n)$ 都不是方程 $ax^2+bx+c=0(a\neq 0)$ 的根]：

$f(x)=0$ 有且只有一个实根属于 $(m,n)\Leftrightarrow f(m)f(n)<0$；

$f(x)=0$ 的两个实根都属于 $(m,n)\Leftrightarrow\begin{cases}b^2-4ac\geqslant 0,\\ af(m)>0,\\ af(n)>0,\\ m<-\dfrac{b}{2a}<n;\end{cases}$

$f(x)=0$ 的两个实根分别在 $(m,n)$ 两侧 $\Leftrightarrow\begin{cases}b^2-4ac\geqslant 0,\\ af(m)<0,\\ af(n)<0;\end{cases}$

$f(x)=0$ 的两个实根都在 $(m,n)$ 右侧 $\Leftrightarrow\begin{cases}b^2-4ac\geqslant 0,\\ af(n)>0,\\ -\dfrac{b}{2a}>n;\end{cases}$

$f(x)=0$ 的两个实根都在 $(m,n)$ 左侧 $\Leftrightarrow\begin{cases}b^2-4ac\geqslant 0,\\ af(m)>0,\\ -\dfrac{b}{2a}<m.\end{cases}$

一元二次方程韦达定理：$x_1+x_2=-\dfrac{b}{a}$；$x_1x_2=\dfrac{c}{a}$.

可用一元二次方程韦达定理求解的变形：

$x_1^2+x_2^2=(x_1+x_2)^2-2x_1x_2$；

$(x_1-x_2)^2=(x_1+x_2)^2-4x_1x_2$；

$|x_1-x_2|=\sqrt{(x_1+x_2)^2-4x_1x_2}$；

$x_1x_2^2+x_1^2x_2=x_1x_2(x_1+x_2)$；

$\dfrac{1}{x_1}+\dfrac{1}{x_2}=\dfrac{x_1+x_2}{x_1x_2}$；

$\dfrac{1}{x_1^2}+\dfrac{1}{x_2^2}=\dfrac{(x_1+x_2)^2-2x_1x_2}{(x_1x_2)^2}$；

$\dfrac{x_2}{x_1}+\dfrac{x_1}{x_2}=\dfrac{x_1^2+x_2^2}{x_1x_2}=\dfrac{(x_1+x_2)^2-2x_1x_2}{x_1x_2}$.

一元三次方程韦达定理[$ax^3+bx^2+cx+d=0(a\neq 0)$]：

$x_1+x_2+x_3=-\dfrac{b}{a}$；$x_1x_2x_3=-\dfrac{d}{a}$；$x_1x_2+x_2x_3+x_3x_1=\dfrac{c}{a}$.

8. 一元一次不等式

求解步骤：去分母（注意不漏乘），去括号（注意符号），移项（要变号），合并同类项（细心计算），系数化为“1”（分子与分母不颠倒）.

9. 一元二次不等式

求解思想：转化为一元二次方程求解.

一元二次不等式 $ax^2+bx+c<0$ 的解集为 $\mathbf{R}\Leftrightarrow\begin{cases}a<0,\\ \Delta<0.\end{cases}$

一元二次不等式 $ax^2+bx+c>0$ 的解集为 $\mathbf{R}\Leftrightarrow\begin{cases}a>0,\\ \Delta<0.\end{cases}$

10. 绝对值不等式

$|a+b|\leqslant|a|+|b|$（$ab\geqslant0$ 时等号成立）.

$|a+b|\geqslant\big||a|-|b|\big|$（$ab\leqslant0$ 时等号成立）.

$|a-b|\leqslant|a|+|b|$（$ab\leqslant0$ 时等号成立）.

$|a-b|\geqslant\big||a|-|b|\big|$（$ab\geqslant0$ 时等号成立）.

$-|a|\leqslant a\leqslant|a|$ 恒成立.

有限个实数之和的绝对值不大于它们的绝对值之和，即

$$|a_1+a_2+\cdots+a_n|\leqslant|a_1|+|a_2|+\cdots+|a_n|,$$

当它们同号时等号成立.

数形结合法：分别在平面坐标系中画出不等号两边的函数图像，观察满足不等式的解集.

去绝对值法：直接去掉绝对值符号，分情况讨论，合并解集，或两边平方去掉绝对值.

11. 一元高次不等式

穿针引线法：奇穿偶不穿.

12. 无理分式

求解思路：去掉根号，有偶次根时不要漏掉定义域的约束.

## 第二节　真题深度分类解析

### 考点精解 1　线性函数（一次函数）与线性方程（一次方程）

【考点突破】本考点主要考查一次函数及一次方程（线性方程）以及它们的实际运用等.

#### 子考点 1　一次函数

考点运用技巧：其图像为一条直线，其中 $k$ 为直线的斜率.当 $k>0$ 时，图像必过第一、三象限；当 $k<0$ 时，图像必过第二、四象限.$b$ 为直线在 $y$ 轴上的截距，当 $b=0$ 时，图像过原点.

典型真题：(1997－1) 当 $ab<0$ 时，直线 $y=ax+b$ 必然(　　)． 难度 ★

A. 经过第一、二、四象限　　B. 经过第一、三、四象限　　C. 在 $y$ 轴上的截距为正数

D. 在 $x$ 轴上的截距为正数　　E. 在 $x$ 轴上的截距为负数

考点　判断直线经过的象限．

解析　当 $a>0,b<0$ 时，直线经过第一、三、四象限，当 $a<0,b>0$ 时，直线经过第一、二、四象限，所以 A，B 都错误，直线在 $y$ 轴上的截距为 $b$，正负不确定，所以 C 错误，直线在 $x$ 轴上的截距为 $-\frac{b}{a}>0$，选 D．

技巧　本题其实也可以取 $a,b$ 的特殊值进行验证．

点睛　判断直线经过的象限，有两种思路：一个是根据斜率和截距来判断；另一个是根据直线在两个坐标轴上的截距来判断．

练习：(2012－1) 直线 $y=ax+b$ 经过第二象限． 难度 ★

(1) $a=-1,b=1$．

(2) $a=1,b=-1$．

考点　直线方程．

解析　条件(1)：$y=-x+1$，直线经过第一、二、四象限，充分；
条件(2)：$y=x-1$，直线经过第一、三、四象限，不充分.选 A．

点睛　根据两个条件给的斜率和截距判断直线经过的象限．

## 子考点 2　一次方程(线性方程)

考点运用技巧：解二元一次(三元一次) 方程组时，主要采用加减消元法或者代入消元法．

典型真题：(2008－10) 某学生在解方程 $\frac{ax+1}{3}-\frac{x+1}{2}=1$ 时，误将式中的 $x+1$ 看成 $x-1$，得出的解为 $x=1$.那么 $a$ 的值和原方程的解应是(　　)． 难度 ★★

A. $a=1,x=-7$　　B. $a=2,x=5$　　C. $a=2,x=7$

D. $a=5,x=2$　　E. $a=5,x=\frac{1}{7}$

考点　一元一次方程的解法．

解析　应有 $\frac{a+1}{3}-\frac{1-1}{2}=1$，即 $a=2$，则原方程为 $\frac{2x+1}{3}-\frac{x+1}{2}=1$，即 $\frac{1}{6}x=\frac{7}{6}$，得 $x=7$，选 C．

练习：(2010－10) $(\alpha+\beta)^{2\,009}=1$． 难度 ★★

(1) $\begin{cases}x+3y=7,\\ \beta x+\alpha y=1\end{cases}$ 与 $\begin{cases}3x-y=1,\\ \alpha x+\beta y=2\end{cases}$ 有相同的解．

(2) $\alpha$ 与 $\beta$ 是方程 $x^2+x-2=0$ 的两个根.

**考点** 一元二次方程与二元一次方程组的解法.

**解析** 条件(1):由 $\begin{cases}x+3y=7,\\3x-y=1\end{cases}\Rightarrow\begin{cases}x=1,\\y=2,\end{cases}$ 代入 $\begin{cases}\beta x+\alpha y=1,\\\alpha x+\beta y=2,\end{cases}$ 得 $\begin{cases}\beta+2\alpha=1,\\\alpha+2\beta=2\end{cases}\Rightarrow\alpha+\beta=1$,得 $(\alpha+\beta)^{2\,009}=1$,充分;

条件(2):$\alpha+\beta=-1$,得 $(\alpha+\beta)^{2\,009}=-1$,不充分.选 A.

**技巧** 本题由于条件(2)比较简单,可以先做条件(2),明显条件(2)不充分,那么条件(1)充分的可能性是非常大的.

**点睛** 如果两个方程组同解,那么其中的方程重新组合成方程组后,仍与原方程同解,故解本题时先将不含参数的两个方程重新组合,求出 $x$,$y$ 的值后,再求出参数的值.

## 考点精解 2 二次函数与一元二次方程

【考点突破】主要考查二次函数的图像与性质,以及对应的一元二次方程及其运用.

### 子考点 1 二次函数的对称轴

考点运用技巧:二次函数 $y=ax^2+bx+c$ 的对称轴为 $x=-\dfrac{b}{2a}$.

典型真题:(2013-1) 已知抛物线 $y=x^2+bx+c$ 的对称轴为 $x=1$,且过点 $(-1,1)$,则( ). **难度** ★

A. $b=-2,c=-2$　　B. $b=2,c=2$　　C. $b=-2,c=2$

D. $b=-1,c=-1$　　E. $b=1,c=1$

**考点** 抛物线的对称轴问题.

**解析** 抛物线的对称轴为 $x=-\dfrac{b}{2}=1\Rightarrow b=-2$,又因为过点 $(-1,1)$,则

$$1=(-1)^2+b(-1)+c\Rightarrow b=c\Rightarrow c=-2.$$

选 A.

**点睛** 抛物线的图像、对称轴方程、顶点坐标等基本结论要牢记.

### 子考点 2 二次函数的顶点坐标与最值

考点运用技巧:顶点坐标为 $\left(-\dfrac{b}{2a},\dfrac{4ac-b^2}{4a}\right)$,开口方向由 $a$ 的正负决定.二次函数的最值为 $y=\dfrac{4ac-b^2}{4a}$.

典型真题:(2007-10) 一元二次函数 $y=x(1-x)$ 的最大值为( ). **难度** ★

A. 0.05　　B. 0.10　　C. 0.15　　D. 0.20　　E. 0.25

**考点**　二次函数的最值.

**解析**　$y=x(1-x)=-x^2+x=-\left(x-\frac{1}{2}\right)^2+\frac{1}{4}$,最大值为 0.25.选 E.

**技巧**　由于本题中对称轴为 $x=\frac{1}{2}$,那么只要将 $x=\frac{1}{2}$ 代入即可,则最大值为

$$y_{\max}=\frac{1}{2}\times\frac{1}{2}=0.25.$$

**点睛**　一般遇到二次函数的最值问题时可以配方求解,也可以先找出对称轴方程,从而求出最值.当然本题也可以采用均值定理求解,即 $y=x(1-x)\leqslant\left(\frac{x+1-x}{2}\right)^2=0.25$.

练习:(2012－10) 设实数 $x,y$ 满足 $x+2y=3$,则 $x^2+y^2+2y$ 的最小值为(　　).

**难度**　★★

A. 4　　B. 5　　C. 6　　D. $\sqrt{5}-1$　　E. $\sqrt{5}+1$

**考点**　函数最值问题.

**解析**　方法一:

$$x^2+y^2+2y=(3-2y)^2+y^2+2y=5y^2-10y+9=5(y-1)^2+4,$$

所以最小值为 4.选 A.

方法二:数形结合法:$x^2+(y+1)^2-1=\left[\sqrt{x^2+(y+1)^2}\right]^2-1$,先求直线 $x+2y=3$ 上一动点到点 $(0,-1)$ 的距离的最小值,即点 $(0,-1)$ 到直线 $x+2y=3$ 的距离 $d=\frac{5}{\sqrt{5}}=\sqrt{5}$,则最小值为 $5-1=4$.选 A.

**技巧**　直接取 $x=1,y=1$,代入 $x^2+y^2+2y$ 中结果为 4,故最小值为 4 的可能性比较大.

**点睛**　本题方法一主要采用消元的方法得到关于 $y$ 的二次函数从而求其最值;方法二主要采用数形结合的方法,理解成直线上的动点到点 $(0,-1)$ 的距离的最小值,更加体现了数学的内涵.

## 子考点 3　一元二次方程的基本解法

考点运用技巧:主要有因式分解法、配方法以及求根公式法.

一元二次方程 $ax^2+bx+c=0(a,b,c\in\mathbf{R}$,且 $a\neq 0)$.

根的求解公式:$x_1,x_2=\frac{-b\pm\sqrt{b^2-4ac}}{2a}(b^2-4ac\geqslant 0)$.

典型真题:(1999－10) 已知方程 $x^2-6x+8=0$ 有两个相异实根,下列方程中仅有一根在已知方程两根之间的方程是(　　). **难度**　★★

A. $x^2+6x+9=0$　　B. $x^2-2\sqrt{2}x+2=0$　　C. $x^2-4x+2=0$

D. $x^2-5x+7=0$　　E. $x^2-6x+5=0$

**考点**　一元二次方程的解法.

**解析** 显然，已知方程的两根是2和4，易知A和B的方程分别有二重根$-3$和$\sqrt{2}$，D的方程无解，E的方程有根1和5，故它们都应被排除.选C.

**技巧** 本题的正规做法应该是验证选项是否满足$f(2)f(4)<0$，而C选项中

$$f(2)=2^2-4\times2+2=-2<0, f(4)=4^2-4\times4+2=2>0,$$

显然满足$f(2)f(4)<0$.

## 子考点4 一元二次方程根的判别式

考点运用技巧：一元二次方程$ax^2+bx+c=0(a,b,c\in\mathbf{R}$，且$a\neq0)$，其根的判别式为

$$\Delta=b^2-4ac\begin{cases}>0, & \text{两个不相等的实根},\\ =0, & \text{两个相等的实根},\\ <0, & \text{无实根}.\end{cases}$$

典型真题：(2001－1) 已知关于$x$的一元二次方程$k^2x^2-(2k+1)x+1=0$有两个相异实根，则$k$的取值范围是(　　). **难度** ★

A. $k>\frac{1}{4}$　　B. $k\geqslant\frac{1}{4}$　　C. $k>-\frac{1}{4}$且$k\neq0$

D. $k\geqslant-\frac{1}{4}$且$k\neq0$　　E. $k\leqslant\frac{1}{4}$且$k\neq0$

**考点** 一元二次方程根的判别式.

**解析** $\begin{cases}k\neq0,\\ \Delta>0\end{cases}\Rightarrow\begin{cases}k\neq0,\\ (2k+1)^2-4k^2>0\end{cases}\Rightarrow k>-\frac{1}{4}$且$k\neq0$.选C.

**技巧** 本题一方面要保证是一元二次方程，另一方面要保证有两个相异实根.

**点睛** 解此题时尤其要注意二次项系数.

练习：(2014－10) 关于$x$的方程$mx^2+2x-1=0$有两个不相等的实根. **难度** ★

(1) $m>-1$.

(2) $m\neq0$.

**考点** 一元二次方程根的判别式.

**解析** 题干等价于判别式$\Delta=2^2+4m>0$且$m\neq0\Leftrightarrow m>-1$且$m\neq0$，两条件联合后充分.选C.

练习：(2013－1) 已知二次函数$f(x)=ax^2+bx+c$，则方程$f(x)=0$有两个不同的实根.

**难度** ★★

(1) $a+c=0$.

(2) $a+b+c=0$.

**考点** 一元二次方程根的判别式.

**解析** 题干等价于判别式$\Delta=b^2-4ac>0$，条件(1)：$a+c=0$时，其中$a\neq0$那么$a,c$异

号，$ac<0$，可知$\Delta=b^2-4ac>0$，充分；条件(2)：$a+b+c=0$时，$b=-(a+c)$，代入判别式$\Delta=b^2-4ac=(a+c)^2-4ac=(a-c)^2$，当$a=c$时，$\Delta=0$，方程$f(x)=0$有两个相等的实根，不充分.选A.

**子考点5** 一元二次方程的韦达定理(根与系数的关系)

考点运用技巧：韦达定理.

设一元二次方程$ax^2+bx+c=0$的两个根分别为$x_1,x_2$，则$x_1+x_2=-\frac{b}{a}$，$x_1x_2=\frac{c}{a}$，$|x_1-x_2|=\frac{\sqrt{\Delta}}{|a|}$(根间距).

典型真题：(1999—10)设方程$3x^2-8x+a=0$的两个实根为$x_1$和$x_2$，若$\frac{1}{x_1}$和$\frac{1}{x_2}$的算术平均值为2，则$a$的值是(　　). **难度** ★★

A. $-2$　　B. $-1$　　C. 1　　D. $\frac{1}{2}$　　E. 2

**考点** 韦达定理与算术平均值.

**解析** 由$\frac{1}{x_1}+\frac{1}{x_2}=4$和一元二次方程根与系数的关系$x_1+x_2=\frac{8}{3}$，$x_1x_2=\frac{a}{3}$，得$\frac{x_1+x_2}{x_1x_2}=\frac{8}{a}=4$，所以$a=2$.选E.

**技巧** 当然本题也可以将选项的值代入题干进行验证.

**点睛** 本题主要结合了算术平均值的定义，两个数$a,b$的算术平均值为$\frac{a+b}{2}$.

练习：(2012—10)设$a,b$为实数，则$a=1,b=4$. **难度** ★★

(1) 曲线$y=ax^2+bx+1$与$x$轴的两个交点的距离为$2\sqrt{3}$.

(2) 曲线$y=ax^2+bx+1$关于直线$x+2=0$对称.

**考点** 二次函数与抛物线.

**解析** 条件(1)：$|x_1-x_2|=2\sqrt{3}\Rightarrow\frac{\sqrt{b^2-4a}}{|a|}=2\sqrt{3}\Rightarrow b^2=12a^2+4a$，不充分；

条件(2)：$-\frac{b}{2a}=-2\Rightarrow b=4a$，也不充分.

联合两个条件：$\begin{cases}b^2=12a^2+4a,\\b=4a\end{cases}\Rightarrow\begin{cases}a=1,\\b=4\end{cases}$或$\begin{cases}a=0,\\b=0\end{cases}$(舍)充分.选C.

**技巧** 本题很容易发现两个条件单独不充分，那么考试时应该优先选联合充分的选项.

**点睛** 本题要熟悉重要结论：抛物线与$x$轴的两个交点的距离就是$|x_1-x_2|$，而它的化简结

果就是$\frac{\sqrt{\Delta}}{|a|}$.另外,解本题时千万不能把题干的值直接代入条件中进行计算,这样就产生了逻辑失误.

**子考点6** 一元二次方程根的符号判断

考点运用技巧:本考点主要运用根的判别式和韦达定理两种手段进行求解.

方程$ax^2+bx+c=0(a\neq 0)$有根的情况有以下几种:

(1) 有两个正根$\begin{cases}x_1+x_2>0,\\ x_1x_2>0,\\ \Delta\geqslant 0;\end{cases}$

(2) 有两个负根$\begin{cases}x_1+x_2<0,\\ x_1x_2>0,\\ \Delta\geqslant 0;\end{cases}$

(3) 有一正一负根$\begin{cases}x_1x_2<0,\\ \Delta>0,\end{cases}$ 简化为$a,c$异号即可.

若正根$>|$负根$|$,则有$\begin{cases}x_1+x_2>0,\\ x_1x_2<0,\\ \Delta>0.\end{cases}$

典型真题:(2018-12) 关于$x$的方程$x^2+ax+b-1=0$有实根. **难度** ★★

(1) $a+b=0$.

(2) $a-b=0$.

**考点** 一元二次方程根的判别式、完全平方公式.

**解析** 一元二次方程根的判别式$\Delta=a^2-4(b-1)$.

条件(1),$a+b=0\Rightarrow a=-b\Rightarrow\Delta=b^2-4b+4=(b-2)^2\geqslant 0$,充分;

条件(2),$a-b=0\Rightarrow a=b\Rightarrow\Delta=(b-2)^2\geqslant 0$,充分.

选D.

**点睛** 由$a,b$之间的关系式来确定根的判别式的符号.

练习:(2005-1) 方程$4x^2+(a-2)x+(a-5)=0$有两个不等的负实根. **难度** ★★

(1) $a<6$.

(2) $a>5$.

**考点** 一元二次方程实根的分布.

**解析** 判别式$\Delta=(a-2)^2-16(a-5)=a^2-20a+84=(a-6)(a-14)>0$,得到$a>14$或$a<6$;由两根之和$x_1+x_2=\frac{2-a}{4}<0$,得到$a>2$;由两根之积$x_1x_2=\frac{a-5}{4}>0$,得到$a>5$.综上得到$5<a<6$或$a>14$.选C.

**技巧** 一般遇到两个条件可以联合,而且联合后的范围比较小(无整数特殊值),可以认为联合充分，选 C.

**点睛**　此题借助韦达定理来判断两根的符号，同时也要注意判别式，当然本题也可以画出抛物线用图像来求解.

**子考点 7**　二次函数与一次函数的位置关系

考点运用技巧：

$\begin{cases} y = ax^2 + bx + c, \\ y = kx + b \end{cases}$ 联立化简得 $Ax^2 + Bx + C = 0$.

(1) 方程组有两组不同解时，一次函数与二次函数的图像有两个交点；

(2) 方程组只有一组解时，一次函数与二次函数的图像只有一个交点；

(3) 方程组无解时，一次函数与二次函数的图像无交点.

典型真题：(2012－1) 直线 $y = x + b$ 是抛物线 $y = x^2 + a$ 的切线. **难度** ★★

(1) $y = x + b$ 与 $y = x^2 + a$ 有且仅有一个交点.

(2) $x^2 - x \geqslant b - a (x \in \mathbf{R})$.

**考点**　二次函数与解析几何.

**解析**　题干如右图所示，条件(1) 与题干完全等价，充分；

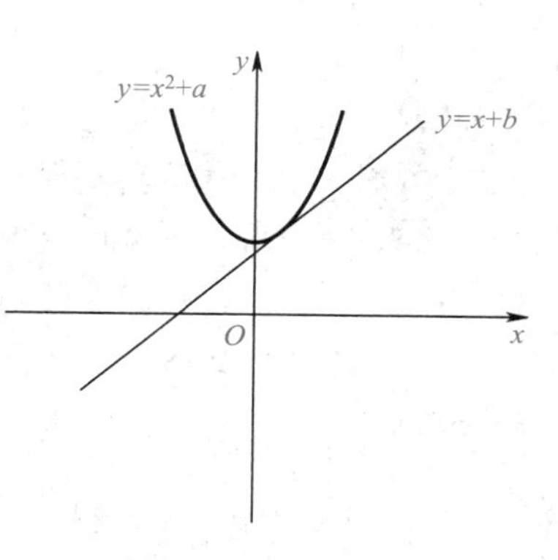


条件(2) 等价于 $x^2 + a \geqslant x + b$，也就是抛物线在直线的上方或者与直线相切，显然不充分. 选 A.

**点睛**　对本题要熟悉这样的结论：一条不垂直于 $x$ 轴的直线与抛物线相切，其实就是直线与抛物线只有一个交点. 而条件(2) 的表述其实欠妥，应该修改成"不等式 $x^2 - x \geqslant b - a$ 在 $\mathbf{R}$ 上恒成立"比较好.

练习：(2014－1) 已知二次函数为 $f(x) = ax^2 + bx + c$，则能确定 $a, b, c$. **难度** ★★★

(1) 曲线 $y = f(x)$ 过点 $(0,0)$，$(1,1)$.

(2) 曲线 $y = f(x)$ 与直线 $y = a + b$ 相切.

**考点**　二次函数和解析几何.

**解析**　条件(1)：将点 $(0,0)$，$(1,1)$ 代入 $f(x)$ 中，有 $c = 0, a + b = 1$，不充分；

条件(2)：由直线的截距正好是抛物线的最值，得 $\dfrac{4ac - b^2}{4a} = a + b$，也不充分.

联合条件(1)，条件(2) 得 $\begin{cases} c = 0, \\ a + b = 1, \\ \dfrac{4ac - b^2}{4a} = a + b \end{cases} \Rightarrow \begin{cases} c = 0, \\ a + b = 1, \\ (2a + b)^2 = 0 \end{cases} \Rightarrow \begin{cases} c = 0, \\ b = 2, \\ a = -1, \end{cases}$ 充分. 选 C.

**技巧**　由于两条件中条件(1) 是定量分析，条件(2) 是定性分析，考试时应考虑联合充分比较合适.

**点睛** 本题条件(2)也可以利用判别式$\Delta=0$进行计算：

$f(x)=ax^2+bx+c=a+b\Rightarrow ax^2+bx+c-a-b=0\Rightarrow\Delta=b^2-4a(c-a-b)=0.$

## 子考点8 一元二次方程的区间根判断

考点运用技巧:本考点主要运用二次函数的图像判断一元二次方程根的范围,从而约束参数的取值范围.

数形结合求方程中待定参数的方法如下：

(1) 两根属于同一区间,由三个条件确定$\begin{cases}\Delta\geqslant 0,\\ \text{对称轴在区间内},\\ \text{端点函数值的正负};\end{cases}$

(2) 两根分别属于不相交的两个区间,只需判断区间端点函数值的正负.

典型真题:(2008－1) 方程$2ax^2-2x-3a+5=0$的一个根大于1,另一个根小于1.

**难度** ★★

(1) $a>3$.

(2) $a<0$.

**考点** 一元二次方程实根的分布问题.

**解析** 当$a>0$时,如图(a)所示,要一根大于1,另一根小于1,则$f(1)<0$,得$a>3$,充分;

当$a<0$时,如图(b)所示,要一根大于1,另一根小于1,则$f(1)>0$,结合$a<0$有$a<0$,充分.选D.

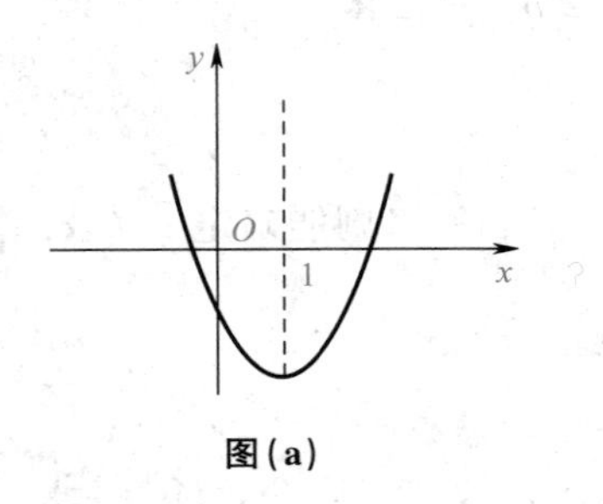

图(a)

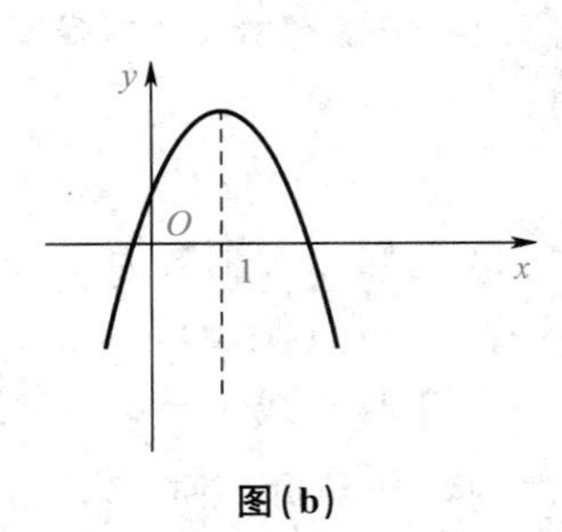

图(b)

**技巧** 当两个条件分别是两个端点的外侧范围时,选D的可能性是非常大的.

**点睛** 结论:方程$ax^2+bx+c=0$的一个根大于$k$,另一个根小于$k$,则只需判断$af(k)<0$即可.

练习:(2009－10)若关于$x$的一元二次方程$mx^2-(m-1)x+m-5=0$有两个实根$\alpha,\beta$,且满足$-1<\alpha<0$和$0<\beta<1$,则$m$的取值范围是(　　). **难度** ★★

A. $3<m<4$　　B. $4<m<5$　　C. $5<m<6$

D. $m>6$ 或 $m<5$　　　E. $m>5$ 或 $m<4$

**考点**　一元二次方程实根的分布.

**解析**　数形结合,设 $f(x)=mx^2-(m-1)x+m-5$,如图(a),图(b)所示.

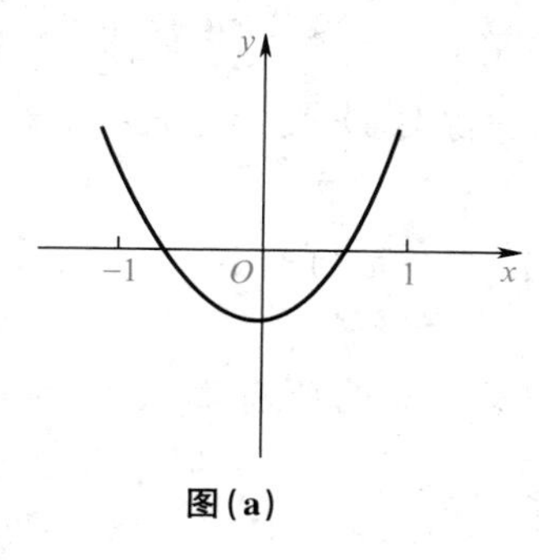

图(a)

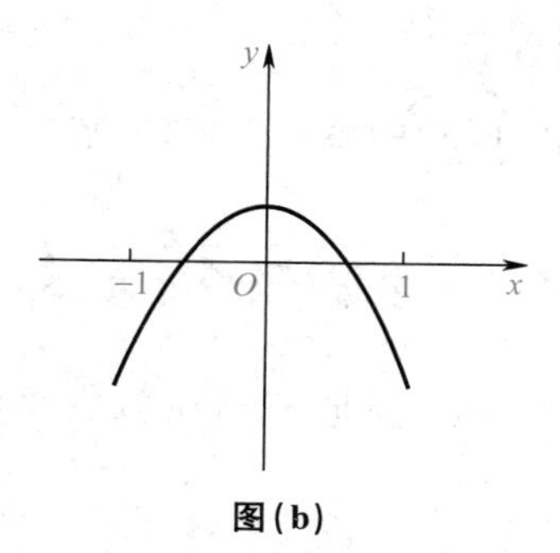

图(b)

$$\begin{cases}m>0,\\f(-1)>0,\\f(0)<0,\\f(1)>0\end{cases}\Rightarrow 4<m<5 \text{ 或} \begin{cases}m<0,\\f(-1)<0,\\f(0)>0,\\f(1)<0\end{cases}\Rightarrow m\in\varnothing.\text{选 B.}$$

**点睛**　对于一元二次方程 $f(x)=0$ 满足 $f(\alpha)f(\beta)<0$,则必有一个根分布在 $(\alpha,\beta)$ 内.

## 考点精解 3　一元二次不等式的解法及其运用

【考点突破】本考点主要考查一元二次不等式的解法以及可以化为一元二次不等式(分式不等式、指数与对数不等式)的其他不等式的解法.另外,由不等式的解集情况求参数也是本部分的热点.

### 子考点 1　一元二次不等式的解法

考点运用技巧:一元二次不等式的解法.

(1) 若方程 $ax^2+bx+c=0(a>0)$ 有两个不相等的实根 $x_1,x_2$ 且 $x_1<x_2$,则 $ax^2+bx+c>0$ 的解集为 $x<x_1$ 或 $x>x_2$,而 $ax^2+bx+c<0$ 的解集为 $x_1<x<x_2$.

(2) 若方程 $ax^2+bx+c=0(a>0)$ 有两个相等的实根 $x_1=x_2$,则 $ax^2+bx+c>0$ 的解集为 $x\neq x_1$ 的任意实数,而 $ax^2+bx+c<0$ 的解集为 $\varnothing$.

(3) 若方程 $ax^2+bx+c=0(a>0)$ 无实根,则 $ax^2+bx+c>0$ 的解集为全体实数 $\mathbf{R}$,而 $ax^2+bx+c<0$ 的解集为 $\varnothing$.

典型真题:(1998－1) 一元二次不等式 $3x^2-4ax+a^2<0(a<0)$ 的解集是(　　).

**难度**　★

A. $\frac{a}{3}<x<a$　　　B. $x>a$ 或 $x<\frac{a}{3}$　　　C. $a<x<\frac{a}{3}$

D. $x > \frac{a}{3}$ 或 $x < a$　　　　E. $a < x < 3a$

**考点**　一元二次不等式的解法.

**解析**　$3x^2 - 4ax + a^2 < 0(a < 0) \Rightarrow (x-a)(3x-a) < 0 \Rightarrow a < x < \frac{a}{3}$.选 C.

**技巧**　由于 $x^2$ 的系数为正,故解集在两根之间,排除 B,D,又 $a < 0$,A,E 解集的端点表示错误,故选 C.

**点睛**　本题是含有参数的解集,要根据 $a$ 的正负,看两根的大小.

练习:(2005－1) 满足不等式 $(x+4)(x+6)+3>0$ 的所有实数 $x$ 的集合是(　　).

**难度**　★

A. $[4,+\infty)$　　B. $(4,+\infty)$　　C. $(-\infty,-2]$

D. $(-\infty,-1)$　　E. $(-\infty,+\infty)$

**考点**　一元二次不等式的解法.

**解析**　方法一:数形结合.不等式等价于 $x^2+10x+27>0$,显然判别式 $\Delta = b^2 - 4ac = 10^2 - 4\times1\times27 = -8 < 0$,函数 $y=x^2+10x+27$ 的图像在 $x$ 轴的上方,那么对于一切实数 $x$,都能满足不等式 $(x+4)(x+6)+3>0$ 成立.选 E.

方法二:采用配方的方法.$(x+4)(x+6)+3>0 \Rightarrow x^2+10x+27>0 \Rightarrow (x+5)^2+2>0$,显然恒成立.选 E.

**技巧**　取 $x=0$ 题干是满足的,但选项 A,B,C,D 都不含有 0 这个值,只能选 E.

**点睛**　先将表达式整理成标准形式,再根据判别式求解.

## 子考点 2　分式不等式的解法

考点运用技巧:求解分式不等式问题的主要方法是将其转化为整式不等式.

$$\frac{f(x)}{F(x)}>0 \Leftrightarrow f(x)F(x)>0,\ \frac{f(x)}{F(x)}\geqslant 0 \Leftrightarrow \begin{cases} f(x)F(x)\geqslant 0, \\ F(x)\neq 0. \end{cases}$$

典型真题:(2001－1) 设 $0<x<1$,则不等式 $\frac{3x^2-2}{x^2-1}>1$ 的解是(　　).　**难度**　★★

A. $0<x<\frac{1}{\sqrt{2}}$　　B. $\frac{1}{\sqrt{2}}<x<1$　　C. $0<x<\sqrt{\frac{2}{3}}$

D. $\sqrt{\frac{2}{3}}<x<1$　　E. $\frac{1}{\sqrt{2}}<x<\sqrt{\frac{2}{3}}$

**考点**　分式不等式的解法.

**解析**　因为当 $0<x<1$ 时,分母是负的,则

$$\frac{3x^2-2}{x^2-1}>1 \Rightarrow 3x^2-2<x^2-1 \Rightarrow 2x^2<1 \Rightarrow 0<x<\frac{1}{\sqrt{2}}.$$

选 A.

**技巧**　解本题时可以先将不等式看作等式进行计算，则解出方程的根为 $x=\frac{1}{\sqrt{2}}$，那么只能在 A,B,E 中进行选择.

**点睛**　解分式不等式时要注意两点：(1) 通过移项，不等号的一边一定化为 0；(2) 出现多个因式时，可以用穿针引线法求出解集.

练习：(2013－10) 不等式 $\frac{x^2-2x+3}{x^2-5x+6}\geqslant 0$ 的解是(　　). **难度** ★★

A. $(2,3)$　　B. $(-\infty,2]$　　C. $[3,+\infty)$

D. $(-\infty,2]\cup[3,+\infty)$　　E. $(-\infty,2)\cup(3,+\infty)$

**考点**　分式不等式的解法.

**解析**　$x^2-2x+3=(x-1)^2+2>0$ 或 $x^2-2x+3=0$ 中 $\Delta<0$，则 $x^2-2x+3>0$ 恒成立，所以原式可化为 $x^2-5x+6>0$，即 $(x-2)(x-3)>0\Rightarrow x\in(-\infty,2)\cup(3,+\infty)$. 选 E.

**技巧**　可以检验 $x=2$ 或 $x=3$，显然不对，排除 B,C,D；代入 $x=0$，满足，排除 A，选 E.

**点睛**　遇到并集，且前面几个选项中又含有并集的单个部分时，并集选项为答案的可能性较大.

## 子考点 3　高次不等式的解法

考点运用技巧：先将不等式化成标准型，然后利用穿针引线的方法求解.

典型真题：(1999－10) 不等式 $(x^4-4)-(x^2-2)\geqslant 0$ 的解是(　　). **难度** ★

A. $x\geqslant\sqrt{2}$ 或 $x\leqslant-\sqrt{2}$　　B. $-\sqrt{2}\leqslant x\leqslant\sqrt{2}$　　C. $x<-\sqrt{3}$ 或 $x>\sqrt{3}$

D. $-\sqrt{2}<x<\sqrt{2}$　　E. $\varnothing$

**考点**　一元高次不等式的解法.

**解析**　方法一(因式分解法)：原不等式即 $(x^2-2)(x^2+1)\geqslant 0\Rightarrow x^2-2\geqslant 0$，得 $x\leqslant-\sqrt{2}$ 或 $x\geqslant\sqrt{2}$，选 A.

方法二(辅助变量法)：设 $y=x^2$，原式即 $y^2-y-2\geqslant 0$，解得 $y\leqslant-1$ 或 $y\geqslant 2$，前者对 $x$ 无解，后者即 $x^2\geqslant 2$，解得 $x\leqslant-\sqrt{2}$ 或 $x\geqslant\sqrt{2}$. 选 A.

**技巧**　本题由于题干中是"$\geqslant$"，所以只能在选项 A 和 B 中进行选择，然后再取 $x=0$ 代入验证，发现 B 不正确，那么就应该排除 B，只能选 A.

**点睛**　遇到高次不等式时，先进行因式分解再求解.

练习：(2008－1) $(2x^2+x+3)(-x^2+2x+3)<0$. **难度** ★★

(1) $x\in[-3,-2]$.

(2) $x \in (4,5)$.

**考点** 一元高次不等式的解法.

**解析** 由于 $y = 2x^2 + x + 3$ 恒大于 0(因为 $\Delta = b^2 - 4ac = -23 < 0$),故 $(2x^2 + x + 3)(-x^2 + 2x + 3) < 0 \Leftrightarrow -x^2 + 2x + 3 < 0 \Leftrightarrow x^2 - 2x - 3 = (x-3)(x+1) > 0$,解得 $x > 3$ 或 $x < -1$,显然两个条件都充分.选 D.

**点睛** 虽然看起来表达式的因式较复杂,但是 $2x^2 + x + 3$ 恒为正,不影响解集.

### 子考点 4 绝对值不等式的解法

考点运用技巧:若 $|f(x)| > g(x) \Leftrightarrow f(x) > g(x)$ 或 $f(x) < -g(x)$;若 $|f(x)| < g(x) \Leftrightarrow -g(x) < f(x) < g(x)$.

典型真题:(2012-10) $x^2 - x - 5 > |2x - 1|$. **难度** ★★

(1) $x > 4$.

(2) $x < -1$.

**考点** 绝对值不等式的解法.

**解析** $x^2 - x - 5 > |2x - 1| \Rightarrow \begin{cases} 2x - 1 < x^2 - x - 5, \\ 2x - 1 > -x^2 + x + 5 \end{cases} \Rightarrow \begin{cases} x^2 - 3x - 4 > 0, \\ x^2 + x - 6 > 0 \end{cases}$

$$\Rightarrow x > 4 \text{ 或 } x < -3.$$

条件(1) 充分,条件(2) 不充分.选 A.

**技巧** 只需要取特殊值 $x = 5$ 和 $x = -2$,分别代入原不等式检验,得条件(2) 不充分,那么条件(1) 充分的可能性就非常大.

练习:(2014-1) 不等式 $|x^2 + 2x + a| \leqslant 1$ 解集为空集. **难度** ★★

(1) $a < 0$.

(2) $a > 2$.

**考点** 绝对值不等式的解法.

**解析** 题干"不等式 $|x^2 + 2x + a| \leqslant 1$ 解集为空集"$\Leftrightarrow$"$|x^2 + 2x + a| > 1$ 恒成立"$\Leftrightarrow$"$x^2 + 2x + a > 1$ 恒成立或 $x^2 + 2x + a < -1$ 恒成立",由于二次项系数大于 0,"$x^2 + 2x + a < -1$ 恒成立"这种情况不可能出现,故题干 $\Leftrightarrow$"$x^2 + 2x + a > 1$ 恒成立"即"$x^2 + 2x + a - 1 > 0$ 恒成立"$\Leftrightarrow$ $\Delta = 2^2 - 4(a-1) < 0$,解得 $a > 2$,比较两条件,条件(1)$a < 0$ 不充分;条件(2)$a > 2$ 充分;选 B.

### 子考点 5 无理不等式的解法

考点运用技巧:求解原则:将其化为同解的整式不等式再求解.

(1) $\sqrt{f(x)} < g(x) \Leftrightarrow \begin{cases} f(x) \geqslant 0, \\ g(x) > 0, \\ f(x) < g^2(x). \end{cases}$

(2) $\sqrt{f(x)}>g(x)\Leftrightarrow\begin{cases}g(x)<0,\\f(x)\geqslant 0\end{cases}$ 或 $\begin{cases}g(x)\geqslant 0,\\f(x)>g^2(x).\end{cases}$

(3) $\sqrt{f(x)}<\sqrt{g(x)}\Leftrightarrow\begin{cases}f(x)\geqslant 0,\\f(x)<g(x).\end{cases}$

典型真题：(2007－10) $\sqrt{1-x^2}<x+1$. **难度** ★★

(1) $x\in[-1,0]$.

(2) $x\in\left(0,\dfrac{1}{2}\right]$.

**考点**　根式不等式的解法.

**解析**　$\sqrt{1-x^2}<x+1\Leftrightarrow\begin{cases}x+1>0,\\1-x^2\geqslant 0,\\1-x^2<(x+1)^2\end{cases}\Rightarrow 0<x\leqslant 1$，条件(1)不充分；条件(2)充分.选B.

**技巧**　本题条件(1)中存在 $x=0$，代入题干发现并不正确，那么条件(1)就不充分，故条件(2)充分的可能性就比较大.

**点睛**　对于无理不等式，一般通过平方将其转化为有理不等式进行求解，在求解时，要注意根号里面的代数式为非负数.

## 考点精解 4　指数、对数运算及其不等式

【考点突破】本考点主要利用指数函数和对数函数的单调性来判断一些代数式的大小.

典型真题：(2008－1) $a>b$. **难度** ★

(1) $a,b$ 为实数，且 $a^2>b^2$.

(2) $a,b$ 为实数，且 $\left(\dfrac{1}{2}\right)^a<\left(\dfrac{1}{2}\right)^b$.

**考点**　不等式性质.

**解析**　条件(1)：显然不充分，只需取 $a=-2,b=-1$，就可以验证其不充分；条件(2)：由于指数函数 $y=\left(\dfrac{1}{2}\right)^x$ 为单调递减函数，由 $\left(\dfrac{1}{2}\right)^a<\left(\dfrac{1}{2}\right)^b$ 就可以得出 $a>b$，充分.选B.

**点睛**　本题其实考查了两个函数的单调性(增减性).条件(1)主要考查二次函数 $y=x^2$，显然它并不是单调递增的函数，若本条件添加限制条件 $a,b$ 为正实数，则说明 $a,b$ 两个数都在抛物线的右半支上，那么也就是充分了.条件(2)要求考生掌握指数函数的单调性：当底数 $a>1$ 时，函数 $y=a^x$ 为单调递增函数；当底数 $0<a<1$ 时，函数 $y=a^x$ 为单调递减函数.

练习：(2009－1) $|\log_a x|>1$. **难度** ★★★

(1) $x\in[2,4]$，$\frac{1}{2}<a<1$.

(2) $x\in[4,6]$，$1<a<2$.

**考点** 对数不等式的解法.

**解析** 条件(1)：$|\log_a x|>1\Leftrightarrow\log_a x<-1\Leftrightarrow x>\frac{1}{a}$，显然充分；

条件(2)：$|\log_a x|>1\Leftrightarrow\log_a x>1\Leftrightarrow x>a$，也充分.选D.

**点睛** 本题主要考查对数的单调性，$y=\log_a x$，当 $a>1$ 时是单调递增函数；当 $0<a<1$ 时是单调递减函数.此外，要记住常用对数值：$\log_a a=1$，$\log_a 1=0$，$\log_a \frac{1}{a}=-1$.

## 考点精解5 不等式的恒成立问题

【考点突破】本考点主要是根据不等式的解去研究一些参数的取值范围.

### 子考点1 判别式法

考点运用技巧：方程 $ax^2+bx+c=0(a\neq 0)$ 的根有以下三种情况：

(1) $\Delta=b^2-4ac>0$，有两个相异实根；

(2) $\Delta=b^2-4ac=0$，有两个相同实根；

(3) $\Delta=b^2-4ac<0$，无实根.

典型真题：(2011－10) 不等式 $ax^2+(a-6)x+2>0$ 对所有实数 $x$ 都成立. **难度** ★★

(1) $0<a<3$.

(2) $1<a<5$.

**考点** 一元二次不等式的恒成立问题.

**解析** 方法一：由题干，若 $a=0\Rightarrow -6x+2>0$，不满足.若 $a\neq 0$，

$$\begin{cases}a>0,\\ \Delta<0\end{cases}\Rightarrow\begin{cases}a>0,\\ (a-6)^2-8a<0\end{cases}\Rightarrow\begin{cases}a>0,\\ a^2-20a+36<0\end{cases}\Rightarrow 2<a<18.$$

说明条件(1)不充分；条件(2)不充分；联合后也不充分.选E.

方法二：联合后发现 $1<a<3$，直接用 $a=2$ 代入检验，$2x^2-4x+2>0\Rightarrow x^2-2x+1>0\Rightarrow x\neq 1$，不充分.选E.

**点睛** 一元二次不等式 $ax^2+bx+c>0(a\neq 0)$ 恒成立的充分必要条件为 $\begin{cases}a>0,\\ \Delta<0.\end{cases}$

典型真题：(2012－10) 若不等式 $\frac{(x-a)^2+(x+a)^2}{x}>4$ 对 $x\in(0,+\infty)$ 恒成立，则常数 $a$ 的取值范围是(　　). **难度** ★★

A. $(-\infty,-1)$　　B. $(1,+\infty)$　　C. $(-1,1)$
D. $(-1,+\infty)$　　E. $(-\infty,-1)\cup(1,+\infty)$

**考点**　一元二次不等式的恒成立问题.

**解析**　对原不等式$\frac{(x-a)^2+(x+a)^2}{x}>4$化简可得$\frac{2x^2+2a^2}{x}>4$，由于$x\in(0,+\infty)$，故可以直接去分母得$2x^2+2a^2>4x\Leftrightarrow x^2-2x+a^2>0\Leftrightarrow a^2>-x^2+2x$，当$x\in(0,+\infty)$时，在$x=1$处$-x^2+2x$取得最大值1，即$a^2>1$，解得$a>1$或$a<-1$.选E.

**子考点2**　最值限制法

考点运用技巧：

$$f(x)>a\begin{cases}\text{恒成立}\Leftrightarrow f_{\min}(x)>a,\\ \text{有解}\Leftrightarrow f_{\max}(x)>a,\\ \text{无解}\Leftrightarrow f_{\max}(x)\leqslant a.\end{cases}$$

典型真题：(2008-10)若$y^2-2\left(\sqrt{x}+\frac{1}{\sqrt{x}}\right)y+3<0$对一切正实数$x$恒成立，则$y$的取值范围是(　　). **难度** ★★★

A. $1<y<3$　　B. $2<y<4$　　C. $1<y<4$
D. $3<y<5$　　E. $2<y<5$

**考点**　不等式恒成立问题.

**解析**　方法一：根据题目可得$0<\frac{y^2+3}{2y}<\sqrt{x}+\frac{1}{\sqrt{x}}$，由于$\sqrt{x}+\frac{1}{\sqrt{x}}\geqslant 2$，其最小值为2，故当$0<\frac{y^2+3}{2y}<2$时，不等式对一切正实数$x$是恒成立的，解得$1<y<3$.选A.

方法二：令$\sqrt{x}+\frac{1}{\sqrt{x}}=t(t\geqslant 2)$，$y^2-2ty+3<0\Leftrightarrow f(t)=2yt-(y^2+3)>0$在$t\in[2,+\infty)$上恒成立，则有$\begin{cases}y>0,\\ f(2)>0,\end{cases}$解得$1<y<3$.选A.

**技巧**　用特殊值法，显然当$y=3$或$y=4$时，不满足题干，排除B,C,D,E，选A.

**点睛**　方法一的关键点有两个：一个是分离变量，即将$x$，$y$分别写在不等号的左、右两边；另一个是利用均值定理：$a+\frac{1}{a}\geqslant 2(a>0)$.

## 考点精解6　均值定理

【考点突破】本考点主要是根据均值定理(不等式)去研究一些代数表达式的最值.

## 子考点 1 算术平均值与几何平均值的概念

考点运用技巧：

(1) 算术平均值：$\bar{x}=\frac{x_1+x_2+\cdots+x_n}{n}$（其中 $x_1,x_2,\cdots,x_n$ 为任意实数）.

(2) 几何平均值：$\bar{x}_{几}=\sqrt[n]{x_1\cdot x_2\cdot\cdots\cdot x_n}$（其中 $x_1,x_2,\cdots,x_n$ 为任意正实数）.

典型真题：(2006－1) 如果 $x_1,x_2,x_3$ 的算术平均值为5，则 $x_1+2,x_2-3,x_3+6$ 与8的算术平均值为（　　）. **难度** ★

A. $3\frac{1}{4}$　　B. 6　　C. 7　　D. $9\frac{1}{5}$　　E. $7\frac{1}{2}$

**考点** 算术平均值的计算.

**解析** 已知$\frac{x_1+x_2+x_3}{3}=5\Rightarrow x_1+x_2+x_3=15$，则

$$\frac{x_1+2+x_2-3+x_3+6+8}{4}=\frac{15+2-3+6+8}{4}=7.$$

选 C.

**技巧** 由 $x_1,x_2,x_3$ 的算术平均值为5，可令 $x_1=x_2=x_3=5$ 代入求解.

练习：(2007－1) 设变量 $x_1,x_2,\cdots,x_{10}$ 的算术平均值为 $\bar{x}$，若 $\bar{x}$ 为定值，则 $x_i(i=1,2,\cdots,10)$ 中可以任意取值的变量有（　　）. **难度** ★★

A. 10个　　B. 9个　　C. 2个　　D. 1个　　E. 0个

**考点** 算术平均值.

**解析** $x_1,x_2,\cdots,x_{10}$ 的算术平均值为 $\bar{x}$，得到 $x_1+x_2+\cdots+x_{10}=10\bar{x}$，由于 $\bar{x}$ 为定值，说明其中有9个可以任意取，最后一个根据其他数值来保证所有的和为定值.选 B.

**点睛** 可以记住一个小结论，如果有 $n$ 个未知量，$m$ 个方程（$m<n$），则可以自由取值的变量有 $n-m$ 个.

## 子考点 2 均值定理（不等式）

考点运用技巧：均值定理：$a,b\in\mathbf{R}_+,\frac{a+b}{2}\geqslant\sqrt{ab}$，平均值函数 $y=x+\frac{m}{x}\quad(m>0,x>0)$ 的最小值为 $2\sqrt{m}$，当且仅当 $x=\sqrt{m}$ 时平均值函数取到最小值.

典型真题：(2003－1) 已知某厂生产 $x$ 件产品的成本为 $C=25\,000+200x+\frac{1}{40}x^2$（元），要使平均成本最小，所应生产的产品件数为（　　）. **难度** ★★

A. 100件　　B. 200件　　C. 1 000件

D. 2 000件　　E. 以上结论均不正确

**考点**　均值函数求最值.

**解析**　平均成本为

$$\overline{C}=\frac{C}{x}=\frac{25\ 000}{x}+\frac{1}{40}x+200\geqslant 2\sqrt{\frac{25\ 000}{x}\times\frac{1}{40}x}+200=250,$$

当$\frac{25\ 000}{x}=\frac{1}{40}x$，即$x=1\ 000$时，平均成本最小.选 C.

**点睛**　本题利用了均值定理的“乘积为定值，和有最小值”结论，对于两个正数，也可记住公式：$a+b\geqslant 2\sqrt{ab}$.

典型真题：(2015－12) 设$x$，$y$是实数，则可以确定$x^3+y^3$的最小值. **难度**　★★

(1) $xy=1$.

(2) $x+y=2$.

**考点**　用均值定理求最值.

**解析**　条件(1)：$x^3+y^3\geqslant 2\sqrt{x^3y^3}=2(x,y>0)$，而本题没有正数的限制，明显也可以取负数，不充分.

条件(2)：方法一：

$$x^3+y^3=(x+y)[(x+y)^2-3xy]=2(4-3xy),$$

又$xy\leqslant\left(\frac{x+y}{2}\right)^2=1$，所以，$x^3+y^3\geqslant 2\times(4-3)=2$.充分.选 B.

方法二：由$x+y=2$，可得

$x^3+y^3=(x+y)(x^2-xy+y^2)=2[x^2-x(2-x)+(2-x)^2]=2(3x^2-6x+4)$，结合二次函数的图像，易知在对称轴处可取得最小值，充分.选 B.

练习：(2009－10) $\frac{1}{a}+\frac{1}{b}+\frac{1}{c}>\sqrt{a}+\sqrt{b}+\sqrt{c}$. **难度**　★★

(1) $abc=1$.

(2) $a,b,c$为不全相等的正数.

**考点**　均值定理的运用.

**解析**　条件(1)与条件(2)联合，即

$$\frac{1}{a}+\frac{1}{b}+\frac{1}{c}=\frac{1}{2}\left[\left(\frac{1}{a}+\frac{1}{b}\right)+\left(\frac{1}{b}+\frac{1}{c}\right)+\left(\frac{1}{c}+\frac{1}{a}\right)\right]$$

$$\geqslant\frac{1}{2}\left(2\sqrt{\frac{1}{a}\cdot\frac{1}{b}}+2\sqrt{\frac{1}{b}\cdot\frac{1}{c}}+2\sqrt{\frac{1}{c}\cdot\frac{1}{a}}\right)=\sqrt{a}+\sqrt{b}+\sqrt{c}.$$

易知当$a=b=c$时，取等号，又$a,b,c$为不全相等的正数，故不能取等号，原不等式成立.选 C.

**技巧**　特殊值法(有风险)：取$a=2$，$b=\frac{1}{2}$，$c=1$，则$\frac{1}{a}+\frac{1}{b}+\frac{1}{c}=\frac{7}{2}>\sqrt{a}+\sqrt{b}+$

$\sqrt{c}=\frac{3}{2}\sqrt{2}+1$.

**点睛** 遇到三个变量的不等式问题时，往往要两边同乘以 2，这样通过两两变量的结合，再使用均值定理等手段求解.

# 第三节　母题精讲

## 一、问题求解

1. 某人匀速骑车沿直线旅行，先前进了 $a$ 千米，休息了一段时间，又沿原路返回 $b$ 千米（$b<a$），再前进 $c$ 千米，则此人离起点的距离 $s$ 与时间 $t$ 的关系示意图是（　　）. **难度** ★

A. 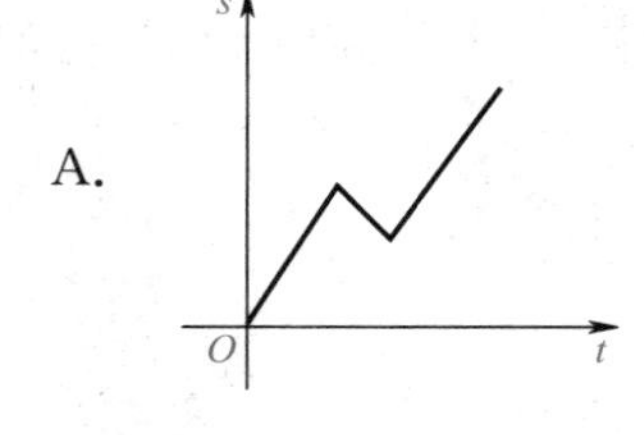


B. 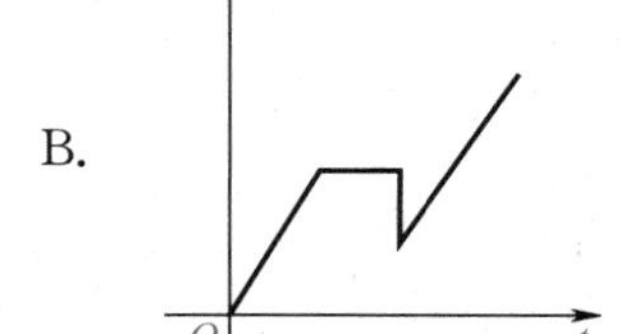


C. 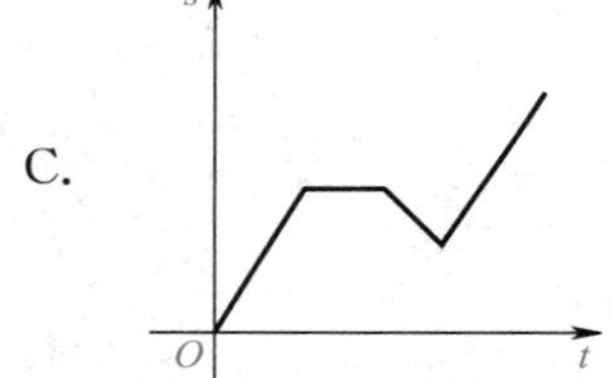


D. 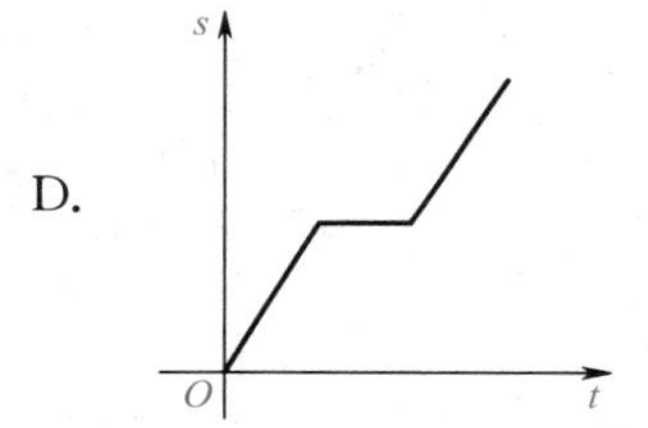


E. 以上均不正确

**答案** C

**考点** 函数的图像与图像变化.

**解析** 本题根据运动变化的规律即可选出答案.依据某人出门后的一系列动作，匀速前进对应的图像是上升的直线，匀速返回对应的图像是下降的直线等，从而选出答案.

根据某人先前进了 $a$ 千米，得图像是一段上升的直线；某人休息了一段时间，得图像是一段平行于 $t$ 轴的直线；沿原路返回 $b$ 千米（$b<a$），得图像是一段下降的直线；最后“再前进 $c$ 千米”，得图像是一段上升的直线.

【评注】 本题主要考查函数的图像、运动变化的规律等基础知识，考查数形结合思想，属于基础题.

2. 设 $x^2+10\leqslant 7|x|$，则 $x$ 的变化范围为（　　）. **难度** ★★

A. $|x| \leqslant 5$　　B. $-4 \leqslant x \leqslant -2$　　C. $3 \leqslant x \leqslant 5$
D. $[-5,-3] \cup [3,5]$　　E. $[-5,-2] \cup [2,5]$

**答案**　E

**考点**　一元二次不等式.

**解析**　$x^2+10 \leqslant 7|x| \Rightarrow x^2-7|x|+10 \leqslant 0 \Rightarrow (|x|-2)(|x|-5) \leqslant 0 \Rightarrow 2 \leqslant |x| \leqslant 5$，则 $x$ 的变化范围为$[-5,-2] \cup [2,5]$.

【评注】　本题也可以采用端点验证的方法求解，首先排除 A，其次将剩下的每个选项的端点值代入检验，明显发现只有 E 选项的端点代入题干能使左、右两边相等.

3. 已知 $a,b$ 为正实数，满足 $2b+ab+a=30$，则$\frac{1}{ab}$的最小值为(　　). **难度** ★★

A. $\frac{1}{18}$　　B. $\frac{1}{9}$　　C. $\frac{1}{3}$　　D. $\frac{1}{2}$　　E. 1

**答案**　A

**考点**　基本不等式在最值问题中的应用.

**解析**　先利用均值不等式建立关系式，然后换元令$\sqrt{ab}=t$，求出 $t$ 的范围即可求出 $ab$ 的最大值，从而得出本题答案.

因为 $2b+ab+a=30$，所以

$$a+2b+ab=30 \geqslant 2\sqrt{2ab}+ab.$$

令$\sqrt{ab}=t>0$，则

$$t^2+2\sqrt{2}t-30 \leqslant 0 \Rightarrow (t-3\sqrt{2})(t+5\sqrt{2}) \leqslant 0,$$

解得$\sqrt{ab}=t \leqslant 3\sqrt{2} \Rightarrow ab \leqslant 18$，所以 $y=\frac{1}{ab} \geqslant \frac{1}{18}$.

【评注】　本题主要考查基本不等式在最值问题中的应用，同时考查换元的思想，属于中等难度题.

4. 设方程 $2x^2-(a+1)x+a+3=0$ 两根之差的绝对值为1，则 $a$ 的值是(　　). **难度** ★

A. 9 或 $-3$　　B. 9 或 3　　C. $-9$ 或 3
D. $-9$ 或 $-3$　　E. 以上均不正确

**答案**　A

**考点**　方程的根的问题.

**解析**　$|x_1-x_2|=\frac{\sqrt{\Delta}}{|a|}=\frac{\sqrt{(a+1)^2-8(a+3)}}{2}=1 \Rightarrow a=9$ 或 $-3$.

【评注】　如果选项中只有一个解，则要注意是否满足判别式为非负数的条件.

5. 若方程 $x^2+px+q=0$ 的两根分别是方程 $x^2+mx+n=0$ 的两根的立方，那么

(  ). 难度 ★★

A. $p=m(m^2+3n)$ B. $p=m(m^2-3n)$ C. $p+q=m$

D. $\frac{p}{q}=\left(\frac{m}{n}\right)^2$ E. 以上均不正确

答案 B

考点 韦达定理.

解析 设 $x_1,x_2$ 是 $x^2+mx+n=0$ 的两根,则 $x_1+x_2=-m$,$x_1x_2=n$,又因为

$$x_1^3+x_2^3=-p,x_1^3x_2^3=q,$$

得出 $\begin{cases}-m(m^2-3n)=-p,\\ n^3=q\end{cases}\Rightarrow p=m(m^2-3n).$

【评注】 可以假设两个方程的两个根都为 1,则 $p=m=-2,q=n=1$,代入验证只满足选项 B.

6. 使不等式 $x^2+ax+a>0$ 对一切 $x\geqslant 2$ 恒成立的 $a$ 的范围是(  ). 难度 ★★

A. $|a|\leqslant 4$ B. $a>-4$ C. $a>-\frac{4}{3}$

D. $0\leqslant a<4$ E. 以上均不正确

答案 C

考点 不等式恒成立问题.

解析 $x^2+ax+a>0\Rightarrow a(x+1)>-x^2\Rightarrow a>-\frac{x^2}{x+1}$,只要求出 $f(x)=-\frac{x^2}{x+1}$ 在 $[2,+\infty)$ 上的最大值即可.

$$f(x)=-\frac{x^2}{x+1}=-\frac{x^2-1+1}{x+1}=-\left(x-1+\frac{1}{x+1}\right)=-\left(x+1+\frac{1}{x+1}-2\right),$$

显然 $x+1=\frac{1}{x+1}$ 在$[2,+\infty)$ 上不能成立,那么 $f(2)=-\frac{4}{3}$ 即最大值,则 $a$ 的范围是 $a>-\frac{4}{3}$.

【评注】 本题采用分离变量的方法求解,当然也可以利用抛物线对称轴的位置求解.

## 二、条件充分性判断

7. 关于 $x,y$ 的方程组 $\begin{cases}x+ay+1=0,\\ bx-2y+a=0\end{cases}$ 有实数解. 难度 ★★

(1) $a\neq -2$.

(2) $b\neq 1$.

答案 E

考点 二元一次方程组的解的讨论.

解析 从题干分析,无解的情况为 $\frac{1}{b}=\frac{a}{-2}\neq\frac{1}{a}\Rightarrow ab=-2$,显然有解的情况就是 $ab\neq -2$,

只需要取特殊值 $a=2,b=-1$，即可说明两个条件单独不充分，联合也不充分.

【评注】 在数学中也要多关注逻辑考法.此题很容易误选 C.

8. 设 $m$ 为自然数，则方程 $x^2-2(2m-3)x+4m^2-14m+8=0$ 的两根均为整数. 难度 ★★

(1) $m=12$.

(2) $m=24$.

答案 D

考点 一元二次方程的根的讨论问题.

解析 $\Delta=4(2m-3)^2-4(4m^2-14m+8)=4(2m+1)$，显然两个条件都能使 $\Delta$ 中的 $2m+1$ 成为一个完全平方数，又方程的两根为 $x_{1,2}=\dfrac{-b\pm\sqrt{\Delta}}{2a}=2m-3\pm\sqrt{2m+1}$，那么就都充分了.

【评注】 一般研究一元二次方程的根的问题主要通过三个工具：(1) 判别式 $\Delta$；(2) 韦达定理；(3) 抛物线的图像.

9. $\alpha+\beta$ 及 $\alpha\beta$ 是方程 $x^2+(a-b)x-ab=0$ 的根. 难度 ★★

(1) $\alpha$ 和 $\beta$ 是方程 $x^2+ax+b=0$ 的根.

(2) $\alpha$ 和 $\beta$ 是方程 $x^2+bx+a=0$ 的根.

答案 A

考点 一元二次方程的韦达定理.

解析 条件(1)：$\alpha+\beta=-a,\alpha\beta=b\Rightarrow\alpha+\beta+\alpha\beta=-a+b,(\alpha+\beta)\alpha\beta=-ab$，所以以 $\alpha+\beta$ 及 $\alpha\beta$ 为两根的方程是 $x^2+(a-b)x-ab=0$，充分；

条件(2)：$\alpha+\beta=-b,\alpha\beta=a\Rightarrow\alpha+\beta+\alpha\beta=a-b,(\alpha+\beta)\alpha\beta=-ab$，所以以 $\alpha+\beta$ 及 $\alpha\beta$ 为两根的方程是 $x^2+(b-a)x-ab=0$，不充分.

【评注】 一般遇到一元二次方程有两个根时，要考虑用韦达定理：若 $x_1$ 和 $x_2$ 是方程 $ax^2+bx+c=0(a\neq0)$ 的两个根，则 $\begin{cases}x_1+x_2=-\dfrac{b}{a},\\ x_1x_2=\dfrac{c}{a}.\end{cases}$

10. $|2x+3|\leqslant2|x-3|$. 难度 ★

(1) $|x|\leqslant1$.

(2) $x\leqslant-2$.

答案 B

考点 绝对值不等式.

**解析** 从题干分析得

$$|2x+3|^2\leqslant 4|x-3|^2\Rightarrow 4x^2+12x+9\leqslant 4x^2-24x+36\Rightarrow 36x\leqslant 27\Rightarrow x\leqslant\frac{3}{4},$$

显然条件(1)不充分,条件(2)充分.

【评注】 一般遇到两边都是含绝对值的一次不等式时,可以采用两边平方的方法来化简.

11. 关于 $x$ 的方程$\frac{x}{x-2}+\frac{x-2}{x}+\frac{2x+a}{x(x-2)}=0$只有一个实数根. **难度** ★★

(1) $a=-4$.

(2) $a=-\frac{7}{2}$.

**答案** A

**考点** 分式方程的增根问题.

**解析** $\frac{x}{x-2}+\frac{x-2}{x}+\frac{2x+a}{x(x-2)}=0\Rightarrow x^2+(x-2)^2+2x+a=0$

$$\Rightarrow x^2-x+2+\frac{a}{2}=0.$$

由条件(1):$x^2-x=0\Rightarrow x=1$ 或 $x=0$(舍),充分;

由条件(2):$x^2-x+\frac{1}{4}=0\Rightarrow x_1=x_2=\frac{1}{2}$,方程有两个相等的实数根,不充分.

【评注】 尤其注意条件(2)的情况,容易误认为只有一个实数根.

12. 若 $a,b,c$ 为自然数,则$\frac{1}{a}+\frac{1}{b}+\frac{1}{c}=1$. **难度** ★★

(1) $a^2+b^2+c^2+42<4a+4b+12c$.

(2) $a^2-a-2>0$.

**答案** C

**考点** 不等式的应用.

**解析** 显然联合两个条件,由 $a^2-a-2>0$,$a$ 为自然数,可知 $a>2$,将

$$a^2+b^2+c^2+42<4a+4b+12c$$

化为$(a-2)^2+(b-2)^2+(c-6)^2<2$,因为$(a-2)^2,(b-2)^2,(c-6)^2$都大于等于0,所以,

当 $a\geqslant 4$ 时,上式不成立,所以自然数 $a$ 只能取值为3;

当 $a=3$ 时,代入上式,得$(b-2)^2+(c-6)^2<1$,故只能使$(b-2)^2=0,(c-6)^2=0$,即$b=2$,$c=6$,所以

$$\frac{1}{a}+\frac{1}{b}+\frac{1}{c}=1.$$

【评注】 求解本题的关键是把不等式转化成平方的形式,然后分析在什么情况下小于2,从而求出 $a,b,c$ 的值.

13. 三条抛物线 $y_1=x^2-x+m$，$y_2=x^2+2mx+4$，$y_3=mx^2+mx+m-1$ 中至少有一条与 $x$ 轴相交. **难度** ★★★

(1) $m\geqslant 1$.

(2) $m\leqslant 2$.

**答案** E

**考点** 抛物线图像问题.

**解析** 从题干分析得：反面情况为三条抛物线和 $x$ 轴都不相交，考虑抛物线所对应的二次方程则

$$\begin{cases}\Delta_1<0,\\ \Delta_2<0,\\ \Delta_3<0\end{cases}\Rightarrow\begin{cases}1-4m<0,\\ 4m^2-16<0,\\ m^2-4m(m-1)<0\end{cases}\Rightarrow\frac{4}{3}<m<2.$$

如果三条抛物线中至少有一条与 $x$ 轴相交，则可得 $m\geqslant 2$ 或 $m\leqslant\frac{4}{3}$，显然两个条件单独不充分，联合也不充分.

【评注】 一般遇到“至少”“至多”问题，倾向于用反面情况解答.

14. $x\leqslant\frac{6}{x+1}$. **难度** ★★

(1) $x>0$.

(2) $x<2$.

**答案** C

**考点** 分式不等式.

**解析** $x\leqslant\frac{6}{x+1}\Rightarrow\frac{6-x(x+1)}{x+1}\geqslant 0\Rightarrow\frac{x^2+x-6}{x+1}\leqslant 0$

$$\Rightarrow\frac{(x-2)(x+3)}{x+1}\leqslant 0\Rightarrow x\leqslant -3\text{ 或 }-1<x\leqslant 2,$$

显然两个条件单独不充分，联合后 $0<x<2$ 充分.

【评注】 一般遇到分式不等式时都需要移项通分运算. 另外，高次不等式问题可以采用数轴标根的方法来解决.

15. 设 $6\lg^2x+7(\lg x)(\lg y)-5\lg^2y<0$，则 $x^2<y$. **难度** ★★★

(1) $0<x<1$，$0<y<1$.

(2) $x>1$，$y>1$.

**答案** B

**考点** 一元二次不等式与对数不等式.

**解析** $6\lg^2x+7(\lg x)(\lg y)-5\lg^2y<0\Rightarrow(2\lg x-\lg y)(3\lg x+5\lg y)<0$.

条件(1)：可得 $\lg x<0$，$\lg y<0$，则 $2\lg x-\lg y>0\Rightarrow\lg x^2>\lg y\Rightarrow x^2>y$，不充分；

条件(2)：可得 $\lg x>0,\lg y>0$，则 $2\lg x-\lg y<0\Rightarrow\lg x^2<\lg y\Rightarrow x^2<y$，充分.

【评注】 本题的关键是熟悉 $y=\log_a x$ 的正负情况，当 $a>1,x>1$ 或 $0<a<1,0<x<1$ 时，$y>0$；当 $0<a<1,x>1$ 或 $a>1,0<x<1$ 时，$y<0$.

16. $\frac{a+b}{c}>\frac{b+c}{a}>\frac{c+a}{b}$. 难度 ★★★

(1) $0<b<a<c$.

(2) $c<a<b<0$.

答案 E

考点 不等式的性质.

解析 从题干分析得

$$\frac{a+b}{c}+1>\frac{b+c}{a}+1>\frac{c+a}{b}+1\Rightarrow\frac{a+b+c}{c}>\frac{a+b+c}{a}>\frac{a+b+c}{b}.$$

条件(1)：$0<\frac{1}{c}<\frac{1}{a}<\frac{1}{b}$，则 $\frac{a+b+c}{c}<\frac{a+b+c}{a}<\frac{a+b+c}{b}$，不充分；

条件(2)：$0>\frac{1}{c}>\frac{1}{a}>\frac{1}{b}$，则 $\frac{a+b+c}{c}<\frac{a+b+c}{a}<\frac{a+b+c}{b}$，不充分.

【评注】 本题也可以采用特殊值的方法解决，在条件(1)中取 $b=1,a=2,c=3$，在条件(2)中取 $c=-3,a=-2,b=-1$ 进行检验，发现条件(1)、条件(2)都不充分.

17. $|\log_a x|>2$. 难度 ★★

(1) $x\in\left(0,\frac{1}{5}\right),\frac{1}{2}<a<1$.

(2) $x\in(3,5),1<a\leqslant 2$.

答案 A

考点 对数不等式.

解析 分析题干得 $\log_a x>2$ 或 $\log_a x<-2$.

当 $a>1$ 时，原不等式可化为 $x>a^2$ 或 $0<x<\frac{1}{a^2}$；

当 $0<a<1$ 时，原不等式可化为 $0<x<a^2$ 或 $x>\frac{1}{a^2}$.

显然条件(1)满足，条件(2)只要取 $a=2$ 就不满足了，所以选 A.

【评注】 求解此类题目时一般可以从题干分析，得出一般情况，然后考查两个条件是否为题干的子集.

# 第三章
# 数列及其应用真题应试技巧


◆ 第一节 核心公式、知识点与考点梳理
◆ 第二节 真题深度分类解析
◆ 第三节 母题精讲


【考试地位】数列主要研究元素的变化规律,可将其看成函数:若把 $n$ 看成自变量,则 $a_n$ 或 $S_n$ 可看成特殊的函数.等差数列和等比数列是两类最基本的数列.对于等差数列,$a_n$ 可看成一次函数图像上的点,其中 $d$ 可看成直线的斜率,$S_n$ 为恒过原点的二次函数图像上的点,$d$ 的正负决定了 $S_n$ 所对应二次函数图像的开口方向.在等差数列中,关键的量是 $a_1$ 和 $d$,只要知道这两个量,那么 $a_n$,$S_n$ 就很容易求得.同样,在等比数列中,关键的量是 $a_1$ 和 $q$,只要转化为这两个量,问题就迎刃而解了.本模块在考试中一般考查 2 个题目.

# 第一节　核心公式、知识点与考点梳理

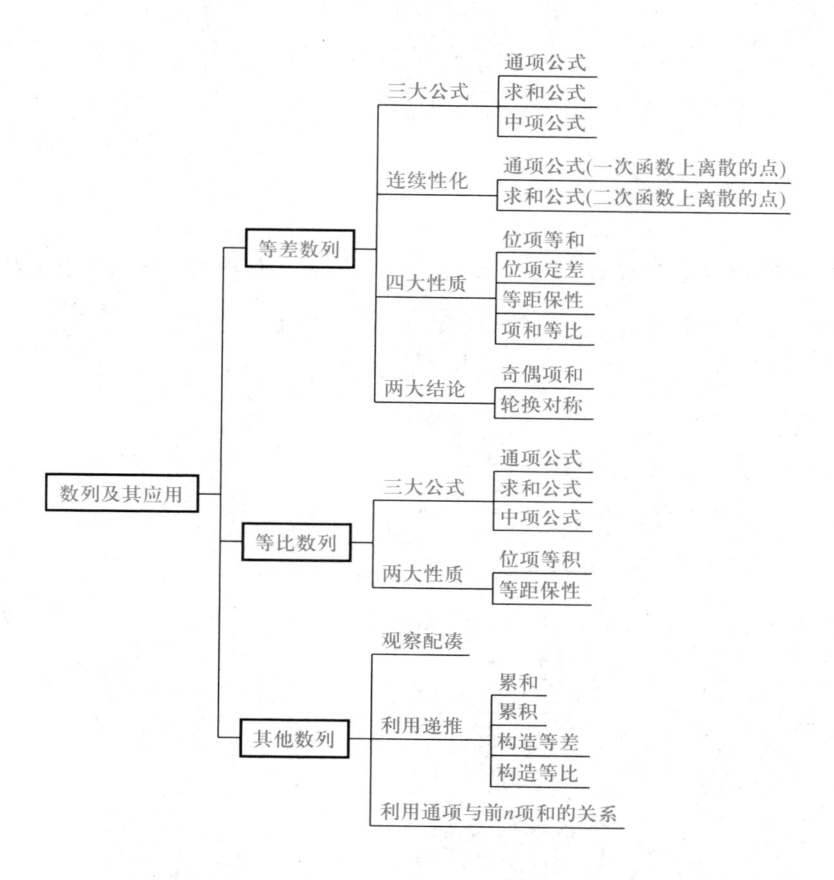

## 一、等差数列

### 1. 三大公式

通项公式：$a_n=a_1+(n-1)d, n\in\mathbf{N}_+$.

求和公式：$S_n=\dfrac{n(a_1+a_n)}{2}=na_1+\dfrac{n(n-1)}{2}d, n\in\mathbf{N}_+$.

中项公式：$2a_n=a_{n-m}+a_{n+m}$.

### 2. 连续性化

通项公式（一次函数上离散的点）：$a_n=a_1+(n-1)d=dn+(a_1-d)\Rightarrow y=dx+(a_1-d)$.

求和公式（二次函数上离散的点）：$S_n=na_1+\dfrac{n(n-1)}{2}d=\dfrac{d}{2}n^2+\left(a_1-\dfrac{d}{2}\right)n\Rightarrow y=\dfrac{d}{2}x^2+\left(a_1-\dfrac{d}{2}\right)x$.

### 3. 四大性质

位项等和：$m+n=p+q\Rightarrow a_m+a_n=a_p+a_q$.

位项定差：$d=\dfrac{a_m-a_n}{m-n}(m\neq n)$.

等距保性：$a_{m+k},a_{m+2k},\cdots,a_{m+nk}\Rightarrow$ 公差为 $kd$；$S_n,S_{2n}-S_n,S_{3n}-S_{2n}\Rightarrow$ 公差为 $n^2d$.

项和等比：$\dfrac{a_n}{b_n}=\dfrac{\dfrac{(a_1+a_{2n-1})(2n-1)}{2}}{\dfrac{(b_1+b_{2n-1})(2n-1)}{2}}=\dfrac{S_{2n-1}}{T_{2n-1}}$.

### 4. 两大结论

奇偶项和：当 $n=2k$ 时，$S_{奇}=\dfrac{(a_1+a_{2k-1})k}{2}=ka_k$；$S_{偶}=\dfrac{(a_2+a_{2k})k}{2}=ka_{k+1}$.

当 $n=2k-1$ 时，$S_{奇}=\dfrac{(a_1+a_{2k-1})k}{2}=ka_k$；$S_{偶}=\dfrac{(a_2+a_{2k-2})(k-1)}{2}=(k-1)a_k$.

轮换对称：$a_m=n,a_n=m\Rightarrow a_{m+n}=0$；$S_m=n,S_n=m\Rightarrow S_{m+n}=-(m+n)$；$S_m=S_n\Rightarrow S_{m+n}=0$.

## 二、等比数列

### 1. 三大公式

通项公式：$a_n=a_1\cdot q^{n-1}, n\in\mathbf{N}_+, a_1\neq 0$，$q$ 为常数且 $q\neq 0$.

求和公式：$S_n=\begin{cases}na_1(q=1),\\ \dfrac{a_1(1-q^n)}{1-q}=\dfrac{a_1-a_nq}{1-q}=\dfrac{a_1}{1-q}-\dfrac{a_1}{1-q}q^n(q\neq 0\text{ 且 }q\neq 1).\end{cases}$

中项公式:$a_n^2=a_{n-m}\cdot a_{n+m}(n>m)$.

2. 两大性质

位项等积:$m+n=p+q\Rightarrow a_m\cdot a_n=a_p\cdot a_q$.

等距保性:$a_{m+k},a_{m+2k},\cdots,a_{m+nk}\Rightarrow$ 公比为 $q^k$;$S_n,S_{2n}-S_n,S_{3n}-S_{2n}\Rightarrow$ 公比为 $q^n$.

## 三、其他数列

1. 观察配凑

分析数列的结构和特征,找出规律,采用分解组合思想,对通项裂项(分解),如

$$a_n=\frac{1}{n(n+1)}=\frac{1}{n}-\frac{1}{n+1}.$$

2. 利用递推

累和、累积、构造等差、构造等比.

3. 利用通项与前 $n$ 项和的关系

$$a_n=\begin{cases}S_1(n=1),\\S_n-S_{n-1}(n\geqslant 2).\end{cases}$$

# 第二节　真题深度分类解析

## 考点精解 1　数列的通项与递推公式

【考点突破】本考点主要考查等差数列和等比数列的通项公式,以及其他通项公式的求解.

### 子考点 1　等差数列的通项公式

考点运用技巧:等差数列的通项公式 $a_n=a_1+(n-1)d=a_m+(n-m)d$.

典型真题:(2012－10) 在等差数列 $\{a_n\}$ 中,$a_2=4,a_4=8$.若 $\sum\limits_{k=1}^{n}\frac{1}{a_ka_{k+1}}=\frac{5}{21}$,则 $n=$(　　).

难度　★

A. 16　　B. 17　　C. 19　　D. 20　　E. 21

考点　等差数列通项公式.

解析　由 $a_2=4,a_4=8$ 知 $d=\frac{a_4-a_2}{2}=2,a_1=2$.

$$\sum_{k=1}^{n}\frac{1}{a_ka_{k+1}}=\frac{1}{a_1a_2}+\frac{1}{a_2a_3}+\cdots+\frac{1}{a_na_{n+1}}=\frac{1}{2}\left(\frac{1}{a_1}-\frac{1}{a_2}+\frac{1}{a_2}-\frac{1}{a_3}+\cdots+\frac{1}{a_n}-\frac{1}{a_{n+1}}\right)=$$

$\frac{1}{2}\left(\frac{1}{a_1}-\frac{1}{a_{n+1}}\right)=\frac{5}{21}$，解得 $a_{n+1}=42$，那么 $a_n=40$，知 $n=\frac{a_n-a_1}{d}+1=20$.选 D.

典型真题：(2010－1) 已知数列 $\{a_n\}$ 为等差数列，公差为 $d$，且 $a_1+a_2+a_3+a_4=12$，则 $a_4=0$.

**难度** ★★

(1) $d=-2$.

(2) $a_2+a_4=4$.

**考点** 等差数列的通项.

**解析** 条件(1)：$d=-2$，$a_1+a_2+a_3+a_4=4a_1+6d=12 \Rightarrow a_1=6 \Rightarrow a_4=0$，充分.

条件(2)：$a_2+a_4=4=2a_3$，$a_1+a_2+a_3+a_4=a_1+3a_3=12 \Rightarrow a_1=6 \Rightarrow a_4=0$，充分.选 D.

**点睛** 本题的突破口在于将数列元素都化为 $a_1$ 和 $d$.

练习：(2015－1) 设 $\{a_n\}$ 是等差数列，则能确定数列 $\{a_n\}$. **难度** ★★

(1) $a_1+a_6=0$.

(2) $a_1a_6=-1$.

**考点** 等差数列.

**解析** 两条件显然无法确定数列 $\{a_n\}$，考虑联合.联合后可将 $a_1$，$a_6$ 看成方程 $x^2-1=0$ 的两根，很容易解得两根 $x_1=1$，$x_2=-1$，但对于 $a_1$，$a_6$ 而言，哪个是1哪个是－1不确定，既有可能 $a_1=1$，$a_6=-1$，也有可能 $a_1=-1$，$a_6=1$，无法确定数列 $\{a_n\}$，不充分.选 E.

## 子考点 2 等比数列的通项公式

考点运用技巧：等比数列的通项公式 $a_n=a_1\cdot q^{n-1}=a_m\cdot q^{n-m}$.

典型真题：(2014－10) 若等比数列 $\{a_n\}$ 满足 $a_2+a_4=20$，则 $a_3+a_5=40$. **难度** ★★

(1) 公比 $q=2$.

(2) $a_1+a_3=10$.

**考点** 等比数列.

**解析** 条件(1)：$\begin{cases} a_2+a_4=20, \\ q=2 \end{cases} \Rightarrow a_3+a_5=q(a_2+a_4)=40$，充分.

条件(2)：$\frac{a_2+a_4}{a_1+a_3}=\frac{(a_1+a_3)q}{a_1+a_3}=q=2$，发现和条件(1)等价，充分.选 D.

练习：(2012－1) 已知 $\{a_n\}$，$\{b_n\}$ 分别为等比数列与等差数列，$a_1=b_1=1$，则 $b_2 \geqslant a_2$.

**难度** ★★★

(1) $a_2>0$.

(2) $a_{10}=b_{10}$.

**考点** 等差数列、等比数列.

**解析**　条件(1):显然不充分;条件(2):可举反例,当等比数列$\{a_n\}$的公比$q=-10$时,$a_{10}=b_{10}=-10^9$,此时$a_2=-10$,数列$\{b_n\}$的公差$d=\frac{b_{10}-b_1}{9}=\frac{-10^9-1}{9}$是一个绝对值非常大的负数,可得$b_2=b_1+d=1-\frac{10^9+1}{9}<a_2=-10$,不充分;考虑联合:$a_2>0\Rightarrow q>0$,等比数列$\{a_n\}$的散点连线构成指数函数图像的一段,等差数列$\{b_n\}$散点连线构成一次函数图像的一段,如图(a),(b)所示,当$q>1$或$0<q<1$时,$b_2>a_2$,当$q=1$时,两个数列均为常数列,$b_2=a_2$,所以充分.选C.

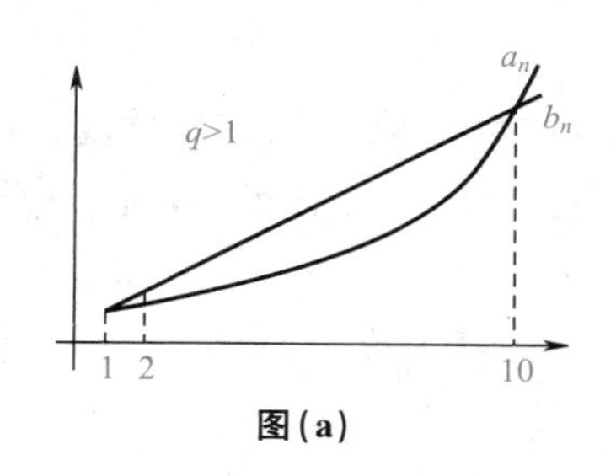

图(a)

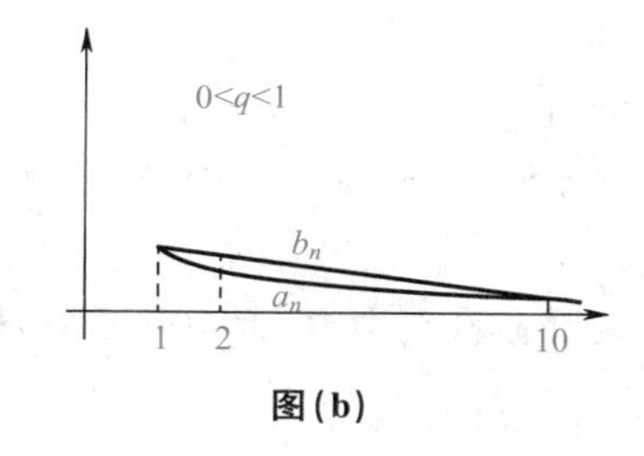

图(b)

**技巧**　考虑用函数图像较为简单.

## 子考点3　由递推公式求通项公式

考点运用技巧:常用的方法有累和法、累积法、归纳法等.

典型真题:(2010－10) $x_n=1-\frac{1}{2^n}(n=1,2,\cdots)$. **难度** ★★

(1) $x_1=\frac{1}{2},x_{n+1}=\frac{1}{2}(1-x_n)(n=1,2,\cdots)$.

(2) $x_1=\frac{1}{2},x_{n+1}=\frac{1}{2}(1+x_n)(n=1,2,\cdots)$.

**考点**　等比数列的递推与通项.

**解析**　题干数列为单调递增数列,而条件(1)不是单调递增数列,排除.

条件(2):由于$x_{n+1}=\frac{1}{2}(1+x_n)\Rightarrow x_{n+1}-1=\frac{1}{2}(x_n-1)$,则$\{x_n-1\}$是首项为$-\frac{1}{2}$,公比为$\frac{1}{2}$的等比数列,则有$x_n-1=-\frac{1}{2}\times\left(\frac{1}{2}\right)^{n-1}$,即$x_n=1-\frac{1}{2^n}(n=1,2,\cdots)$,充分.选B.

**技巧**　特殊值法:条件(1):$x_2=\frac{1}{4}$;条件(2):$x_2=\frac{3}{4}$,显然条件(2)充分.

**点睛**　本题的关键点在于通过数列的递推等式构造一个新的数列来分析.当然,求解本题时也可以采用特殊值法进行巧算.

典型真题:(2013－1) 设$a_1=1,a_2=k,\cdots,a_{n+1}=|a_n-a_{n-1}|(n\geqslant 2)$,则$a_{100}+a_{101}+$

$a_{102}=2$. **难度** ★★★

(1) $k=2$.

(2) $k$ 是小于20的正整数.

**考点** 数列的递推运算.

**解析** 条件(1):$a_1=1,a_2=2,a_3=|a_2-a_1|=1,a_4=|a_3-a_2|=1,a_5=|a_4-a_3|=0,a_6=1,\cdots$,可以发现自第4项起每3项一循环,得$a_{100}=a_4=1,a_{101}=a_5=0,a_{102}=a_6=1$,那么$a_{100}+a_{101}+a_{102}=2$,充分.

条件(2):$1,k,k-1;1,k-2,k-3;1,k-4,k-5;\cdots;1,1,0;1,1,0;\cdots$,自第$3k-3$项起,每3项呈1,1,0循环,也充分.选D.

**技巧** 此题由于条件(1)是条件(2)的一个情况,属于包含型条件,所以答案应该在A和D中选择,如果有时间只要验证$k=19$的情况是否满足就可以了.若满足,就选D;若不满足,则选A.

**点睛** 从这样的命题来看,数列的考查内容会越来越灵活多变,打破常规命题.

## 子考点4 由求和公式求通项公式

考点运用技巧:任何数列都满足 $a_n=\begin{cases}S_1, & n=1,\\ S_n-S_{n-1}, & n\geqslant 2.\end{cases}$

典型真题:(2003－10) 数列$\{a_n\}$的前$n$项和为$S_n=4n^2+n-2$,则它的通项$a_n$是(　　).

**难度** ★★

A. $3n-2$　　B. $4n+1$　　C. $8n-2$

D. $8n-1$　　E. 以上结论均不正确

**考点** 数列通项与前$n$项和的关系.

**解析** 当$n=1$时,$a_1=S_1=3$.当$n\geqslant 2$时,

$$a_n=S_n-S_{n-1}=4n^2+n-2-[4(n-1)^2+n-1-2]=8n-3,$$

所以通项 $a_n=\begin{cases}3, & n=1,\\ 8n-3, & n\geqslant 2.\end{cases}$ 选E.

**技巧** $a_1=S_1=3$,故选项A,B,C,D都排除.

**点睛** 本题主要考查公式 $a_n=\begin{cases}S_1, & n=1,\\ S_n-S_{n-1}, & n\geqslant 2,\end{cases}$ 注意不要忘记验证首项,此外,可以记住一个结论:$S_n=a\cdot n^2+b\cdot n+c$,当$c=0$时,$\{a_n\}$为等差数列,通项$a_n=2a\cdot n+b-a$;当$c\neq 0$时,不是等差数列,通项 $a_n=\begin{cases}a_1=a+b+c, & n=1,\\ 2a\cdot n+b-a, & n\geqslant 2,\end{cases}$ 原因是首项不再保持等差关系,$\{a_n\}$从第2项以后仍然为等差数列.

练习:(2008－1) 如果数列$\{a_n\}$的前$n$项和$S_n=\frac{3}{2}a_n-3$,那么这个数列的通项公式是

(　　). 难度 ★★

A. $a_n=2(n^2+n+1)$　　B. $a_n=3\times 2^n$　　C. $a_n=3n+1$

D. $a_n=2\times 3^n$　　E. 以上结论均不正确

**考点** 数列通项与前 $n$ 项和的关系.

**解析** 由于 $a_1=S_1=\frac{3}{2}a_1-3\Rightarrow a_1=6$, $a_n=S_n-S_{n-1}=\left(\frac{3}{2}a_n-3\right)-\left(\frac{3}{2}a_{n-1}-3\right)\Rightarrow a_n=3a_{n-1}(n\geqslant 2)$，故数列$\{a_n\}$是以 $a_1=6$ 为首项，公比为 3 的等比数列，所以通项公式是 $a_n=2\times 3^n$.选 D.

**技巧** 可以采用特殊值法，当 $n=1$ 时，$S_1=\frac{3}{2}a_1-3$，即 $a_1=\frac{3}{2}a_1-3\Rightarrow a_1=6$.

当 $n=2$ 时，$S_2=\frac{3}{2}a_2-3\Rightarrow a_1+a_2=\frac{3}{2}a_2-3\Rightarrow a_2=18$，对选项验证可以得出答案.

**点睛** 此题利用核心公式 $a_n=\begin{cases}S_1, & n=1,\\ S_n-S_{n-1}, & n\geqslant 2,\end{cases}$ 先求出首项和公比，然后求出 $a_n$.

## 考点精解 2　数列的中项公式与角标性质

### 子考点 1　中项公式

考点运用技巧：主要包含等差中项与等比中项的运用.若三个数 $a,b,c$ 成等差数列，则 $2b=a+c$；若三个数成等比数列，则 $b^2=ac$.

典型真题：(2002－10) 设 $3^a=4$, $3^b=8$, $3^c=16$，则 $a,b,c$(　　). 难度 ★★

A. 是等比数列，但不是等差数列

B. 是等差数列，但不是等比数列

C. 既是等比数列，也是等差数列

D. 既不是等比数列，也不是等差数列

E. 以上结论均不正确

**考点** 数列的识别.

**解析** $(3^b)^2=3^a\times 3^c\Rightarrow 2b=a+c$，所以 $a,b,c$ 为等差数列，选 B.

**点睛** 直接根据指数的运算性质进行分析，常用公式为 $a^m\cdot a^n=a^{m+n}$, $(a^m)^n=a^{mn}$.

练习：(2011－1) 实数 $a,b,c$ 成等差数列. 难度 ★★

(1) $e^a, e^b, e^c$ 成等比数列.

(2) $\ln a, \ln b, \ln c$ 成等差数列.

**考点** 指数、对数、函数的定义.

**解析** 条件(1)：$e^a, e^b, e^c$ 成等比数列 $\Leftrightarrow (e^b)^2=e^a\cdot e^c\Leftrightarrow 2b=a+c$，即 $a,b,c$ 成等差数列，充分；条件(2)：$\ln a, \ln b, \ln c$ 成等差数列 $\Leftrightarrow 2\ln b=\ln a+\ln c\Rightarrow b^2=ac$，即 $a,b,c$ 成等比数列，不充分.选 A.

练习:(2014－1) 甲、乙、丙三人的年龄相同. 难度 ★★

(1) 甲、乙、丙的年龄成等差数列.

(2) 甲、乙、丙的年龄成等比数列.

考点 等差数列、等比数列的定义.

解析 年龄相同,即常数列,既成等差又成等比的数列为常数列.选 C.

## 子考点 2 角标性质

考点运用技巧:等差数列中,$m+n=k+l \Rightarrow a_m+a_n=a_k+a_l$;等比数列中,$m+n=k+l \Rightarrow a_m \cdot a_n=a_k \cdot a_l$.

典型真题:(2010－10) 等比数列$\{a_n\}$中,$a_3$,$a_8$是$3x^2+2x-18=0$的两个根,则$a_4 \cdot a_7=$(　　). 难度 ★

A. $-9$　　B. $-8$　　C. $-6$　　D. 6　　E. 8

考点 等比数列的性质与韦达定理.

解析 由韦达定理得$a_3 \cdot a_8=\dfrac{-18}{3}=-6 \Rightarrow a_4 \cdot a_7=-6$.选 C.

点睛 可以记住结论:对于等差数列,有$a_m+a_n=a_k+a_l$(其中$m+n=k+l$).对于等比数列,有$a_m \cdot a_n=a_k \cdot a_l$(其中$m+n=k+l$).

典型真题:(2011－10) 若等比数列$a_n$满足$a_2a_4+2a_3a_5+a_2a_8=25$,且$a_1>0$,则$a_3+a_5=$(　　). 难度 ★★

A. 8　　B. 5　　C. 3　　D. 2　　E. 1

考点 等比数列(角标性质).

解析 $a_2a_4+2a_3a_5+a_2a_8=25 \Rightarrow a_3^2+2a_3a_5+a_5^2=25 \Rightarrow (a_3+a_5)^2=25$,由$a_1>0$,则$a_3+a_5>0$,$a_3+a_5=5$.选 B.

技巧 可以采用特殊值的方法,让所有的项都为一个常数$c$,那么$a_2a_4+2a_3a_5+a_2a_8=25 \Rightarrow c^2+2c^2+c^2=25 \Rightarrow c^2=\dfrac{25}{4} \Rightarrow c=\dfrac{5}{2}$,则$a_3+a_5=2c=5$.

点睛 可以记住结论:对于等差数列,有$a_{m-k}+a_{m+k}=2a_m$;对于等比数列,有$a_{m-k} \cdot a_{m+k}=a_m^2$.

典型真题:(2014－1) 已知$\{a_n\}$为等差数列,且$a_2-a_5+a_8=9$,则$a_1+a_2+\cdots+a_9=$(　　). 难度 ★★

A. 27　　B. 45　　C. 54　　D. 81　　E. 182

考点 数列性质.

解析 由$a_2-a_5+a_8=9 \Rightarrow a_1+4d=a_5=9$,则$S_9=\dfrac{9(a_1+a_9)}{2}=9a_5=81$.选 D.

**技巧**　$a_2-a_5+a_8=9\Rightarrow 2a_5-a_5=a_5=9$.

**点睛**　采用特殊值法，设全部变量为 $c$，则 $c=9$，$S_9=9c=81$.

## 考点精解 3　数列的求和方法

【考点突破】主要掌握等差数列和等比数列的求和方法，以及一些实际运用.

### 子考点 1　等差数列求和公式

考点运用技巧：主要掌握等差数列求和公式，并结合角标规律与求和公式运用.

典型真题：(2007－10) 已知等差数列 $\{a_n\}$ 中，$a_2+a_3+a_{10}+a_{11}=64$，则 $S_{12}=$(　　).

**难度**　★★

A. 64　　B. 81　　C. 128　　D. 192　　E. 188

**考点**　等差数列求和运算.

**解析**　$a_2+a_3+a_{10}+a_{11}=64\Rightarrow a_1+a_{12}=32\Rightarrow S_{12}=\frac{12(a_1+a_{12})}{2}=6\times 32=192$.选 D.

**技巧**　采用特殊值法，将公差看作 0，即常数变易法，那么数列每个元素都是 16，所以前 12 项和为 $16\times 12=192$.

**点睛**　本题先根据等差数列元素性质求出 $a_1+a_{12}$ 的数值，再借助求和公式计算.此外，将数列看成特殊的常数数列可以简便运算.

典型真题：(2011－10) 若等差数列 $a_n$ 满足 $5a_7-a_3-12=0$，则 $\sum_{k=1}^{15}a_k=$(　　).

**难度**　★★

A. 15　　B. 24　　C. 30　　D. 45　　E. 60

**考点**　等差数列(前 $n$ 项和).

**解析**　$5a_7-a_3-12=0\Rightarrow 5(a_8-d)-(a_8-5d)-12=0\Rightarrow a_8=3$，$\sum_{k=1}^{15}a_k=S_{15}=\frac{15(a_1+a_{15})}{2}=15a_8=45$.选 D.

**技巧**　当条件只给一个等式的时候，就可以采用常数变易法，每项都设为常数 $c$，那么 $5a_7-a_3-12=0\Rightarrow 5c-c-12=0\Rightarrow c=3$，而 $\sum_{k=1}^{15}a_k=15c=45$.

**点睛**　本题将已知条件和所求表达式都转化为 $a_8$ 来分析，所用公式为：$a_m+a_n=a_k+a_l(m+n=k+l)$，$a_n=a_m+(n-m)d$.

**子考点 2** 等比数列的求和

考点运用技巧：等比数列的求和公式 $S_n=\dfrac{a_1(1-q^n)}{1-q}(q\neq 1)$.

典型真题：(2012－10) 设 $\{a_n\}$ 是非负等比数列，若 $a_3=1,a_5=\dfrac{1}{4}$，则 $\sum\limits_{k=1}^{8}\dfrac{1}{a_k}=($　　$)$.

**难度** ★★

A. 255　　B. $\dfrac{255}{4}$　　C. $\dfrac{255}{8}$　　D. $\dfrac{255}{16}$　　E. $\dfrac{255}{32}$

**考点** 等比数列求和运算.

**解析** $q^2=\dfrac{a_5}{a_3}=\dfrac{1}{4}\Rightarrow q=\dfrac{1}{2},a_1=\dfrac{a_3}{q^2}=4$，而新数列 $\left\{\dfrac{1}{a_n}\right\}$ 的首项为 $a'_1=\dfrac{1}{4}$，公比为 $q'=2$，

则 $\sum\limits_{k=1}^{8}\dfrac{1}{a_k}=S_8=\dfrac{a'_1(1-q'^8)}{1-q'}=\dfrac{\dfrac{1}{4}\times(1-2^8)}{1-2}=\dfrac{255}{4}$.选 B.

**点睛** 要学会数列项之间的快速运算，直接算出公比即可.另外，要明确若 $\{a_n\}$ 为等比数列，则 $\left\{\dfrac{1}{a_n}\right\}$，$\{a_n^k\}$，$\{|a_n|\}$ 等还是等比数列.

典型真题：(2008－1) $S_2+S_5=2S_8$. **难度** ★★

(1) 等比数列的前 $n$ 项和为 $S_n$，且公比 $q=-\dfrac{\sqrt[3]{4}}{2}$.

(2) 等比数列的前 $n$ 项和为 $S_n$，且公比 $q=\dfrac{1}{\sqrt[3]{2}}$.

**考点** 等比数列求和运算.

**解析** 由于 $S_2+S_5=2S_8\Rightarrow 1-q^2+1-q^5=2(1-q^8)\Rightarrow 1+q^3=2q^6$，得到 $q^3=-\dfrac{1}{2}$，或者 $q^3=1$(舍去)，故解得 $q=-\dfrac{\sqrt[3]{4}}{2}$.选 A.

**技巧** 由 $S_2+S_5=2S_8$，则 $S_2-S_5=2S_8-2S_5$，即 $\dfrac{S_8-S_5}{S_5-S_2}=-\dfrac{1}{2}=\dfrac{a_8+a_7+a_6}{a_5+a_4+a_3}=\dfrac{(a_5+a_4+a_3)q^3}{a_5+a_4+a_3}=q^3\Rightarrow q=-\dfrac{\sqrt[3]{4}}{2}$.

**点睛** 此题比较简单，但是运算量比较大，其实考试时只要将条件代入验证就可以了.

**子考点 3** 数列求和的分段性质

考点运用技巧：阶段项和性质 $\begin{cases}\text{等差}:S_m,S_{2m}-S_m,S_{3m}-S_{2m}\text{ 也成等差数列},\\ \text{等比}:S_m,S_{2m}-S_m,S_{3m}-S_{2m}\text{ 也成等比数列}.\end{cases}$

典型真题：(1998－10) 若等差数列中前5项和 $S_5=15$，前15项和 $S_{15}=120$，则前10项和 $S_{10}=$（　　）. **难度** ★★

A. 40　　B. 45　　C. 50　　D. 55　　E. 60

**考点**　等差数列求和运算.

**解析**　$\begin{cases}S_5=15,\\S_{15}=120\end{cases}\Rightarrow\begin{cases}5a_1+\dfrac{5\times4}{2}d=15,\\15a_1+\dfrac{15\times14}{2}d=120\end{cases}\Rightarrow\begin{cases}a_1=1,\\d=1,\end{cases}$ 则前10项和 $S_{10}=10a_1+\dfrac{10\times(10-1)}{2}d=55$. 选 D.

**技巧**　由于 $S_5, S_{10}-S_5, S_{15}-S_{10}$ 成等差数列，所以 $15, S_{10}-15, 120-S_{10}$ 成等差数列，然后求出 $S_{10}=55$.

**点睛**　记住结论：对于等差数列，$S_n, S_{2n}-S_n, S_{3n}-S_{2n}, \cdots$ 仍为等差数列；同样，对于等比数列，$S_n, S_{2n}-S_n, S_{3n}-S_{2n}, \cdots$ 仍为等比数列.

典型真题：(2014－10) 等差数列 $\{a_n\}$ 的前 $n$ 项和为 $S_n$，已知 $S_3=3, S_6=24$，则此公差 $d=$（　　）. **难度** ★★

A. 3　　B. 2　　C. 1　　D. $\dfrac{1}{2}$　　E. $\dfrac{1}{3}$

**考点**　等差数列的求和公式.

**解析**　由等差数列 $\{a_n\}$ 的前 $n$ 项和公式 $S_n=na_1+\dfrac{n(n-1)}{2}d$，可以得到 $\begin{cases}S_3=3a_1+\dfrac{3\times(3-1)d}{2}=3,\\S_6=6a_1+\dfrac{6\times(6-1)d}{2}=24\end{cases}\Rightarrow\begin{cases}a_1+d=1,\\2a_1+5d=8\end{cases}\Rightarrow d=2$. 选 B.

**技巧**　由于 $S_6-S_3=21$，因此 $S_3, S_6-S_3, S_9-S_6$ 也成等差数列，且公差为原来公差的 $3^2=9$ 倍，得 $9d=21-3=18\Rightarrow d=2$.

**点睛**　对于本题，要熟悉经验公式结论：若 $\{a_n\}$ 为公差是 $d$ 的等差数列，则 $S_m, S_{2m}-S_m, S_{3m}-S_{2m}, \cdots$ 也为等差数列，且公差为 $m^2d$.

## 子考点4　数列求和的中项性质

考点运用技巧：两个等差数列的前 $2k-1$ 项和之比为其对应数列第 $k$ 项的比值，即 $S_{2k-1}:T_{2k-1}=a_k:b_k$.

典型真题：(2009－1) $\{a_n\}$ 的前 $n$ 项和 $S_n$ 与 $\{b_n\}$ 的前 $n$ 项和 $T_n$ 满足 $S_{19}:T_{19}=3:2$. **难度** ★★

(1) $\{a_n\}$ 和 $\{b_n\}$ 是等差数列.

(2) $a_{10} : b_{10} = 3 : 2$.

**考点** 等差数列的性质.

**解析** 显然要联合两个条件考虑,则有$\frac{S_{19}}{T_{19}}=\frac{\frac{a_1+a_{19}}{2}\times 19}{\frac{b_1+b_{19}}{2}\times 19}=\frac{a_{10}}{b_{10}}=\frac{3}{2}$,联合充分.选 C.

**技巧** 显然两个条件中条件(1) 是文字类描述,条件(2) 是数学计算表达式,所以可以直接考虑两个条件联合求解.

**点睛** *等差数列$\{a_n\}$的前$n$项和$S_n$与等差数列$\{b_n\}$的前$n$项和$T_n$满足$\frac{a_n}{b_n}=\frac{S_{2n-1}}{T_{2n-1}}$.*

## 子考点 5 数列求和的最值性质

考点运用技巧:等差数列中,当 $a_k > 0, a_{k+1} < 0$ 时,$S_k$ 是最大值.同理,当 $a_k < 0, a_{k+1} > 0$ 时,$S_k$ 是最小值.

典型真题:(2014-12) 已知$\{a_n\}$是公差大于零的等差数列,$S_n$ 是$\{a_n\}$的前$n$项和,则 $S_n \geqslant S_{10}, n=1,2,\cdots$. **难度** ★★★

(1) $a_{10}=0$.

(2) $a_{11}a_{10}<0$.

**考点** 等差数列求和性质.

**解析** 本题只需要说明 $S_{10}$ 为最小值即可.条件(1):当 $a_{10}=0$ 时,那么从 $a_{11}$ 开始必然是正数,所以 $S_9=S_{10}$ 为最小值,充分;条件(2):可以确定 $a_{11}>0, a_{10}<0$,那么 $S_{10}$ 也就是最小值,也充分.选 D.

**技巧** 一个条件是等量关系,另一个条件是不等式关系,直接选 D.

**点睛** *求解本题的关键是知道公差不等于零的等差数列要么递增,要么递减,是一种线性数列,当首项 $a_1>0$,公差 $d<0$ 时,则前 $n$ 项和 $S_n$ 存在最大值;而当首项 $a_1<0$,公差 $d>0$ 时,则前 $n$ 项和 $S_n$ 存在最小值.*

## 子考点 6 数列求和的实际运用

考点运用技巧:当遇到数列相关的应用题时,尽量多归纳、多枚举,找出其一般规律再求解.另外,值得关注的是无穷等比数列($|q|<1$) 的前 $n$ 项和的极限为 $S=\frac{a_1}{1-q}$.

典型真题:(2012-1) 某人在保险柜中存放了 $M$ 元现金,第一天取出它的$\frac{2}{3}$,以后每天取出前一天所取的$\frac{1}{3}$,共取了 7 天,则保险柜中剩余的现金为(　　) 元. **难度** ★★

A. $\frac{M}{3^7}$　　B. $\frac{M}{3^6}$　　C. $\frac{2M}{3^6}$

D. $\left[1-\left(\frac{2}{3}\right)^7\right]M$　　E. $\left[1-7\times\left(\frac{2}{3}\right)^7\right]M$

**考点**　等比数列求和.

**解析**　某人一共取走的现金为

$$S=\frac{2}{3}M+\frac{1}{3}\times\frac{2}{3}M+\cdots+\left(\frac{1}{3}\right)^6\times\frac{2}{3}M=\frac{1-\left(\frac{1}{3}\right)^7}{1-\frac{1}{3}}\times\frac{2}{3}M=\left[1-\left(\frac{1}{3}\right)^7\right]M,$$

还剩下$\frac{M}{3^7}$元.选 A.

**技巧**　可以采用排除法，当天数很大时，剩余的现金趋近 0，排除 D 和 E，又因为第一天剩下$\frac{M}{3}$，所以只能选 A.

**点睛**　首先找到每天取走的金额与前一天的关系，作为等比数列的公比，根据总数减去每天取出的就得到剩下的.

# 第三节　母题精讲

## 一、问题求解

1. 设等差数列$a,b,c$互不相等，且$a+b+c=6$，如果改变$a,b,c$的顺序又能排列出一个等比数列，则$|a|+|b|+|c|=$(　　). **难度** ★★

A. 11　　B. 12　　C. 13　　D. 14　　E. 15

**答案**　D

**考点**　等差数列与等比数列中项计算.

**解析**　显然$b=2$，$a+c=4$，而交换顺序后可以假设该等比数列为$b,a,c$，则$a^2=bc=2c$，那么$a^2=2(4-a)\Rightarrow a^2+2a-8=0\Rightarrow a=2$或$-4$.当$a=2$时三个数相等，不符合要求，舍去，只能取$a=-4$，有$c=8$，$b=2$，那么$|a|+|b|+|c|=14$.(若等比数列为$b,c,a$，则可解出$c=-4$，$a=8$)

【评注】　对于本题，要熟悉三个数$a,b,c$成等差数列的规律是$2b=a+c$，三个数$a,b,c$成等比数列的规律是$b^2=ac$.

2. 设$a_1=1$，$a_na_{n+1}=\left(\frac{1}{2}\right)^n$，则$S_{16}=a_1+a_2+\cdots+a_{16}=$(　　). **难度** ★★★

A. $\frac{3}{2}\left[1-\left(\frac{1}{2}\right)^{10}\right]$　　B. $2\left[1-\left(\frac{1}{2}\right)^{16}\right]$　　C. $\frac{2}{3}\left[1-\left(\frac{1}{2}\right)^{16}\right]$

D. $\frac{3}{4}\left[1-\left(\frac{1}{2}\right)^{8}\right]$　　E. $3\left[1-\left(\frac{1}{2}\right)^{8}\right]$

**答案**　E

**考点**　等比数列的求和.

**解析**　显然通过计算可得 $a_1=1,a_2=\frac{1}{2},a_3=\frac{1}{2},a_4=\frac{1}{4},a_5=\frac{1}{4},a_6=\frac{1}{8},\cdots$,则

$$\begin{aligned}S_{16}&=a_1+a_2+\cdots+a_{16}\\&=1+\left[\left(\frac{1}{2}+\frac{1}{2}\right)+\left(\frac{1}{4}+\frac{1}{4}\right)+\left(\frac{1}{8}+\frac{1}{8}\right)+\cdots+\left(\frac{1}{128}+\frac{1}{128}\right)\right]+\frac{1}{256}\\&=1+\left(1+\frac{1}{2}+\frac{1}{4}+\cdots+\frac{1}{64}\right)+\frac{1}{256}\\&=1+\frac{1\left[1-\left(\frac{1}{2}\right)^{7}\right]}{1-\frac{1}{2}}+\frac{1}{256}=3\left[1-\left(\frac{1}{2}\right)^{8}\right].\end{aligned}$$

【评注】　一般遇到复杂的数列运算时,可以逐项求出,找出规律.

## 二、条件充分性判断

3. 设$\{a_n\}$是等差数列,则 $a_6+a_7=\frac{1}{6}$. **难度**　★★

(1) $3(a_3+a_7)+2(a_6+a_8+a_{10})=1$.

(2) $a_1+a_2+\cdots+a_{12}=1$.

**答案**　D

**考点**　等差数列通项与求和.

**解析**　条件(1):$3(a_3+a_7)+2(a_6+a_8+a_{10})=1\Rightarrow 6a_5+6a_8=1\Rightarrow a_5+a_8=\frac{1}{6}$,即 $a_6+a_7=\frac{1}{6}$,充分;条件(2):$a_1+a_2+\cdots+a_{12}=1\Rightarrow\frac{12(a_1+a_{12})}{2}=1\Rightarrow 6(a_6+a_7)=1\Rightarrow a_6+a_7=\frac{1}{6}$,也充分.选D.

【评注】　对于本题,需要非常熟悉等差数列的角标规律,即当 $m+n=p+q$ 时,$a_m+a_n=a_p+a_q$ 成立.特殊地,当 $2m=p+q$ 时,$2a_m=a_p+a_q$ 成立.

4. $\{b_n\}$是首项为4,公差为3的等差数列. **难度**　★★

(1) $\{a_n\}$由 $a_n=6n-2$ 给出.

(2) $b_n=\frac{1}{n}(a_1+a_2+\cdots+a_n)$.

**答案**　C

**考点**　等差数列的通项与求和.

**解析**　显然,联合两个条件,有

$$b_n=\frac{1}{n}(a_1+a_2+\cdots+a_n)=\frac{n(a_1+a_n)}{2n}=\frac{(4+6n-2)}{2}=3n+1.$$

显然$\{b_n\}$是首项为4,公差为3的等差数列.联合充分.

【评注】　这里要熟悉等差数列通项公式的特性,是一个关于$n$的一次函数,即$a_n=kn+b$.

5. $a_1+a_2+\cdots+a_n=\frac{1-3^{-n}}{2}$. **难度**　★★

(1) 等比数列$\{a_n\}$的首项为$\frac{1}{3}$,公比$q$满足$q>0,q\neq 1$,且$a_1,5a_3,9a_5$成等差数列.

(2) 对于任意的正整数$n$,都满足$\frac{1}{a_1}+\frac{1}{a_2}+\cdots+\frac{1}{a_n}=\frac{3(3^n-1)}{2}$.

**答案**　D

**考点**　等比数列求和运算.

**解析**　条件(1):由$a_1,5a_3,9a_5$成等差数列,得$10a_3=a_1+9a_5\Rightarrow 10q^2=1+9q^4\Rightarrow q=\frac{1}{3}$,则

$$a_1+a_2+\cdots+a_n=\frac{a_1(1-q^n)}{1-q}=\frac{\frac{1}{3}\times\left[1-\left(\frac{1}{3}\right)^n\right]}{1-\frac{1}{3}}=\frac{1-3^{-n}}{2},$$

充分.

条件(2):$\begin{cases}\frac{1}{a_1}+\frac{1}{a_2}+\cdots+\frac{1}{a_n}=\frac{3(3^n-1)}{2},\\ \frac{1}{a_1}+\frac{1}{a_2}+\cdots+\frac{1}{a_{n-1}}=\frac{3(3^{n-1}-1)}{2}\end{cases}\Rightarrow\frac{1}{a_n}=3^n\Rightarrow a_n=\left(\frac{1}{3}\right)^n(n\geqslant 2)$,

而$\frac{1}{a_1}=3\Rightarrow a_1=\frac{1}{3}$,则$a_n=\left(\frac{1}{3}\right)^n(n\geqslant 1)$,所以可以计算出$a_1+a_2+\cdots+a_n=\frac{1-3^{-n}}{2}$,也充分.

【评注】　对于此类题只需要验证几项就可以说明问题,考试中也不用正规计算.

6. $N=1\ 023$. **难度**　★★

(1) 细菌在培养中,每20分钟由一个分裂成两个,经过3小时,这种细菌由一个分裂成$N$个.

(2) 某人知道一条信息后,每20分钟传播给另外2人,另外2人经过20分钟后又传播给他们各自认识的2人,以此类推,则经过3小时,知道该信息的人共有$N$个.

**答案**　B

**考点**　等比数列运算.

**解析**　条件(1),显然是等比数列(公比为2)通项的计算,$N=2^9=512$(个),不充分;条件

(2)，显然是公比为2的等比数列的求和运算，得 $N=\frac{1\times(1-2^{10})}{1-2}=1\ 023$(个)，充分.

【评注】 如果条件(2)中知道信息的人传播之后还会再传播，那么就会变成公比是3的等比数列通项的计算.

7. 数列6，$a$，$b$，16，前三项成等差数列，后三项成等比数列. 难度 ★★

(1) $4a+b=0$.

(2) $a$，$b$ 是 $x^2+3x-4=0$ 的两个解.

答案 C

考点 数列与方程的结合.

解析 显然联合两个条件：条件(2)，$x^2+3x-4=0\Rightarrow x=1$ 或 $x=-4$，结合条件(1)得 $\begin{cases}a=1,\\b=-4,\end{cases}$ 则6，1，$-4$，16显然满足题干.

【评注】 对于可联合条件的题目，选C的可能性非常大.

8. 在等比数列 $\{a_n\}$ 中，$(a_4+a_5+a_6):(a_3+a_2+a_1)=8$. 难度 ★★

(1) $a_2=6$，$a_5=48$.

(2) 公比 $q=2$.

答案 D

考点 等比数列运算.

解析 条件(1)，$q^3=\frac{a_5}{a_2}=8\Rightarrow q=2$，所以两个条件完全等价，而题干 $(a_4+a_5+a_6):(a_3+a_2+a_1)=q^3=8$，所以两个条件都充分.

【评注】 当两个条件等价时，选D的可能性比较大.

# 第四章
# 应用题真题应试技巧

◆ 第一节 核心公式、知识点与考点梳理
◆ 第二节 真题深度分类解析
◆ 第三节 母题精讲

【考试地位】应用题是将所有已学数学知识运用于实际问题中，在联考中一直占有很大的比例，考题数量较多，占总题量的$\frac{1}{3}$，是考试重点模块.应用题主要是通过建立数学模型求解实际问题，由于其文字量较大，线索比较隐蔽，所以在有限的时间内把应用题做好是备考的关键所在.常见经典问题有：比例问题、比率问题、平均值问题、浓度问题、行程问题、工程问题等.

# 第一节 核心公式、知识点与考点梳理

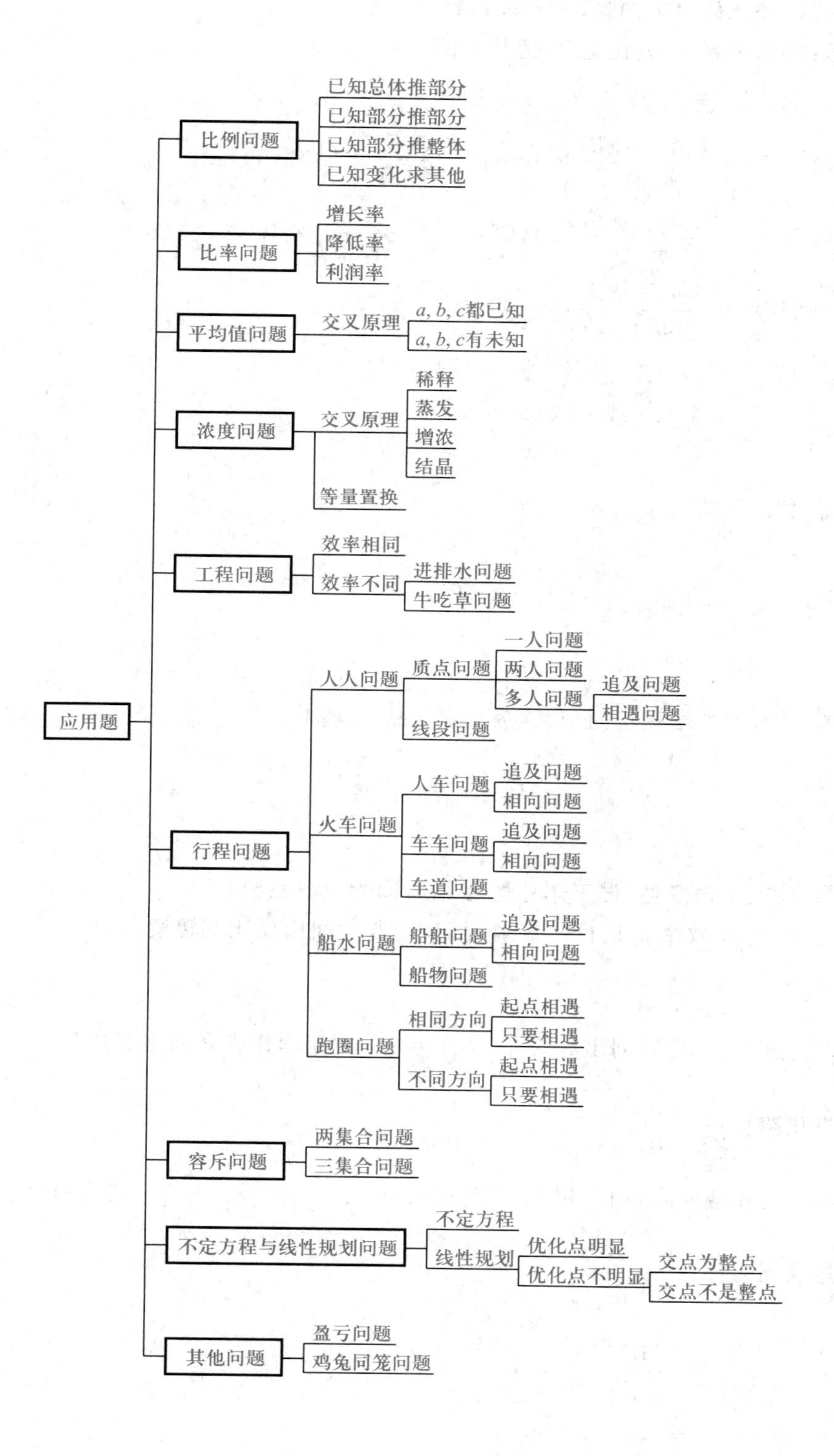

1. 比例问题(用公倍数作特殊值)

统一比例法:将相同量或者不变量化成相等的份数,用抽象的份数对应实际的值.

见比设 $k$ 法:按比值设未知量,用 $k$ 表达每一个量.

比例定理:交叉相等、合分比定理、等比定理、更比定理.

2. 比率问题(用公倍数作特殊值)

增长率:$增长率=\frac{现值-原值}{原值}\times 100\%=\left(\frac{现值}{原值}-1\right)\times 100\%$.

降低率:$降低率=\frac{原值-现值}{原值}\times 100\%=\left(1-\frac{现值}{原值}\right)\times 100\%$.

利润率:$利润率=\frac{售价-成本}{成本}\times 100\%$.

3. 平均值问题

数都已知:$\frac{c-b}{a-c}=\frac{n_1}{n_2}$.

数有未知:$\frac{an_1+bn_2}{n_1+n_2}=c$.

交叉原理:$\begin{matrix} a & & c-b \\ & c & \\ b & & a-c \end{matrix}$.

4. 浓度问题

交叉原理:稀释或增浓用正向交叉,蒸发或结晶用逆向交叉.

等量置换:$\rho_{现}=\rho_{原}\cdot\frac{V-a_1}{V}\cdot\frac{V-a_2}{V}\cdot\cdots\cdot\frac{V-a_n}{V}$.

5. 工程问题

效率相同:设效率为变量,设工作总量为1,时间为效率系数.

效率不同:数量×效率×时间=工作量,数量与时间用反比例转换.

6. 行程问题

两人问题:用时间作媒介列出等式$\frac{S_1}{V_1}-\frac{S_2}{V_2}=\Delta t$;用路程作媒介列出等式$V_1t_1-V_2t_2=\Delta S$;用速度之比量化路程$\frac{V_1}{V_2}=\frac{S_1}{S_2}$.

人与人追及或相遇问题:相向相加,同向相减,用$\frac{S}{V_1-V_2}$或$\frac{S}{V_1+V_2}$列方程组求解.

人与车追及问题:$\frac{L}{V_1-V_2}=t$.

人与车相向问题:$\frac{L}{V_1+V_2}=t$.

车与车追及问题：$\frac{L_1+L_2}{V_1-V_2}=t$.

车与车相向问题：$\frac{L_1+L_2}{V_1+V_2}=t$.

车道问题：$\frac{L+L'}{V}=t$.

船水问题：求解两船相遇或两船追及问题时，可假设水速为0.

跑圈问题：相同方向的相遇次数为两人圈数之差，不同方向的相遇次数为两人圈数之和.

起点相遇：$\frac{V_1}{V_2}=\frac{S_1}{S_2}=\frac{n_1}{n_2}$；只要相遇：将$\frac{S}{V}$看成整体.

7. 容斥问题

用文氏图求解.

8. 不定方程与线性规划问题

不定方程：未知数个数大于方程个数，方程无解；利用整除奇偶性确定范围；将要求解的量看作整体.

线性规划优化点明显：目标单一，直接使用.

线性规划优化点不明显(多种目标线性规划)：若交点为整点，则采用交点；若交点不为整点，则在交点左、右取值.

9. 盈亏问题或鸡兔同笼问题

用比较法列方程求解.

## 第二节　真题深度分类解析

### 考点精解1　比例型应用题

【考点突破】本考点主要考查比例型应用题，包括比例变化题和总量还原题，是真题中考查力度最大的部分，备考中值得关注.

【要点浏览】

(1) 总量 $=\frac{\text{部分量}}{\text{部分量占总量的比}}$.

(2) 一般遇到比例问题主要是采用设参数$k$的方法，然后建立对应方程组，从而求解方程.另外，要注意一些经典技巧的使用，如统一比例法等.

#### 子考点1　总量还原问题

考点运用技巧：掌握应用题中总量与部分量的直接关系.

典型真题:(2002－1) 奖金发给甲、乙、丙、丁4人,其中$\frac{1}{5}$发给甲,$\frac{1}{3}$发给乙,发给丙的奖金数正好是甲、乙奖金之差的3倍.已知发给丁的奖金为200元,则这批奖金为(　　)元. 难度 ★★

A. 1 500　　B. 2 000　　C. 2 500　　D. 3 000　　E. 以上均不正确

考点　总量还原问题.

解析　根据题意,发给丙的奖金份额是

$$\left(\frac{1}{3}-\frac{1}{5}\right)\times 3=\frac{2}{5},$$

则发给丁的奖金份额是

$$1-\frac{1}{5}-\frac{1}{3}-\frac{2}{5}=\frac{1}{15},$$

则奖金总额是$\frac{200}{\frac{1}{15}}=3\ 000$(元).选D.

技巧　也可以将选项的数值代入题干来验证每人的奖金是否符合要求.易知奖金是15的倍数,只需要验证A和D两个选项即可.

典型真题:(2015－1) 某公司共有甲、乙两个部门,如果从甲部门调10人到乙部门,那么乙部门的人数是甲部门的2倍;如果把乙部门的$\frac{1}{5}$调到甲部门,那么两个部门的人数相等,该公司的总人数为(　　). 难度 ★

A. 150　　B. 180　　C. 200　　D. 240　　E. 250

考点　总量不变的比例变化问题.

解析　设甲部门原有$x$人,乙部门原有$y$人,依题意可列方程组

$$\begin{cases}2(x-10)=y+10,\\ x+\frac{1}{5}y=\frac{4}{5}y,\end{cases}$$

解得$\begin{cases}x=90,\\ y=150,\end{cases}$故总人数为$x+y=90+150=240$.选D.

## 子考点2　比例变化型问题

考点运用技巧:本考点要熟悉统一比例的方法,这样能大大提高解题速度.

典型真题:(2006－10) 甲、乙两仓库储存的粮食质量之比为4∶3,现从甲仓库中调出10万吨粮食,则甲、乙两仓库库存粮吨数之比为7∶6,甲仓库原有粮食的万吨数为(　　). 难度 ★

A. 70　　B. 78　　C. 80　　D. 85　　E. 以上均不正确

考点　单个量变化的比例问题.

解析　甲、乙两仓库原来储存的粮食质量之比为4∶3=8∶6,现在储存的粮食质量之比为

7∶6,甲少了1份,即10万吨,则甲仓库原有粮食的吨数为80万吨.选C.

**点睛** 遇到其中一个对象数量变化的比例问题,通过最小公倍数,将不变对象的份额统一,分析变化对象的份额与数量的关系.

练习:(2010－1)电影开演时观众中女士与男士人数之比为5∶4,开演后无观众入场,放映一个小时后,女士的20%、男士的15%离场,则此时在场的女士与男士人数之比为(　　). **难度** ★★

A. 4∶5　　B. 1∶1　　C. 5∶4　　D. 20∶17　　E. 85∶64

**考点** 变化率.

**解析** 设电影开演时女士与男士的人数分别为500与400,依题意可列出方程

$$500\times(1-20\%):400\times(1-15\%)=20:17.$$

选D.

练习:(2012－1)某商品的定价为200元,受金融危机的影响,连续两次降价20%后的售价为(　　). **难度** ★

A. 114元　　B. 120元　　C. 128元　　D. 144元　　E. 160元

**考点** 变化率.

**解析** 连续两次降价后的售价为$200\times(1-20\%)^2=128$(元).选C.

## 考点精解2 百分比型应用题

【考点突破】本考点主要考查增长率问题、利润率问题、折扣问题.要熟悉增长率的基本公式以及运用,另外要注意整除技巧的运用.

【要点浏览】

(1) 原值:$a\xrightarrow{\text{增长}\,p\%}$现值:$a(1+p\%)$,原值:$a\xrightarrow{\text{下降}\,p\%}$现值:$a(1-p\%)$.

(2) 甲比乙多$p\%\Leftrightarrow\dfrac{\text{甲}-\text{乙}}{\text{乙}}=p\%\Leftrightarrow\text{甲}=\text{乙}\times(1+p\%)$.

(3) 甲比乙少$p\%\Leftrightarrow\dfrac{\text{乙}-\text{甲}}{\text{乙}}=p\%\Leftrightarrow\text{甲}=\text{乙}\times(1-p\%)$.

(4) 甲是乙的$p\%\Leftrightarrow\text{甲}=\text{乙}\times p\%$.

(5) 利润＝售出价－进货价;利润率$=\dfrac{\text{利润}}{\text{进货价}}\times100\%$;变化率$=\dfrac{\text{变化量}}{\text{变前量}}\times100\%$.

【名师总结】对于折扣和利润问题主要是抓住基本公式求解,有时候也需要用整除的一些特性来巧妙求解.

### 子考点1 增长率问题

考点运用技巧:熟悉增长率基本公式:终值＝初始值×(1＋增长率).

典型真题:(1997－10) 银行的一年期定期存款利率为10%，某人于1991年1月1日存入10 000元，于1994年1月1日取出，若按复利计算，他取出的本金和利息共计是（　　）.

**难度** ★

A. 10 300元　　B. 10 303元　　C. 13 000元

D. 13 310元　　E. 14 641元

**考点** 增长率问题.

**解析** $10\,000\times(1+10\%)^3=13\,310$(元).选D.

**技巧** 由于答案是11的倍数，所以只能在D和E中选择，缩小了选择范围.

练习:(2011－1)2007年，某市的全年研究与试验发展(R&D)经费支出300亿元，比2006年增长20%，该市的GDP为10 000亿元，比2006年增长10%.2006年，该市的R&D经费支出占当年GDP的（　　）. **难度** ★★

A. 1.75%　　B. 2%　　C. 2.5%　　D. 2.75%　　E. 3%

**考点** 增长率问题.

**解析** 2006年的R&D经费支出为$\frac{300}{1+20\%}$亿元，2006年的GDP为$\frac{10\,000}{1+10\%}$亿元，则2006年的R&D经费支出为当年GDP的

$$\frac{\frac{300}{1+20\%}}{\frac{10\,000}{1+10\%}}=\frac{300}{1.2}\times\frac{1.1}{10\,000}=\frac{33}{1\,200}=2.75\%.$$

选D.

**技巧** 由于存在1.1这个数字，则答案应该可以被11除尽，那么就选2.75%.

**点睛** 抓住公式:初始值$=\frac{\text{最终值}}{1+\text{增长率}}$.

练习:(2014－12) 某新兴产业在2005年年末至2009年年末产值的年平均增长率为$q$，在2009年年末至2013年年末产值的年平均增长率比前面下降了40%，2013年年末产值约为2005年年末产值的14.46($\approx 1.95^4$)倍，则$q$为（　　）. **难度** ★★

A. 30%　　B. 35%　　C. 40%　　D. 45%　　E. 50%

**考点** 增长率问题与指数运算.

**解析** 列式:$(1+q)^4(1+0.6q)^4=14.46\Rightarrow(1+1.6q+0.6q^2)^4=1.95^4\Rightarrow 1+1.6q+0.6q^2=1.95\Rightarrow 60q^2+160q-95=0\Rightarrow(6q+19)(10q-5)=0\Rightarrow q=\frac{1}{2}=50\%$.选E.

## 子考点2 利润率问题

考点运用技巧:熟悉利润率公式，利润率$=\frac{\text{售价}-\text{成本}}{\text{成本}}\times 100\%$.

典型真题:(2002－10) 商店出售两套礼盒，均以 210 元售出，按进价计算，其中一套盈利 25%，而另一套亏损 25%，结果商店(　　). 难度 ★★

A. 不赔不赚　　B. 赚了 24 元　　C. 亏了 28 元

D. 亏了 24 元　　E. 赚了 28 元

考点　利润率问题.

解析　盈利那一套的成本是 $\frac{210}{1+25\%}=168$(元)，亏损那一套的成本是 $\frac{210}{1-25\%}=280$(元)，所以最终盈利为 $210\times2-168-280=-28$(元)，即亏损了 28 元.选 C.

技巧　由于 210 中含有 7 这个质因数，答案中含 28 的可能性最大.质数往往会在题目的结果中留下影子.

点睛　售价一样时，盈利和亏损的比例虽然一样，但具体金额却不一样.

练习:(2006－1) 某电子产品在一月份按原定价的 80% 出售，能获利 20%，在二月份由于进价降低，按同样原定价的 75% 出售，却能获利 25%，那么二月份进价是一月份进价的百分之(　　). 难度 ★★

A. 92　　B. 90　　C. 85

D. 80　　E. 75

考点　利润率问题.

解析　设原定价为 100，则一月份进价为 $\frac{100\times0.8}{1+0.2}=\frac{200}{3}$，二月份进价为 $\frac{100\times0.75}{1+0.25}=60$，所以 $60\div\frac{200}{3}=0.9=90\%$.选 B.

点睛　求解此类问题的关键思路是找准基准量，本题采用令基准量为 100 的方法，大幅简化了运算过程.

## 考点精解 3　平均值(分)问题

【考点突破】本考点主要考查平均值的计算，包括加权平均数的计算等，另外，本考点的相关运算中有个相当有用的技巧 —— 十字交叉法，值得考生关注.

【要点浏览】

(1) 平均值 $=\frac{\text{总量}}{\text{总数量}}$.

(2) 加权平均数:各部分对象的平均值乘以它们各自占总体的比重，然后求和.

【名师总结】本考点主要要求考生能用十字交叉法解决两个因素变量的混合问题.

### 子考点 1　普通平均值问题

考点运用技巧:本考点主要要求掌握算术平均值的概念:$\bar{x}=\frac{x_1+x_2+x_3+\cdots+x_n}{n}$.

典型真题：(2005－10) 某公司二月份产值为36万元，比一月份产值增加了11万元，比三月份产值减少了7.2万元，第二季度产值为第一季度产值的1.4倍，该公司上半年产值的月平均值为(　　). 难度 ★

A. 40.51万元　　B. 41.68万元　　C. 48.25万元
D. 50.16万元　　E. 52.16万元

考点　平均值问题.

解析　第一季度产值为 $36-11+36+36+7.2=104.2$(万元)，上半年产值的月平均值为 $\frac{104.2\times 2.4}{6}=41.68$(万元).选B.

## 子考点2　加权平均值问题

考点运用技巧：本考点主要要求掌握加权平均值的概念：$\overline{x}=x_1p_1+x_2p_2+\cdots+x_np_n$. $p_1,p_2,\cdots,p_n$ 为对应的比重，且 $p_1+p_2+\cdots+p_n=1$.

典型真题：(2012－1) 甲、乙、丙三个地区的公务员参加一次测评，其人数和考分情况如下表所列：

| 地区 | 人数 | | | |
|---|---|---|---|---|
| | 6分 | 7分 | 8分 | 9分 |
| 甲 | 10 | 10 | 10 | 10 |
| 乙 | 15 | 15 | 10 | 20 |
| 丙 | 10 | 10 | 15 | 15 |

则三个地区按平均分由高到低的排名顺序是(　　). 难度 ★

A. 乙、丙、甲　　B. 乙、甲、丙　　C. 甲、丙、乙　　D. 丙、甲、乙　　E. 丙、乙、甲

考点　平均值问题.

解析　甲平均分 $=\frac{6\times 10+7\times 10+8\times 10+9\times 10}{40}=7.5$，

乙平均分 $=\frac{6\times 15+7\times 15+8\times 10+9\times 20}{60}\approx 7.6$，

丙平均分 $=\frac{6\times 10+7\times 10+8\times 15+9\times 15}{50}=7.7$.

选E.

典型真题：(2013－10) 某学校高一年级男生人数占该年级学生人数的40%.在一次考试中，男、女的平均分数分别为75和80，则这次考试中高一年级学生的平均分数为(　　). 难度 ★★

A. 76　　B. 77　　C. 77.5　　D. 78　　E. 79

**考点**　平均值问题.

**解析**　设高一年级学生人数为 $x$，则平均分数为

$$\frac{75\times0.4x+80\times0.6x}{x}=78.$$

选 D.

**技巧**　由题意知，男生与女生的人数之比为 $40\%:60\%=2:3$.设高一年级学生的平均分数为 $y$.采用十字交叉法：

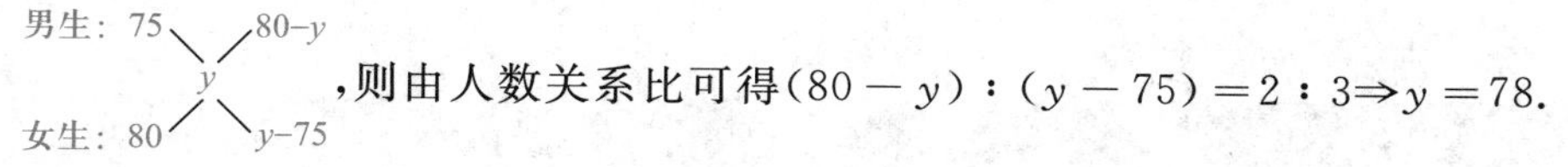


，则由人数关系比可得 $(80-y):(y-75)=2:3\Rightarrow y=78$.

**点睛**　本题考查了加权平均数的计算.

## 子考点 3　权重计算问题

考点运用技巧：本考点主要要求掌握十字交叉法，通过十字交叉法迅速算出每部分的权重之比.

典型真题：(2014－1) 某部门在一次联欢活动中共设了 26 个奖，奖品均价为 280 元，其中一等奖单价为 400 元，其他奖品均价为 270 元，一等奖的个数为(　　). **难度** ★★

A. 6　　B. 5　　C. 4　　D. 3　　E. 2

**考点**　平均值问题.

**解析**　设一等奖有 $x$ 个，其他奖有 $y$ 个，则

$$\begin{cases}400x+270y=280\times26,\\x+y=26\end{cases}\Rightarrow\begin{cases}x=2,\\y=24.\end{cases}$$

选 E.

**技巧**　十字交叉法：

一等奖：400　　10　1

　　　　　280

其他奖：270　　120　12

，则一等奖个数为 $26\times\frac{1}{13}=2$.

**点睛**　平均值问题是真题的考试重点.

练习：(2009－10) 已知某车间的男工人数比女工人数多 80%，若在该车间的一次技术考核中全体工人的平均成绩为 75 分，而女工平均成绩比男工平均成绩高 20%，则女工平均成绩为(　　)分. **难度** ★★

A. 88　　B. 86　　C. 84　　D. 82　　E. 80

**考点**　平均值问题.

**解析**　方法一：设女工人数为 $x$，则男工人数为 $1.8x$，女工平均成绩为 $m$ 分，则男工平均成绩为 $\frac{5}{6}m$ 分，由 $\dfrac{mx+1.8\times\frac{5}{6}mx}{x+1.8x}=75$，得 $m=84$.选 C.

方法二：十字交叉法.设女工平均成绩为 $x$ 分，则男工平均成绩为 $\frac{5}{6}x$ 分.

男：$\frac{5}{6}x$　　$x-75$　　1.8
　　　　75
女：$x$　　$75-\frac{5}{6}x$　　1

，即 $\frac{x-75}{75-\frac{5}{6}x}=\frac{1.8}{1}$，得 $x=84$.选 C.

**技巧**　由于本题中女工的平均成绩比男工高 20%，显然就是男工的 1.2 倍，那么所给选项中也只有 84 能被 1.2 整除.

## 考点精解 4　浓度(溶液)问题

【考点突破】本节主要考查浓度问题，包括溶液的混合、溶剂的蒸发、稀释、加溶质等问题，可以采用浓度公式解决相关问题，也可以利用技巧 —— 十字交叉法和比例统一法求解.

【要点浏览】

(1) 浓度 $=\frac{溶质}{溶液}=\frac{溶质}{溶质+溶剂}\times 100\%$.

(2) 溶质 $=$ 溶液 $\times$ 浓度，溶剂 $=$ 溶液 $\times(1-$ 浓度$)$.

(3) 十字交叉法：

$n_甲$：$M_甲$　　$|M_混-M_乙|$
　　　　$M_混$
$n_乙$：$M_乙$　　$|M_甲-M_混|$

，$\frac{n_甲}{n_乙}=\frac{|M_混-M_乙|}{|M_甲-M_混|}$.

【名师总结】浓度问题一般利用十字交叉法解决，是考试中至关重要的方法.基础中等以上的考生最好能娴熟使用，但遇到稀释类问题，即反复倒出后加清水的问题，则直接采用浓度公式进行求解.

### 子考点 1　加溶质问题

考点运用技巧：要求考生熟悉运用浓度公式.本考点的题目也可以使用统一比例法求解.

练习：有一桶盐水，第一次加入一定量的盐后，盐水浓度变为 20%，第二次加入同样多的盐后，盐水浓度变为 30%，则第三次加入同样多的盐后，盐水浓度约为(　　).　**难度** ★★★

A. 35.5%　　B. 36.4%　　C. 37.8%　　D. 39.5%　　E. 以上均不正确

**考点**　加溶质问题.

**解析**　方法一：十字交叉法.

第二次：

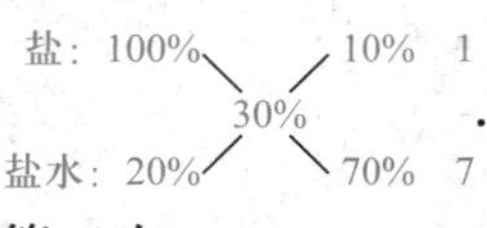


第三次：

盐：100%　　$x-30\%$　1
　　　　　$x$　　　　　　，得出比例方程
盐水：30%　　$100\%-x$　8

$$\frac{x-30\%}{100\%-x}=\frac{1}{8}\Rightarrow x\approx37.8\%.$$

选 C.

方法二：列方程解应用题.

设原来的盐水质量为 $y$ 克，含盐 $x$ 克，加入的盐质量为 $m$ 克，列方程如下：

$$\begin{cases}\dfrac{x+m}{y+m}=20\%,\\ \dfrac{x+2m}{y+2m}=30\%\end{cases}\Rightarrow\frac{x+3m}{y+3m}\approx37.8\%.$$

选 C.

## 子考点 2　加水(稀释)问题

考点运用技巧：熟练使用浓度公式，当然使用十字交叉法是一个好方法.

典型真题：(2009－1) 在某实验中，三个试管各盛水若干克.现将浓度为 12% 的盐水 10 克倒入 $A$ 管中，混合后，取 10 克倒入 $B$ 管中，混合后再取 10 克倒入 $C$ 管中，结果 $A$，$B$，$C$ 三个试管中盐水的浓度分别为 6%，2%，0.5%，那么三个试管中原来盛水最多的试管及其盛水量各是(　　). **难度** ★★

A. $A$ 试管，10 克　　B. $B$ 试管，20 克　　C. $C$ 试管，30 克

D. $B$ 试管，40 克　　E. $C$ 试管，50 克

**考点**　浓度问题.

**解析**　方法一：设 $A$ 试管中的水有 $x$ 克，则列式可得 $\frac{12\%\times10}{x+10}=6\%\Rightarrow x=10$，同理可以计算 $B$ 试管中的水有 20 克，$C$ 试管中的水有 30 克.选 C.

方法二：混合后 $A$ 试管中盐水的浓度为 6%，由十字交叉法得

12%　　6%
　　6%
0　　　6%

$\Rightarrow$ 12%浓度盐水溶液的质量 $=A$ 试管中水的质量 $=10$ 克；同理，从 $A$ 试管中取浓度为 6% 的溶液 10 克倒入 $B$ 试管混合得到 2% 的溶液，由十字交叉法得 $B$ 试管中有水20 克；同理，再次求得 $C$ 试管中水的质量为 30 克.选 C.

**点睛**　对于溶液配比问题，始终抓住核心公式：浓度＝溶质÷溶液＝溶质÷(溶质＋溶剂).

典型真题：(2013－10) 甲、乙、丙三个容器中装有盐水，现在将甲容器中盐水的 $\frac{1}{3}$ 倒入乙容器，摇匀后将乙容器中盐水的 $\frac{1}{4}$ 倒入丙容器，摇匀后再将丙容器中盐水的 $\frac{1}{10}$ 倒回甲容器，此时甲、乙、丙三个容器中盐水的含盐量都是 9 千克，则甲容器中原来的盐水含盐量是(　　). **难度** ★★

A. 13千克　　B. 12.5千克　　C. 12千克
D. 10千克　　E. 9.5千克

**考点**　浓度问题.

**解析**　根据溶液的“均匀”性质，“将甲容器中盐水的$\frac{1}{3}$倒入乙容器”即“将甲容器中盐的$\frac{1}{3}$倒入乙容器”，同理可得：“将乙容器中盐的$\frac{1}{4}$倒入丙容器，将丙容器中盐的$\frac{1}{10}$倒回甲容器”，甲、乙、丙容器最终含盐量都是9千克，即将丙容器中盐的$\frac{1}{10}$倒入甲容器后，剩余$\frac{9}{10}$为9千克，则在倒入甲容器之前，丙容器中含盐$9\div\frac{9}{10}=10$(千克)，倒入甲容器$10\times\frac{1}{10}=1$(千克).由于甲容器中最终含盐9千克，这9千克盐是将丙容器中的盐倒入甲容器1千克之后甲容器的含盐量，进而可以得到在将丙容器中的盐倒入甲容器之前，甲容器中含盐量$9-1=8$(千克).甲容器这8千克盐是倒入乙容器$\frac{1}{3}$之后所剩的$\frac{2}{3}$，因此在将甲容器中的盐倒入乙容器之前，甲容器中的含盐量为$8\div\frac{2}{3}=12$(千克).选C.

## 子考点3　蒸发问题

考点运用技巧：蒸发问题其实就是稀释问题的逆运算.

典型真题：(2011－10)含盐12.5%的盐水40千克蒸发掉部分水分后变成了含盐20%的盐水，蒸发掉的水分质量为(　　)千克. **难度** ★★

A. 19　　B. 18　　C. 17　　D. 16　　E. 15

**考点**　蒸发问题.

**解析**　设蒸发的水分质量为$x$千克，则$\frac{40\times12.5\%}{40-x}=20\%\Rightarrow x=15$.选E.

**技巧**　用比例法.盐∶水$=1:7$，变为盐∶水$=1:4$，水少了3份，故蒸发的水为$\frac{40}{8}\times3=15$(千克).选E.

典型真题：(2011－10)某种新鲜水果的含水量为98%，一天后的含水量降为97.5%.某商店以每斤1元的价格购进了1 000斤*新鲜水果，预计当天能售出60%，两天内售完，要使利润维持在20%，则每斤水果的平均售价应定为(　　). **难度** ★★★

A. 1.2元　　B. 1.25元　　C. 1.3元　　D. 1.35元　　E. 1.4元

**考点**　浓度问题(蒸发问题).

* 1斤＝0.5千克.此处为保留原题，保留此单位.

**解析**　水果的含水量为98%，水：果 = 98：2 = 49：1，一天之后水果的含水量为97.5%，在这个过程中只有水分蒸发减少了，果肉成分不变，水：果 = 97.5：2.5 = 39：1，前、后果肉均为1份，不难看出，第一天共 $49+1=50$(份)水果，到了第二天质量变为 $39+1=40$(份)，质量会变成前一天的$\frac{4}{5}$.依题意，共1 000斤水果，第一天卖出600斤后，剩余400斤，到了第二天剩余的400斤水果质量会缩水至前一天的$\frac{4}{5}$.即减少为 $400\times\frac{4}{5}=320$(斤)，故该商店实际只卖出920斤水果.设平均每斤水果的定价为$x$元，根据利润率公式可列方程 $920x=1\,000\times1\times(1+20\%)$，解得 $x\approx1.3$. 选C.

**子考点4**　配比问题

考点运用技巧：本考点的题目用十字交叉法来求解是最合适的.

典型真题：(2008－1)若用浓度为30%和20%的甲、乙两种食盐溶液配成浓度为24%的食盐溶液500克，则甲、乙两种溶液应各取(　　). **难度**　★★

A. 180克和320克　　B. 185克和315克　　C. 190克和310克
D. 195克和305克　　E. 200克和300克

**考点**　浓度问题.

**解析**　十字交叉法：

30 ╲ ╱ 4
　　24
20 ╱ ╲ 6

，则$\frac{\text{甲量}}{\text{乙量}}=\frac{4}{6}=\frac{2}{3}$，故甲溶液的质量为200克，乙溶液的质量为300克.选E.

**点睛**　对于溶液的混合问题，有时候也可以利用十字交叉法，但要注意十字交叉法得到的最终比例结果是总的质量之比.

**子考点5**　多次兑水问题

考点运用技巧：本类试题只要采用等量置换公式即可：

$$\rho_{现}=\rho_{原}\cdot\frac{V-a_1}{V}\cdot\frac{V-a_2}{V}\cdot\cdots\cdot\frac{V-a_n}{V}.$$

典型真题：(2012－10)一桶纯酒精倒出10升后，加满清水，再倒出4升后，再加满清水，此时，桶中的纯酒精与水的体积之比为2：3，则该桶的体积是(　　)升. **难度**　★★

A. 15　　B. 18　　C. 20　　D. 22　　E. 25

**考点**　浓度问题(稀释问题).

**解析**　设桶的体积为$V$，则

$$\frac{(V-10)(V-4)}{V^2}=\frac{2}{5}\Rightarrow V=20.$$

选C.

练习:(2014－1) 某容器中装满了浓度为 90% 的酒精,倒出 1 升后用水将容器注满,搅拌均匀后又倒出 1 升,再用水将容器注满.已知此时的酒精浓度为 40%,则该容器的容积是(　　)升.

难度 ★★

A. 2.5　　B. 3　　C. 3.5　　D. 4　　E. 4.5

考点　浓度问题(稀释问题).

解析　设容器的容积为 $V$ 升,第一次交换后得浓度为

$$\frac{0.9V-0.9\times 1}{V}=0.9\times\frac{V-1}{V};$$

第二次交换后得浓度为

$$\frac{0.9\times(V-1)-0.9\times\frac{(V-1)}{V}\times 1}{V}=0.9\times\left(\frac{V-1}{V}\right)^2=40\%,$$

故得 $V=3$.选 B.

技巧　采用经验公式:

$$90\%\cdot\left(\frac{V-1}{V}\right)^2=40\%\Rightarrow\left(\frac{V-1}{V}\right)^2=\frac{4}{9}\Rightarrow V=3.$$

点睛　浓度中的稀释兑水问题是比较难的,要注意每次倒的其实并不是初始的溶液.

## 考点精解 5　工程问题

【考点突破】本考点主要考查效率问题,包括效率变化问题、几个人的效率和差问题等.

【要点浏览】

(1) 总效率等于各效率的代数和.

(2) 工作效率 $=\frac{\text{工作量}}{\text{工作时间}}$.

【名师总结】一般遇到工程问题时尽量将其转化成效率问题求解,而遇到用两种不同方式完成同一个任务的工程问题时,则可以考虑使用纵向对比法.

### 子考点 1　两人合作问题

考点运用技巧:纵向比较法是一种比较合适的解题技巧.

典型真题:(1999－1) 一项工程由甲、乙两队一起做需 30 天可以完成,若甲队单独做 24 天后,乙队加入,两队一起做 10 天后,甲队调走,乙队继续做了 17 天才完成,则这项工程由甲队单独做需(　　). 难度 ★★

A. 60 天　　B. 70 天　　C. 80 天　　D. 90 天　　E. 100 天

考点　两人合作问题.

解析　甲单独做需要 $x$ 天完成,则乙的工作效率是 $\frac{1}{30}-\frac{1}{x}$,根据题意有 $\frac{24}{x}+\frac{10}{30}+17\times$

$\left(\frac{1}{30}-\frac{1}{x}\right)=1 \Rightarrow x=70$.选 B.

**技巧**　使用纵向比较法可知，甲多做了 4 天的任务量＝乙少做了 3 天的任务量，立即得出甲做 40 天可完成的任务量＝乙做 30 天可完成的任务量，则完成总工程甲单独做需要 $30+40=70$(天).

典型真题：(2010－10) 一项工程要在规定的时间内完成，若甲单独做要比规定的时间推迟 4 天，若乙单独做要比规定的时间提前 2 天完成，若甲、乙合作了 3 天，剩下的部分由甲单独做，恰好在规定时间内完成，则规定时间为(　　)天. **难度**　★★

A. 19　　B. 20　　C. 21　　D. 22　　E. 24

**考点**　工程问题.

**解析**　设规定时间是 $x$ 天，则甲单独做需要 $(x+4)$ 天，乙单独做需要 $(x-2)$ 天，得 $\frac{x}{x+4}+\frac{3}{x-2}=1 \Rightarrow x=20$.选 B.

**技巧**　采用纵向比较法，设规定时间为 $t$ 天，则甲单独完成要 $(t+4)$ 天，乙单独完成要 $(t-2)$ 天，而且可以看出，甲做 $t$ 天、乙做 3 天也能完成工程，则可以得出甲做 4 天的量等于乙做 3 天的量，可以列等式：$\frac{\text{甲的效率}}{\text{乙的效率}}=\frac{3}{4}=\frac{t-2}{t+4} \Rightarrow t=20$.

**点睛**　本题根据两人完成工程的时间关系找到突破口，甲完成工作所需要的时间变化主要是因为乙额外提供了帮助.

典型真题：(2012－1) 某单位春季植树 100 棵，前 2 天安排乙组植树，其余任务由甲、乙两组用 3 天完成.已知甲组每天比乙组多植树 4 棵，则甲组每天植树(　　). **难度**　★

A. 11 棵　　B. 12 棵　　C. 13 棵　　D. 15 棵　　E. 17 棵

**考点**　两人合作问题.

**解析**　设甲组每天植树 $x$ 棵，乙组每天植树 $x-4$ 棵，可列出方程 $2(x-4)+3(x+x-4)=100$，解得 $x=15$.选 D.

典型真题：(2011－1) 现有一批文字材料需要打印，两台新型打印机单独完成此任务分别需要 4 小时与 5 小时，两台旧型打印机单独完成此任务分别需要 9 小时与 11 小时，则能在 2.5 小时内完成此任务. **难度**　★

(1) 安排两台新型打印机同时打印.

(2) 安排一台新型打印机与两台旧型打印机同时打印.

**考点**　两人合作问题.

**解析**　两台新型打印机的打印时间和效率分别为：$t_{n1}=4, t_{n2}=5, v_{n1}=\frac{1}{4}, v_{n2}=\frac{1}{5}$.

两台旧型打印机的打印时间和效率分别为：$t_{o1}=9,t_{o2}=11,v_{o1}=\frac{1}{9},v_{o2}=\frac{1}{11}$.

条件(1)：$t=\dfrac{1}{\frac{1}{4}+\frac{1}{5}}=\frac{20}{9}<\frac{5}{2}$，充分；

条件(2)：$t=\dfrac{1}{\frac{1}{4}+\frac{1}{9}+\frac{1}{11}}=\frac{396}{179}<\frac{5}{2}$，或 $t=\dfrac{1}{\frac{1}{5}+\frac{1}{9}+\frac{1}{11}}=\frac{495}{199}<\frac{5}{2}$，充分.选 D.

## 子考点2 三人合作问题

考点运用技巧：通过列方程求解比较合适，但是要求考生能够特别熟练地解方程.

典型真题：(2013－1) 某工程由甲公司承包需要 60 天完成，由甲、乙两公司共同承包需要 28 天完成，由乙、丙两公司共同承包需要 35 天完成，则由丙公司承包完成该工程需要的天数为(　　). **难度** ★★

A. 85　　B. 90　　C. 95　　D. 100　　E. 105

**考点** 工程问题.

**解析** 设甲公司每天完成 $x$，乙公司每天完成 $y$，丙公司每天完成 $z$，则

$$\begin{cases}\frac{1}{x}=60,\\ \frac{1}{x+y}=28,\\ \frac{1}{y+z}=35\end{cases}\Rightarrow\begin{cases}x=\frac{1}{60},\\ x+y=\frac{1}{28},\\ y+z=\frac{1}{35}\end{cases}\Rightarrow z=\frac{1}{35}-\frac{1}{28}+\frac{1}{60}=\frac{1}{105}\Rightarrow\frac{1}{z}=105,$$

即丙公司单独做需要105 天，故选 E.

**技巧** 由于发现题目中28和35中都含有共同的质因数7，因此显然结果中会含有因数7，那么正确答案为 105 的可能性非常高.

**点睛** 求解工程问题时必须搞清楚效率与时间的关系.

## 子考点3 分报酬问题

考点运用技巧：每个工程队分到的报酬必须既考虑工程队的效率，又考虑工程队的工作时间.

典型真题：(2002－1) 公司的一项工程由甲、乙两队合作 6 天完成，公司需付 8 700 元，由乙、丙两队合作 10 天完成，公司需付 9 500 元，由甲、丙两队合作 7.5 天完成，公司需付 8 250 元，若单独承包给一个工程队并且要求不超过 15 天完成全部工作，则公司付钱最少的队是(　　).

**难度** ★★★

A. 甲队　　B. 乙队　　C. 丙队　　D. 甲队和乙队　　E. 甲队和丙队

**考点** 工作费用分配问题.

**解析** 设甲、乙、丙三队单独完成工程所需要的天数分别为 $x,y,z$,则

$$\begin{cases}\frac{1}{x}+\frac{1}{y}=\frac{1}{6},\\ \frac{1}{y}+\frac{1}{z}=\frac{1}{10},\\ \frac{1}{z}+\frac{1}{x}=\frac{1}{7.5}\end{cases}\Rightarrow\begin{cases}x=10,\\ y=15,\\ z=30.\end{cases}$$

再设每天付给甲、乙、丙三队的费用是 $a,b,c$,则

$$\begin{cases}6a+6b=8\ 700,\\ 10b+10c=9\ 500,\\ 7.5a+7.5c=8\ 250\end{cases}\Rightarrow\begin{cases}a=800,\\ b=650,\\ c=300.\end{cases}$$

则若要甲队单独做,需付 $10\times800=8\ 000$(元);若要乙队单独做,需付 $15\times650=9\ 750$(元);若要丙队单独做,需付 $30\times300=9\ 000$(元),所以用甲队最划算.选 A.

**点睛** 此题要找两个量:(1) 各自的工作效率;(2) 各自每天所得的费用.此外,本题的运算量较大,也可以采用估算的方式来判断.

练习:(2014-12) 一件工作,甲、乙两人合作需要 2 天,人工费为 2 900 元,乙、丙两人合作需要 4 天,人工费为 2 600 元,甲、丙两人合作 2 天完成全部工作量的 $\frac{5}{6}$,人工费为 2 400 元,则甲单独完成这件工作需要的时间与人工费为( ). **难度** ★★★

A. 3 天,3 000 元　　B. 3 天,2 580 元　　C. 4 天,3 000 元

D. 4 天,2 700 元　　E. 4 天,2 900 元

**考点** 工程问题(分报酬问题).

**解析** 设甲、乙、丙三人的效率分别为 $x,y,z$,列式得

$$\begin{cases}x+y=\frac{1}{2},\\ y+z=\frac{1}{4},\\ z+x=\frac{5}{12}\end{cases}\Rightarrow\begin{cases}x+y+z=\frac{7}{12},\\ y+z=\frac{1}{4}\end{cases}\Rightarrow x=\frac{1}{3}.$$

再设每天付给甲、乙、丙三人的人工费分别为 $a$ 元,$b$ 元,$c$ 元,有

$$\begin{cases}2(a+b)=2\ 900,\\ 4(b+c)=2\ 600,\\ 2(a+c)=2\ 400\end{cases}\Rightarrow\begin{cases}a+b+c=1\ 650,\\ b+c=650\end{cases}\Rightarrow a=1\ 000,$$

所以甲单独完成这件工作所需要的时间与人工费为 3 天与 3 000 元.选 A.

**技巧** 本题计算量稍大,其实当计算出每天需要支付给甲的报酬为 1 000 元时,将选项后面的钱数比上前面的天数马上就能发现只有 A 正确.

练习:(2014－1) 某单位进行办公室装修,若甲、乙两个装修公司做,需10周完成,工时费为100万元,甲公司单独做6周后由乙公司接着做18周完成,工时费为96万元.甲公司每周的工时费为(　　). **难度** ★★

A. 7.5万元　　B. 7万元　　C. 6.5万元

D. 6万元　　E. 5.5万元

**考点**　工程问题(分报酬问题).

**解析**　设甲公司每周工时费为 $x$ 万元,乙公司每周工时费为 $y$ 万元,依题意可列方程

$$\begin{cases}10x+10y=100,\\6x+18y=96,\end{cases}$$

解得 $\begin{cases}x=7,\\y=3.\end{cases}$ 选B.

## 考点精解6 行程问题

【考点突破】行程问题是应用题的重点部分,是各类考试的重点,包含相遇问题、追及问题、圆圈问题、流水行船问题和返程问题等.要抓住速度、时间、路程三者的关系:路程＝速度×时间.

【要点浏览】

(1) 类型一:直线路程问题,此类问题是常考的问题.做题时可结合如下示意图分析:

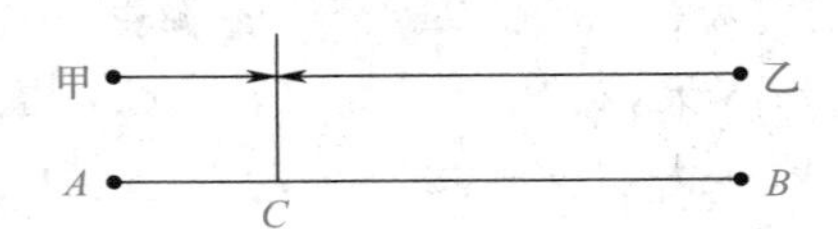


等量关系:$S_{甲}+S_{乙}=S,\dfrac{V_{甲}}{V_{乙}}=\dfrac{AC}{BC}$(时间相同).

(2) 类型二:同向圆圈跑道型问题.设跑道周长为 $S$,如下图所示:

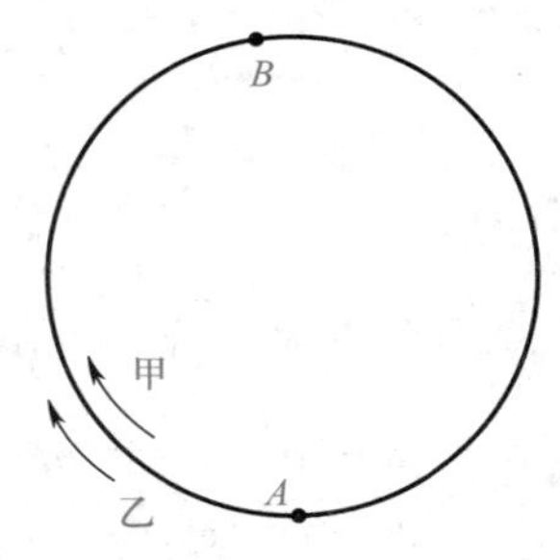


等量关系:$S_{甲}-S_{乙}=S$(经历时间相同).

甲、乙每相遇一次,甲比乙多跑一圈,若相遇 $n$ 次,则有

$$S_{甲}-S_{乙}=n\cdot S,\frac{V_{甲}}{V_{乙}}=\frac{S_{甲}}{S_{乙}}=\frac{S_{乙}+n\cdot S}{S_{乙}}.$$

(3) 类型三:逆向圆圈跑道型问题.设跑道周长为 $S$,如下图所示:

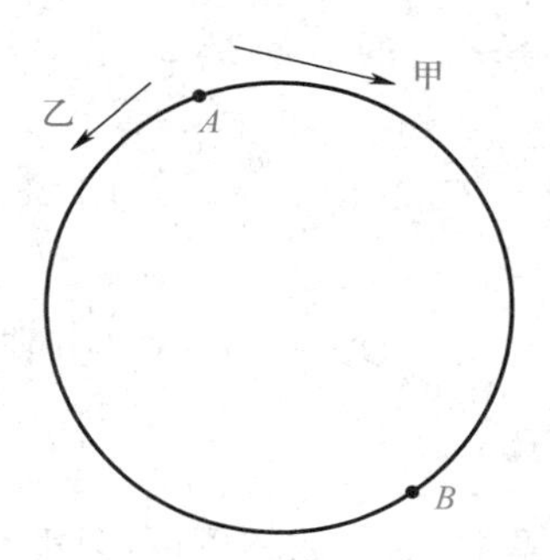


等量关系:$S_{甲}+S_{乙}=S$,即每相遇一次,甲与乙路程之和为一圈,若相遇 $n$ 次,则有

$$S_{甲}+S_{乙}=n\cdot S,\frac{V_{甲}}{V_{乙}}=\frac{S_{甲}}{S_{乙}}=\frac{n\cdot S-S_{乙}}{S_{乙}}.$$

(4) 类型四:流水行船问题.船顺流时的速度为 $v=v_{船}+v_{水}$,船逆流时的速度为 $v=v_{船}-v_{水}$.

【名师总结】一般遇到相向航行问题,速度相加;遇到同向航行问题,速度相减;对于流水行船问题,则要注意相对速度,有时候可以选择不同的参照物进行研究.

**子考点 1** 火车过桥问题

考点运用技巧:对于本考点要明确火车通过一个隧道(或桥)实际所通过的路程为火车的车长加隧道(或桥)的长度.

典型真题:(1998－10) 在有上、下行的轨道上,两列火车相向开来,若甲车长 187 米,每秒行驶 25 米,乙车长 173 米,每秒行驶 20 米,则从两车头相遇到车尾离开,需要(　　). **难度** ★★

A. 12 秒　　B. 11 秒　　C. 10 秒　　D. 9 秒　　E. 8 秒

**考点** 相对速度问题.

**解析** 从两车头相遇到车尾离开,走的相对路程为两车长之和,由于两车是相向开来,故相对速度为两者的速度之和,所以时间为 $\frac{187+173}{25+20}=8$(秒).选 E.

**点睛** 记住两列火车行驶的时间公式:如果相向,$t=\frac{车长之和}{速度之和}$;如果同向,$t=\frac{车长之和}{速度之差}$.

练习:(2005－10) 一列火车完全通过一个长为 1 600 米的隧道用了 25 秒,通过一根电线杆用了 5 秒,则该列火车的长度为(　　). **难度** ★★

A. 200 米　　B. 300 米　　C. 400 米　　D. 450 米　　E. 500 米

**考点** 列车过隧道(桥)问题.

**解析** 设火车长度为 $x$ 米,依题意,火车的速度 $v=\frac{1\,600+x}{25}=\frac{x}{5}$,解得 $x=400$.选 C.

练习:(2010－10) 在一条与铁路平行的公路上有一行人与一骑车人同向行进,行人的速度为3.6 千米 / 小时,骑车人的速度为 10.8 千米 / 小时.如果一列火车从他们的后面同向匀速驶来,它通过行人的时间是 22 秒,通过骑车人的时间是 26 秒,则这列火车的车身长为(　　)米.

难度 ★★

A. 186　　B. 268　　C. 168　　D. 286　　E. 188

考点　相对运动的追击问题.

解析　由于3.6 千米 / 小时 =1 米 / 秒;10.8 千米 / 小时 =3 米 / 秒,设这列火车的车身长为 $x$ 米,则 $\frac{x}{22}-\frac{x}{26}=3-1\Rightarrow x=286$.选 D.

技巧　只需观察选项,数值是 22 的倍数就可以,只能选 D.

点睛　对于同向运动,相对速度为两者速度之差,时间等于车长除以相对速度,用火车的长度除以相对速度可以得到时间.

子考点 2　顺流、逆流问题

考点运用技巧:顺流速度 = 船速 + 水速;逆流速度 = 船速 － 水速.

典型真题:(2009－1) 一艘轮船往返航行于甲、乙两码头之间.若轮船在静水中的速度不变,则当这条河的水流速度增加 50% 时,往返一次所需的时间比原来将(　　). 难度 ★★

A. 增加　　B.减少半小时　　C.不变　　D.减少 1 小时　　E. 无法判断

考点　流水行船问题.

解析　设轮船在静水中的速度为 $V_{静}$,水流速度为 $V_{水}$,甲、乙两码头的距离为 $S$,则

$$t_1=\frac{S}{V_{静}+V_{水}}+\frac{S}{V_{静}-V_{水}}=\frac{2V_{静}S}{(V_{静}+V_{水})(V_{静}-V_{水})}\Rightarrow t_1=\frac{2V_{静}S}{V_{静}^2-V_{水}^2},$$

$$t_2=\frac{S}{V_{静}+1.5V_{水}}+\frac{S}{V_{静}-1.5V_{水}}=\frac{2V_{静}S}{(V_{静}+1.5V_{水})(V_{静}-1.5V_{水})}\Rightarrow t_2=\frac{2V_{静}S}{V_{静}^2-2.25V_{水}^2},$$

所以 $t_1<t_2$.选 A.

技巧　极限讨论法,假设当水流速度增加 50% 时,轮船开不回来了,时间就为无穷大了,显然应该是增大.

练习:(2011－1) 已知船在静水中的速度为28 千米 / 小时,河水的流速为2千米 / 小时,则此船在相距 78 千米的两地间往返一次所需的时间是(　　). 难度 ★★

A. 5.9 小时　　B. 5.6 小时　　C. 5.4 小时　　D. 4.4 小时　　E. 4 小时

考点　流水行船问题.

解析　$t=\frac{78}{28+2}+\frac{78}{28-2}=\frac{78}{30}+\frac{78}{26}=5.6$(小时).选 B.

点睛　考查顺水和逆水问题,顺水速度 = 船速 + 水速,逆水速度 = 船速 － 水速,以后也可以记住推导好的公式 $t=\frac{2vS}{v^2-v_0^2}$(其中 $v$ 为静水中船速,$v_0$ 为水速,$S$ 为两地间距离).

练习：(2009－10) 一艘小船在上午 8:00 起航逆流而上(设船速和水流速度一定)，中途船上一块木板落入水中，直到 8:50 船员才发现这块重要的木板丢失，立即调转船头去追，最终于在 9:20 追上木板.由上述数据可以算出木板落水的时间是(　　). **难度** ★★★

A. 8:35　　B. 8:30　　C. 8:25　　D. 8:20　　E. 8:15

**考点** 流水行船问题.

**解析** 从木板落水开始到 8:50，这段时间小船逆流而上，木板以水速顺流而下，二者反向行驶作相离运动，如下图所示.设木板落水位置为 $C$，在 8:50 小船航行至 $B$，木板漂流至 $A$，二者路程和为 $A$，$B$ 间距离.

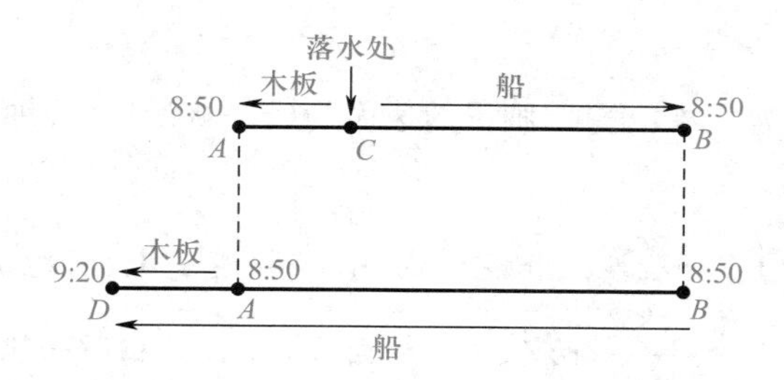


可列出方程：$S_{AB}=(v_{船}-v_{水}+v_{木})t=(v_{船}-v_{水}+v_{水})t=v_{船}t$，其中时间 $t$ 表示从木板落水到 8:50 这段时间的长度；

从 8:50 到 9:20 小船与木板都顺流而下，二者同向行驶作追及运动，二者起点路程差为 $A$，$B$ 间距离，如上图所示.

可列出方程：$S_{AB}=(v_{船}+v_{水}-v_{木})t'=(v_{船}+v_{水}-v_{水})t'=v_{船}\times 30$，其中 $t'$ 表示从 8:50 到 9:20 这 30 分钟，通过对比两个方程 $\begin{cases}S_{AB}=v_{船}t,\\ S_{AB}=v_{船}\times 30,\end{cases}$ 可得 $t=30$ 分钟，那么木板落水时间为8:20.选 D.

**子考点 3** 直线形相遇和追及问题

考点运用技巧：相遇和追及问题问题的本质就是抓住两个车的路程之和或者之差为定值.

典型真题：(2014－1) 甲、乙两人上午 8:00 分别自 $A$，$B$ 出发相向而行，在 9:00 第一次相遇，之后速度均提高了 1.5 千米 / 小时，甲到 $B$，乙到 $A$ 后都立刻沿原路返回，若两人在 10:30 第二次相遇，则 $A$，$B$ 两地的距离为(　　) 千米. **难度** ★★

A. 5.6　　B. 7　　C. 8　　D. 9　　E. 9.5

**考点** 直线形相遇问题.

**解析** 设两人原来的速度分别为 $V_{甲}$ 和 $V_{乙}$，$A$，$B$ 两地的距离为 $S$，则

$$\begin{cases}(V_{甲}+V_{乙})\times 1=S,\\ [(V_{甲}+1.5)+(V_{乙}+1.5)]\times 1.5=2S\end{cases}\Rightarrow S=9.$$

选 D.

**点睛** 遇到多次相遇以及折回问题，要整体考虑，这样比较直观.

子考点4 圆圈形相遇和追及问题

考点运用技巧:对于圆圈问题其实可以将圆圈从起点处剪开,将其变成直线形相遇或追及问题.

典型真题:(2009－10) 甲、乙两人在环形跑道上跑步,他们同时从起点出发.当方向相反时每隔48秒相遇一次,当方向相同时每隔10分钟相遇一次.若甲每分钟比乙快40米,则甲、乙两人的跑步速度分别是(　　)米/分钟. 难度 ★★

A. 470,430　　B. 380,340　　C. 370,330　　D. 280,240　　E. 270,230

考点　圆圈形相遇问题.

解析　设乙的速度为$x$米/分钟,则甲的速度为$(x+40)$米/分钟,由$[x+(x+40)]\times\frac{48}{60}=40\times 10$,得$x=230$.选E.

点睛　在环形跑道上,两人按照相反方向跑,每相遇一次,所跑距离之和为环形跑道的长度,每相遇一次的时间为$t=\frac{S}{v_1+v_2}$;两人按照相同方向跑,每相遇一次,所跑距离之差为环形跑道的长度,每相遇一次的时间为$t=\frac{S}{v_1-v_2}$(其中$v_1>v_2$).

练习:(2011－10) 甲、乙两人赛跑,则甲的速度是6米/秒. 难度 ★★★

(1) 乙比甲先跑12米,甲起跑后6秒钟追上乙.

(2) 乙比甲先跑2.5秒,甲起跑后5秒钟追上乙.

考点　圆圈形追及问题.

解析　设甲、乙两人的速度分别为$v_甲$,$v_乙$.条件(1):乙比甲先跑12米,即追及路程差为12米,可列出方程$(v_甲-v_乙)\times 6=12$.条件中有两个未知量,却只有一个方程,无法求解$v_甲$,不充分.条件(2):乙比甲先跑2.5秒,即追及路程差为$2.5v_乙$,可列出方程$(v_甲-v_乙)\times 5=2.5v_乙$,单独也不充分.考虑联合:将两个条件得到的方程联立后可以得到一个二元一次方程组,解得$v_甲=6$,充分.选C.

练习:(2013－10) 甲、乙两人以不同的速度在环形跑道上跑步,甲比乙快,则乙跑一圈需要6分钟. 难度 ★★

(1) 甲、乙相向而行,每隔2分钟相遇一次.

(2) 甲、乙同向而行,每隔6分钟相遇一次.

考点　圆圈形行程问题.

解析　设甲、乙两人的速度分别为$v_甲$,$v_乙$.条件(1):相向(反向)绕圈属于相遇模型,每相遇一次二者合跑一圈,可列出方程$2(v_甲+v_乙)=S$,其中$S$代表环形跑道一圈的长度,显然无法确定乙的速度,不充分.

条件(2):同向绕圈属于相遇模型,每相遇一次快者比慢者多跑一圈,故可列出方程$6(v_甲-$

$v_乙$）$=S$，显然也无法确定乙的速度，不充分. 考虑联合：将两条件得到的方程联立可解出 $\begin{cases} v_甲=\frac{1}{3}S, \\ v_乙=\frac{1}{6}S, \end{cases}$ 故乙跑一圈需要 6 分钟，充分.选 C.

**子考点 5** 变速问题

考点运用技巧:对于变速问题要明确,当路程一定时,新速度与原速度之比正好是新时间与原时间的反比.

典型真题:(2014－12) 某人驾车从 $A$ 地赶往 $B$ 地，前一半路程比计划多用了 45 分钟，速度只有计划的 80%，若后一半路程的平均速度为 120 千米 / 小时，此人还能按原定时间到达 $B$ 地，则 $A$，$B$ 两地的距离为(　　). **难度** ★★★

A. 450 千米　　B. 480 千米　　C. 520 千米　　D. 540 千米　　E. 600 千米

**考点** 变速问题.

**解析** 设一半路程为 $S$ 千米，计划速度为 $v$ 千米 / 小时，45 分钟为 $\frac{3}{4}$ 小时，那么列方程有 $\frac{S}{v}+\frac{3}{4}=\frac{S}{0.8v}$ 和 $\frac{S}{v}-\frac{3}{4}=\frac{S}{120}$，那么联合两个方程得 $S=270 \Rightarrow 2S=540$，选 D.

**技巧** 设总路程为 $S$ 千米，平均速度只有计划的 80%，$v_新 : v_旧=4:5$，$t_新 : t_旧=5:4$，真实相差 $\frac{3}{4}$ 小时，$t_旧=\frac{3}{4}\times 4=3$(小时).

故原计划全程需要 6 小时，$\frac{S}{2}=\left(3-\frac{45}{60}\right)\times 120$，解得 $S=540$.

典型真题:(2018－12) 货车行驶 72 千米用时 1 小时，速度 $v$ 与行驶时间 $t$ 的关系如下图所示，则 $v_0=$(　　). **难度** ★★

A. 72　　B. 80　　C. 90　　D. 95　　E. 100

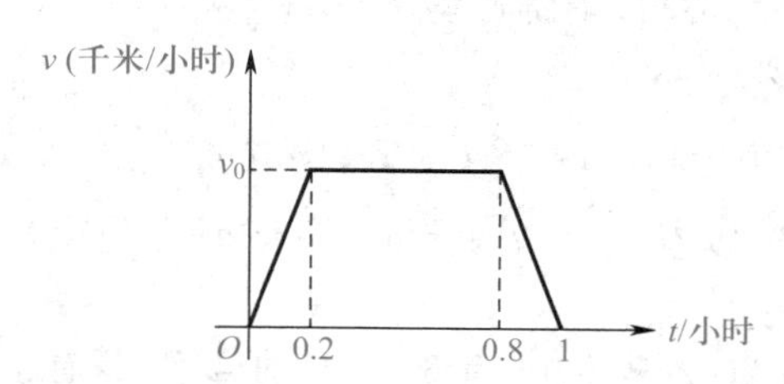


**考点** 速度与时间的函数图像.

**解析** 梯形的面积即货车行驶的路程，梯形的高即 $v_0$，因此

$$S=\frac{[(0.8-0.2)+1]\times v_0}{2}=72,$$

解得 $v_0=90$,故选 C.

**点睛** 在速度关于时间的函数图像中,图像与 $x$ 轴围成的面积即物体的路程(位移),此题也可以使用物理上的匀加速直线运动位移公式 $\left(S=\frac{1}{2}at^2\right)$ 进行求解.

## 考点精解 7 容斥问题(集合问题)

【考点突破】容斥问题其实就是集合问题,通过画出集合图像解决问题.也是逻辑中的经典题型.

【要点浏览】

(1) 容斥原理 1:如果被计数的事物有 $A$,$B$ 两类,那么,$A$ 类,$B$ 类元素个数的总和 $=A$ 类元素个数 $+B$ 类元素个数 $-$ 既是 $A$ 类又是 $B$ 类的元素个数.即 $n(A\cup B)=n(A)+n(B)-n(A\cap B)$.

(2) 容斥原理 2:如果被计数的事物有 $A$,$B$,$C$ 三类,那么,$A$ 类,$B$ 类和 $C$ 类元素个数的总和 $=A$ 类元素个数 $+B$ 类元素个数 $+C$ 类元素个数 $-$(既是 $A$ 类又是 $B$ 类的元素个数)$-$(既是 $A$ 类又是 $C$ 类的元素个数)$-$(既是 $B$ 类又是 $C$ 类的元素个数)$+$(既是 $A$ 类又是 $B$ 类而且是 $C$ 类的元素个数),即 $n(A\cup B\cup C)=n(A)+n(B)+n(C)-n(A\cap B)-n(A\cap C)-n(B\cap C)+n(A\cap B\cap C)$.

【名师总结】一般遇到此类问题可以采用以上两个容斥原理来解决,但遇到相对复杂的问题时也可以先画出文氏图,通过图形分析来解决问题.

### 子考点 1 两集合问题

考点运用技巧:利用两个集合的文氏图进行求解.

典型真题:(2004－10) 某单位有职工 40 人,其中参加计算机考核的有 31 人,参加外语考核的有 20 人,有 8 人没有参加任何一种考核,则同时参加两项考核的职工有(　　). **难度** ★★

A. 10 人　　B. 13 人　　C. 15 人

D. 19 人　　E. 以上结论均不正确

**考点** 求两集合的交集.

**解析** 设同时参加两项考核的职工有 $x$ 人,则有 $31+20-x=40-8\Rightarrow x=19$.选 D.

**点睛** 记住公式:$n(A\cup B)=n(A)+n(B)-n(A\cap B)$.

练习:(2011－1) 某年级 60 名学生中,有 30 人参加合唱团,有 45 人参加运动队,其中参加合唱团而未参加运动队的有 8 人,则参加运动队而未参加合唱团的有(　　). **难度** ★★

A. 15 人　　B. 22 人　　C. 23 人　　D. 30 人　　E. 37 人

**考点** 两集合问题.

**解析** 画如下文氏图可知选 C.

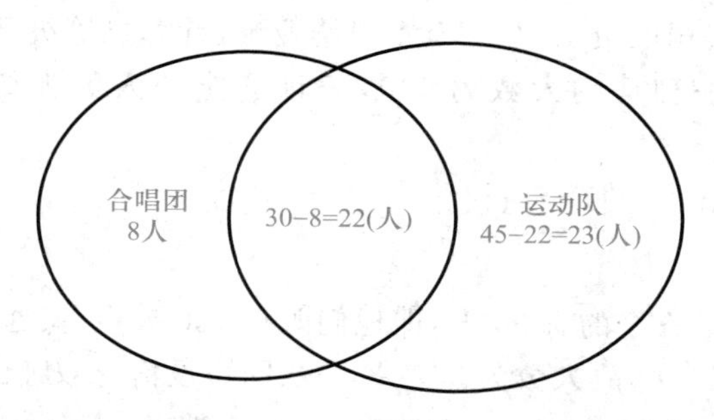


**点睛** 本题考查集合的运算，要掌握两个集合的运算，明确每部分区域的意义.

**子考点 2** 三集合问题

考点运用技巧：利用三个集合的文氏图进行求解.

典型真题：(2008－10) 某班同学参加智力竞赛，共有 $A$，$B$，$C$ 三题，每题或得 0 分或得满分. 竞赛结果无人得 0 分，三题全部答对的有 1 人，答对两题的有 15 人.答对 $A$ 题的人数和答对 $B$ 题的人数之和为 29，答对 $A$ 题的人数和答对 $C$ 题的人数之和为 25，答对 $B$ 题的人数和答对 $C$ 题的人数之和为 20，那么该班的人数为(　　). **难度** ★★★

A. 20　　B. 25　　C. 30　　D. 35　　E. 40

**考点** 三集合问题.

**解析** 画如下文氏图：

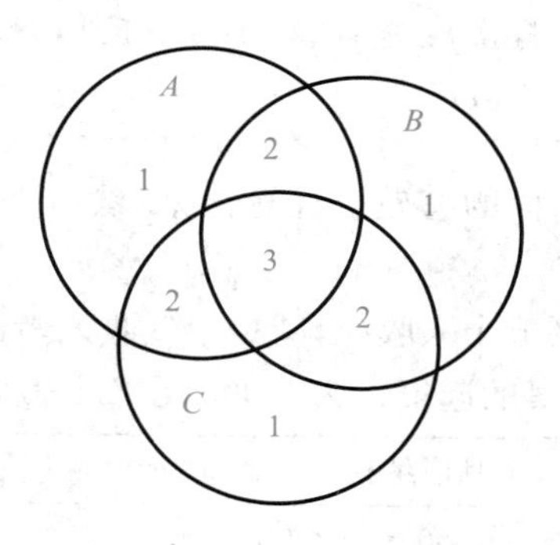


$$\begin{cases}A+B=29,\\A+C=25,\\B+C=20\end{cases}\Rightarrow A+B+C=37,$$

上图中三个集合相加后编号为 3 的区域人数被算了 3 次，编号为 2 的区域人数被算了 2 次，设编号为 1 的区域人数为 $x$，编号为 2 的区域人数为 15，编号为 3 的区域人数为 1，则 $2x+4\times15+6\times1=29+25+20\Rightarrow x=4$，故总人数为 $4+15+1=20$.选 A.

**点睛** 求解此题的关键在于理解答对两题的有 15 人，其实是只答对两题的人数，不包含答对三题的人.

练习:(2010－1) 某公司的员工中,拥有本科毕业证、计算机等级证、汽车驾驶证的人数分别为130,110,90.又知只有一种证的人数为140,三证齐全的人数为30,则恰有双证的人数为(　　). **难度** ★★

A. 45　　B. 50　　C. 52　　D. 65　　E. 100

**考点**　三集合问题.

**解析**　如下图,三证齐全的有30人,即他们既在130人中,又在110人中,同时还在90人中,也就是这30人被算了3次,故人数为 $30\times3=90$.同样设恰有双证的人数为 $x$,则在计算中应算为 $2x$ 人,故 $130+110+90=90+2x+140\Rightarrow x=50$.选B.

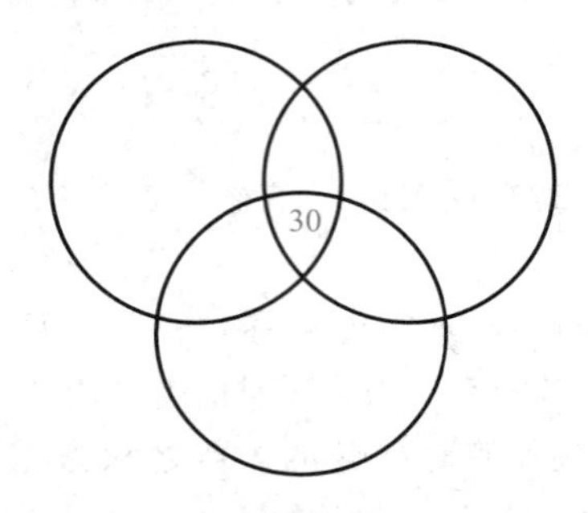


**点睛**　画文氏图的方法显得尤其重要.

## 考点精解8 分段计费问题

【考点突破】分段计费问题其实就是计算出每个区间段的有效值,从而进行精确的测算,在中学阶段的理解就是分段函数.

考点运用技巧:先把每个区间段的有效值计算出来,然后进行分段计算.

典型真题:(2011－10) 为了调节个人收入,减少中低收入者的赋税负担,国家调整了个人工资薪金所得税的征收方案,已知原方案的起征点为2 000元/月,税费分9级征收,前4级税率见下表:

| 级　数 | 全月应纳税所得额 $q$/元 | 税率/% |
|---|---|---|
| 1 | $0<q\leqslant500$ | 5 |
| 2 | $500<q\leqslant2\ 000$ | 10 |
| 3 | $2\ 000<q\leqslant5\ 000$ | 15 |
| 4 | $5\ 000<q\leqslant20\ 000$ | 20 |

新方案的起征点为3 500元/月,税费分7级征收,前3级税率见下表:

| 级　数 | 全月应纳税所得额 $q$/元 | 税率/% |
|---|---|---|
| 1 | $0<q\leqslant1\ 500$ | 3 |
| 2 | $1\ 500<q\leqslant4\ 500$ | 10 |
| 3 | $4\ 500<q\leqslant9\ 000$ | 20 |

若某人在新方案下每月缴纳的个人工资薪金所得税是 345 元，则此人每月缴纳的个人工资薪金所得税比原方案减少了（　　）元. **难度** ★★★

A. 825　　B. 480　　C. 345　　D. 280　　E. 135

**考点** 分段计费问题.

**解析** 先计算出两种方案的区间值，见下表：

| 级　数 | 全月应纳税所得额 $q$/ 元 | 税率 /% | 有效值 |
|---|---|---|---|
| 1 | $0 < q \leqslant 500$ | 5 | 25 |
| 2 | $500 < q \leqslant 2\ 000$ | 10 | 150 |
| 3 | $2\ 000 < q \leqslant 5\ 000$ | 15 | 450 |
| 4 | $5\ 000 < q \leqslant 20\ 000$ | 20 | 3 000 |

| 级　数 | 全月应纳税所得额 $q$/ 元 | 税率 /% | 有效值 |
|---|---|---|---|
| 1 | $0 < q \leqslant 1\ 500$ | 3 | 45 |
| 2 | $1\ 500 < q \leqslant 4\ 500$ | 10 | 300 |
| 3 | $4\ 500 < q \leqslant 9\ 000$ | 20 | 900 |

由新方案每月缴纳的个人工资薪金所得税是 345 元，得出其工资薪金为 $4\ 500 + 3\ 500 = 8\ 000$(元)，在原方案下个人工资薪金所得税为 $25 + 150 + 450 + 20\% \times (6\ 000 - 5\ 000) = 825$(元)，相差 480 元.选 B.

**点睛** 首先根据表格求出每一段最多交多少税，再根据题目的税费计算出工资，根据工资代入原来的计算方式中，求出原来对应的税费即可.

练习：(2007－1) 某自来水公司的水费计算方法如下：每户每月用水不超过 5 吨的，每吨收费 4 元，超过 5 吨的，每吨收取较高标准的费用.已知 9 月份张家的用水量比李家的用水量多 50%，张家和李家的水费分别是 90 元和 55 元，则用水量超过 5 吨的收费标准是（　　）. **难度** ★★

A. 5 元 / 吨　　B. 5.5 元 / 吨　　C. 6 元 / 吨　　D. 6.5 元 / 吨　　E. 7 元 / 吨

**考点** 分段计费问题.

**解析** 两家水费均大于 $4 \times 5 = 20$(元)，不难看出，两家 9 月份用水量均超过 5 吨，可设李家用水量超过 5 吨的部分为 $x$ 吨，超出 5 吨部分收费 $y$ 元 / 吨，则李家总用水量为 $(5 + x)$ 吨，张家用水量 $(5 + x) \times (1 + 50\%) = 1.5x + 7.5$(吨)，根据两家用水水费可列方程组：

$$\begin{cases} 4 \times 5 + xy = 55, \\ 4 \times 5 + (1.5x + 7.5 - 5)y = 90, \end{cases} \text{解得} \begin{cases} x = 5, \\ y = 7. \end{cases}$$

选 E.

## 考点精解 9　函数最值问题

【考点突破】本考点主要考查二次函数和均值函数(不等式)的实际运用.通过实际应用型问题建立数学模型求解最大值或最小值.

【要点浏览】

(1) 二次函数 $y=ax^2+bx+c(a\neq 0)$ 的最值为 $\frac{4ac-b^2}{4a}$，当且仅当 $x=-\frac{b}{2a}$ 时函数取到最值.

(2) 平均值函数 $y=x+\frac{m}{x}(m>0,x>0)$ 的最小值为 $2\sqrt{m}$，当且仅当 $x=\sqrt{m}$ 时函数取到最小值.

**子考点 1** 二次函数的最值

考点运用技巧：二次函数的最值当自变量取 $x=-\frac{b}{2a}$ 的时候达到.

典型真题：(2003－10) 已知某厂生产 $x$ 件产品的成本为 $C=25\,000+200x+\frac{1}{40}x^2$（元），若产品以每件 500 元售出，则使利润最大的产量是（　　）. **难度** ★★

A. 2 000 件　　B. 3 000 件　　C. 4 000 件
D. 5 000 件　　E. 6 000 件

**考点** 二次函数求最值问题.

**解析** 利润＝收入－成本＝$500x-C=-\frac{1}{40}x^2+300x-25\,000$，看成开口向下的抛物线，在 $x=6\,000$ 时，利润最大.选 E.

**点睛** 当表达式为二次函数时，可以借助抛物线求解最值.

练习：(2007－1) 设罪犯与警察在一个开阔地上相隔一条宽 0.5 千米的河，罪犯从北岸 $A$ 点处以 1 千米／分钟的速度向正北逃窜，警察从南岸 $B$ 点以 2 千米／分钟的速度向正东追击（如下图），则警察从 $B$ 点到达最佳射击位置（即罪犯与警察相距最近的位置）所需的时间是（　　）.
**难度** ★★

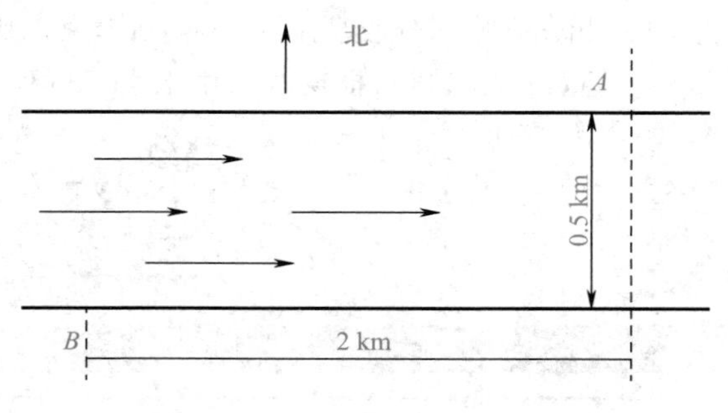


A. $\frac{3}{5}$ 分钟　　B. $\frac{5}{3}$ 分钟　　C. $\frac{10}{7}$ 分钟

D. $\frac{7}{10}$ 分钟　　　　E. $\frac{7}{5}$ 分钟

**考点**　二次函数求最值问题.

**解析**　相当于求两点距离的最小值，设时间为 $t$，距离为 $S$，此时罪犯走了 $t$ 千米，警察走了 $2t$ 千米，如下图，根据勾股定理，$S^2=(2-2t)^2+(t+0.5)^2=5t^2-7t+4.25$，由对称轴方程式 $t=-\frac{b}{2a}=\frac{7}{10}$ 知，当时间 $t=\frac{7}{10}$ 分钟时距离最短.选 D.

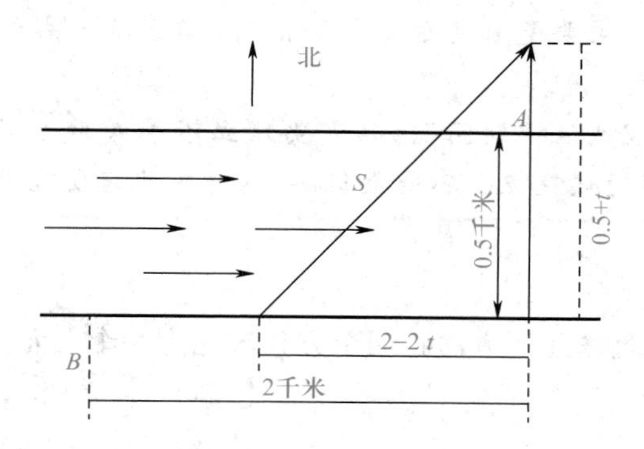


**点睛**　本题借助几何的勾股定理求出距离，然后利用抛物线求出二次函数的最值.

## 子考点 2　均值函数的最值

考点运用技巧：平均值函数 $y=x+\frac{m}{x}(m>0,x>0)$ 的最小值为 $2\sqrt{m}$，当且仅当 $x=\sqrt{m}$ 时取到最小值.

典型真题：(2009−1) 某工厂定期购买一种原料.已知该厂每天需用该原料 6 吨，每吨价格为 1 800 元，原料保管等费用平均每天每吨 3 元，每次购买原料需支付运费 900 元.若该厂要使平均每天支付的总费用最省，则应该每(　　)天购买一次原料. **难度** ★★★

A. 11　　B. 10　　C. 9　　D. 8　　E. 7

**考点**　均值函数求最值问题.

**解析**　设每 $x$ 天购买一次原料，总成本为 $y$ 元，则

$$y=1\,800\times6x+(3\times6+2\times3\times6+3\times3\times6+\cdots+x\times3\times6)+900$$
$$=1\,800\times6x+900+3\times6\left(\frac{1+x}{2}\right)x,$$

平均每天花费 $\overline{y}=1\,800\times6+\frac{900}{x}+9x+9\Rightarrow$ 当 $x=10$ 天时 $\overline{y}$ 最小.选 B.

**点睛**　对于经济生产和安排问题，一般要列出函数表达式，通过求最值来解决问题.

当然，此题若不考虑首日购回原料所产生的原料保管等费用，将总费用列为 $y=6x\times1\,800+6\times3[(x-1)+\cdots+1]+900=6\times1\,800x+18\times\frac{x(x-1)}{2}+900$ 也可以，并不影响结果，本题根

据平均值定理的“乘积为定值,和有最小值”的结论求解.

## 考点精解 10 不定方程和不等式优化(线性规划)问题

【考点突破】此类问题也是联考的新增考法,主要是通过已知信息建立不定方程或不等式等约束条件,在方程和不等式中寻求最优解或整数解,有时候也需要通过解析几何画图像(线性规划)的方法来解决.

【要点浏览】线性规划主要是通过题目所给信息,建立不等式组(线性约束条件),在可行域下寻求目标函数的最优解.

【名师总结】一般处理线性规划问题,只需要建立不等式后当成方程求出方程的解(即交点坐标)即可,当然,有时候交点并不是最优解,这时候就需要就近寻找最优解.

### 子考点 1 不定方程问题

考点运用技巧:一般通过消元的方法将两个方程转化为一个二元一次不定方程,然后凑出其整数解.

典型真题:(2010－10)一次考试有 20 道题,做对一题得 8 分,做错一题扣 5 分,不做不计分.某同学共得 13 分,则该同学没做的题数是(　　). 难度 ★★

A. 4　　B. 6　　C. 7　　D. 8　　E. 9

**考点** 不定方程(未知数个数多于方程个数)问题.

**解析** 设做对 $x$ 题,做错 $y$ 题,没做 $20-x-y$ 题,则 $\begin{cases}8x-5y=13,\\x+y\leqslant 20\end{cases}\Rightarrow\begin{cases}x=6,\\y=7,\end{cases}$($y$ 为奇数)没做的为 7 题.选 C.

**点睛** 对于不定方程问题(未知数个数多于方程个数),要借助奇偶性和整除的关系来求解.

练习:(2011－1)在年底的献爱心活动中,某单位共有 100 人参加捐款.经统计,捐款总额是 19 000 元,个人捐款数额有 100 元、500 元和 2 000 元三种,该单位捐款 500 元的人数为(　　). 难度 ★★

A. 13　　B. 18　　C. 25　　D. 30　　E. 38

**考点** 不定方程(未知数个数多于方程个数)问题.

**解析** 设个人捐款数额为 100 元、500 元、2 000 元的人数分别为 $x,y,z$,则

$$\begin{cases}x+y+z=100,\\100x+500y+2\,000z=19\,000\end{cases}\Rightarrow\begin{cases}x+y+z=100,\\x+5y+20z=190\end{cases}\Rightarrow 4y+19z=90\Rightarrow\begin{cases}y=13,\\z=2.\end{cases}$$

选 A.

**技巧** 根据 100 人捐款 19 000 元,得到人均捐款 190 元,说明捐款 100 元的人很多,捐款 500 元 和 2 000 元的人数很少.

练习:(2015－1) 几个朋友外出游玩,购买了一些瓶装水,则能确定购买的瓶装水数量.

难度　★★★

(1) 若每人分 3 瓶,则剩余 30 瓶.

(2) 若每人分 10 瓶,则只有 1 人不够.

考点　不定方程问题.

解析　两条件单独显然不充分,考虑联合:设有 $x$ 人,$y$ 瓶水,根据两条件可列出方程:

$$\begin{cases}3x+30=y,\\10(x-1)<y<10x,\end{cases}$$

将第一个方程代入第二个不等式,得到 $10(x-1)<3x+30<10x$,解得 $\frac{30}{7}<x<\frac{40}{7}$,满足不等式的整数只有 $x=5$,故可以确定瓶装水的数量,共 $3\times5+30=45$(瓶).选 C.

## 子考点 2　不等式优化(线性规划)问题

考点运用技巧:线性规划问题也是热点问题,可以通过数形结合的办法,找出目标函数的最优解.

典型真题:(2010－1) 某居民小区决定投资 15 万元修建车位,据测算,修建一个室内车位的费用为 5 000 元,修建一个室外车位的费用为 1 000 元.考虑到实际因素,计划室外车位的数量不少于室内车位的 2 倍,也不多于室内车位的 3 倍,这笔投资最多可建车位的数量为(　　).

难度　★★★

A. 78　　B. 74　　C. 72　　D. 70　　E. 66

考点　不等式相关的最优解问题.

解析　数形结合法,设室内车位数量为 $x$,室外车位数量为 $y$(费用单位为千元),可列方程组

$$\begin{cases}5x+y\leqslant150,\\2x\leqslant y\leqslant3x,\end{cases}$$

如下图所示,则当 $\begin{cases}x=19,\\y=55\end{cases}$ 时,$(x+y)_{\max}=74$.选 B.

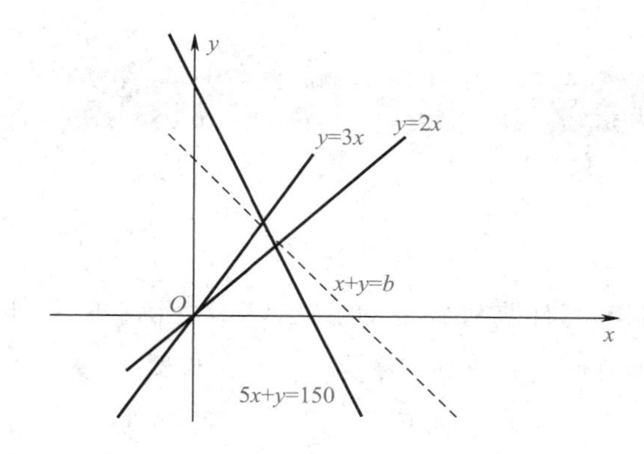

**点睛** 此类问题也属于线性规划问题，即实际生活中比较容易接触到的问题，但此题很容易在最后取整数时出错，通常可以结合常识找到最优解的特殊点.当然，可以记住一个小诀窍：线性规划问题往往都在边界点出现最值点，所以可以先在边界点考虑求解.

练习：(2012－1) 某公司计划送180台电视机和110台洗衣机下乡.现有两种货车，甲种货车每辆最多可载40台电视机和10台洗衣机，乙种货车每辆最多可载20台电视机和20台洗衣机.已知甲、乙两种货车的租金分别是每辆400元和360元，则最少的运费是(　　)元. **难度** ★★★

A. 2 560　　B. 2 600　　C. 2 640　　D. 2 680　　E. 2 720

**考点** 不等式优先(线性规划).

**解析** 设甲货车$x$辆，乙货车$y$辆，由题意列出如下约束条件后并画下图：

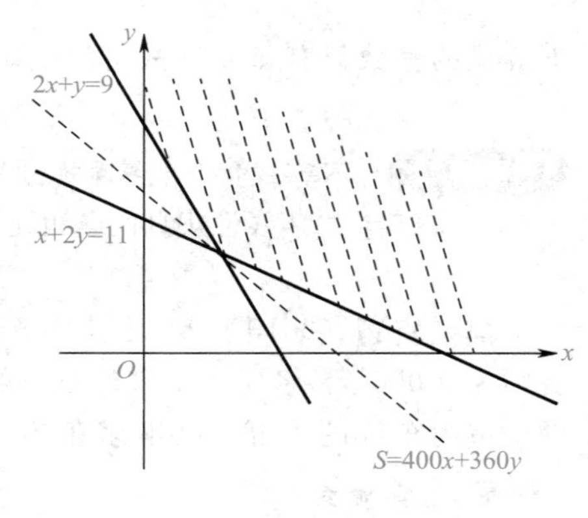


$$\begin{cases}40x+20y\geqslant 180,\\10x+20y\geqslant 110,\\x\geqslant 0,\\y\geqslant 0\end{cases}\Rightarrow\begin{cases}2x+y\geqslant 9,\\x+2y\geqslant 11,\\x\geqslant 0,\\y\geqslant 0,\end{cases}$$

取临界情况得

$$\begin{cases}2x+y=9,\\x+2y=11,\end{cases}\Rightarrow\begin{cases}x=\dfrac{7}{3},\\y=\dfrac{13}{3},\end{cases}$$

取整数情况得$\begin{cases}x=2,\\y=5.\end{cases}$

目标函数运费的最小值为$S_{\min}=400\times 2+360\times 5=800+1\ 800=2\ 600$(元).选B.

**点睛** 一般当遇到交点并不是整数的时候，要采用附近取整数的方法.

# 第三节　母题精讲

## 类型1　比例与百分比

### 一、问题求解

1. 商品甲以250元销售，每件获利25%，商品乙以270元销售，每件亏损10%，某店售出了4件商品甲和2件商品乙，则总体的销售利润率为(　　). **难度** ★

A. 6%　　B. 8%　　C. 10%　　D. 12%　　E. 14%

**答案** C

**考点**　利润率问题.

**解析**　每件商品甲的成本为$\frac{250}{1+25\%}=200$(元)，每件商品乙的成本为$\frac{270}{1-10\%}=300$(元)，则售出了4件商品甲和2件商品乙的总售价为$250\times4+270\times2=1\ 540$(元)，总成本为$200\times4+300\times2=1\ 400$(元)，则总利润率为$\frac{1\ 540-1\ 400}{1\ 400}=10\%$.

【评注】　要熟悉成本计算公式：成本$=\frac{\text{售价}}{1+\text{利润率}}$.

2. 某公司生产一种产品，每件成本价是400元，销售价是510元，本季度销售了$m$件.为进一步扩大市场，该公司决定在降低售价的同时降低生产成本，经过市场调研，预计下季度这种产品每件销售价降低4%后，销售量将提高10%，要使销售利润(销售利润=(销售价－成本价)×销售量)保持不变，该产品每件的成本应降低(　　)元. **难度** ★★

A. 11　　B. 10　　C. 20.4　　D. 10.4　　E. 11.4

**答案**　D

**考点**　增长率问题.

**解析**　设该产品每件的成本应降低$x$元，原销量为$m$件.

$$(510-400)m=(1+10\%)m\times[510(1-4\%)-(400-x)],$$
$$110m=(489.6-400+x)\times1.1m,$$
$$100=89.6+x\Rightarrow x=10.4.$$

【评注】　通过列方程解决实际问题.

3. 在某浓度的盐水中加入一杯水后，得到新盐水，它的浓度为20%，又在新盐水中加入与前述一杯水的质量相等的纯盐后，盐水浓度变为$33\frac{1}{3}\%$，那么原来盐水的浓度是(　　). **难度** ★★

A. 23%　　B. 25%　　C. 27%　　D. 30%　　E. 32%

**答案**　B

**考点**　浓度问题.

**解析**　根据溶液×浓度=溶质，可得到两个方程，解方程组即可.设原盐水溶液为$a$克，其中含纯盐$m$克，后加入的“一杯水”为$x$克，依题意得

$$\begin{cases}(a+x)\times20\%=m,\\(a+x+x)\times33\frac{1}{3}\%=m+x\end{cases}\Rightarrow a=4m.$$

故原盐水的浓度为$\frac{m}{a}=\frac{m}{4m}=25\%$.

【评注】　解题关键是读懂题目的意思，根据题目给出的条件，找出合适的等量关系，列出方程组，再求解.

4. 商店以每件36元的均价售出商品甲和商品乙各一件，总亏损率为4%，已知售出商品甲的亏损率为20%，那么售出商品乙的盈利率为(　　). 难度 ★

A. 24%　　B. 20%　　C. 22%　　D. 19%　　E. 23%

答案　B

考点　利润率问题.

解析　总成本为$\frac{36\times 2}{1-4\%}=\frac{72}{96\%}=75$(元)，商品甲的成本为$\frac{36}{1-20\%}=\frac{36}{0.8}=45$(元)，那么商品乙的成本为$75-45=30$(元)，则商品乙的盈利率为$\frac{36-30}{30}=20\%$.

【评注】　对于本题也可以记住经验结论：两件商品以同样的售价售出，一件赚了$p\%$，一件亏了$p\%$，最后的总盈亏为亏了$(p\%)^2$，这样直接验证选项即可.

5. 甲杯和乙杯中都盛有硫酸溶液$m$升，浓度分别为84%和60%，先将$\frac{m}{3}$升甲杯中的溶液倒入乙杯，又从乙杯中将充分混合后的$\frac{m}{3}$升溶液倒入甲杯，则此时甲杯中硫酸溶液的浓度为(　　).

难度 ★★

A. 72%　　B. 74%　　C. 76%　　D. 78%　　E. 80%

答案　D

考点　浓度问题.

解析　先将溶液从甲杯倒入乙杯，则乙杯中溶液的浓度为

$$\frac{\frac{m}{3}\times 84\%+m\times 60\%}{\frac{m}{3}+m}=66\%,$$

然后再将乙杯中的溶液倒出部分到甲杯中，则甲杯中溶液的浓度为

$$\frac{\frac{m}{3}\times 66\%+\frac{2m}{3}\times 84\%}{\frac{m}{3}+\frac{2m}{3}}=78\%.$$

【评注】　浓度问题也可以使用十字交叉法解决.

## 二、条件充分性判断

6. 一辆汽车从$A$地匀速开往$B$地，则所用的时间减少$\frac{100a}{100+a}\%$. 难度 ★

(1) 汽车的速度减小$a\%$.

(2) 汽车的速度增加$a\%$.

**答案**　B

**考点**　增长率问题.

**解析**　条件(1):速度减小,时间肯定增加,不充分;条件(2):设汽车初始速度为100,路程也为100,则汽车增加速度后为 $100+a$,时间为 $\frac{100}{100+a}$,原来时间为1,那么时间减少了 $\frac{1-\frac{100}{100+a}}{1}=\frac{a}{100+a}=\frac{100a}{100+a}\%$,充分.

【评注】　一般遇到增长率问题可以用特殊值法假设初始值,这样计算比较简单.

7. 某散装商品以大包装和小包装两种规格售出,买大包装比买小包装合算. **难度**　★

(1) 大包装比小包装重25%.

(2) 小包装比大包装售价低20%.

**答案**　E

**考点**　增长率问题.

**解析**　显然两个条件需要联合,设小包装重1千克,则大包装重1.25千克,设大包装的售价为1元,小包装的售价就是0.8元,那么小包装为0.8元/千克,大包装为 $\frac{1}{1.25}=0.8$(元/千克),所以二者一样合算.

【评注】　遇到增长率问题一般可以多使用特殊值法.

8. 按原速匀速行驶,30小时到达. **难度**　★★

(1) 增速10%,少3小时到达.

(2) 减速10%,多3小时到达.

**答案**　E

**考点**　增长率问题.

**解析**　条件(1):速度增加10%,则新速度与原速度之比为11∶10,那么新时间与原时间之比为10∶11,少了3小时,说明原来为33小时,不充分;条件(2):速度减少10%,则新速度与原速度之比为9∶10,那么新时间与原时间之比为10∶9,多了3小时,说明原来为27小时,也不充分.

【评注】　求解本题的关键是记住当路程一样时,时间比和速度比是互为倒数的.

9. 某缝纫师用10个工时能做成2件衬衣、3条裤子和4件上衣.那么他要做成14件衬衣、10条裤子和2件上衣,共需20个工时. **难度**　★

(1) 他做成1件衬衣、1条裤子、1件上衣所用的时间之比为1∶2∶3.

(2) 他做成1件衬衣、1条裤子、1件上衣所用的时间之比为3∶2∶1.

**答案** A

**考点** 一元一次方程的应用.

**解析** 条件(1):设缝纫师做1件衬衣的时间为$x$,则做1条裤子的时间为$2x$,做1件上衣的时间为$3x$.

由于用10个工时能做成2件衬衣、3条裤子、4件上衣,即$2x+3\times(2x)+4\times(3x)=10$,可得$20x=10$,则做成14件衬衣、10条裤子、2件上衣共需$14x+10\times(2x)+2\times(3x)=40x=20$(工时),充分.条件(2)验证后不充分.

【评注】 本题考查了一元一次方程的应用,涉及代数式求值,解题的关键是读懂题意,根据题中的等量关系列出方程,难度一般.

## 类型2 容斥问题

### 问题求解

1. 一名外国的游客到北京旅游,天气没有雨时,他要么上午出去玩,下午在旅馆休息;要么上午休息,下午出去游玩,而在下雨天他只能一天都待在旅馆里,其间,不下雨的天数是12天,上午待在旅馆的天数为8天,下午待在旅馆的天数为12天,他在北京共待了(　　)天. **难度** ★★

A. 24　　B. 22　　C. 20　　D. 16　　E. 14

**答案** D

**考点** 容斥问题.

**解析** 因为只有12天没雨,所以游客待在旅馆的天数应该是12天(要么上午,要么下午).但题中游客待在旅馆的半天数为$8+12=20$,多待了$20-12=8$(8代表上午或者下午,都是半天),换算成整天就是$8\div2=4$(天).

游客有4天都待在旅馆,那么这4天肯定都是雨天,故他一共在北京待了16天.

【评注】 可以借助画文氏图的方法来解决容斥问题.

2. 设50人参加项目$A$,$B$,$C$的考核,依次有40人,35人,30人合格,则三项考核都通过的至少有(　　)人. **难度** ★★★

A. 4　　B. 5　　C. 6　　D. 7　　E. 8

**答案** B

**考点** 集合问题(容斥问题).

**解析** 本题采用反面的思考方式,$A$,$B$,$C$三项考核不合格的人数分别为10人,15人,20人,那么当这些人没有重复的时候,三项考核都通过的人才最少,那么三项考核都通过的至少有$50-10-15-20=5$(人).

【评注】 求解本题的关键在于能否通过反面逆向思维方式思考.

3. 班上仅通过英语、数学、语文三门考试中一门的人数分别是24人，28人，20人.至少通过一门的人数是102人，三门全通过的有9人，则恰好通过两门考试的人数是(　　). **难度** ★

A. 22　　B. 25　　C. 27　　D. 30　　E. 21

**答案**　E

**考点**　容斥问题(文氏图).

**解析**　由于$n$(至少通过一门)$=n$(只通过一门)$+n$(恰好通过两门)$+n$(通过三门)，而$n$(至少通过一门)$=102$，$n$(只通过一门)$=24+28+20=72$(人)，$n$(通过三门)$=9$，所以$n$(恰好通过两门)$=102-72-9=21$(人).

【评注】　此题画图求解更加清晰明了.

## 类型3　工程问题与行程问题

### 一、问题求解

1. 某市举行环城自行车比赛，跑的路线一圈是6千米，甲车速度是乙车速度的$\frac{5}{7}$，在出发后1小时10分钟时，甲、乙二人恰在行进中第二次相遇，则乙车比甲车每小时多走(　　)千米. **难度** ★★

A. 12　　B. 8　　C. $\frac{72}{7}$　　D. 9　　E. $\frac{36}{5}$

**答案**　C

**考点**　同向圆圈跑道型问题.

**解析**　设乙车速度为$x$千米/小时，则甲车速度是$\frac{5}{7}x$千米/小时，甲、乙二人在行进中第二次相遇，乙比甲多跑两圈.所以

$$\frac{7}{6}x-\frac{7}{6}\times\frac{5}{7}x=2\times 6\Rightarrow x=36(\text{千米/小时}),$$

即乙车速度为36千米/小时，所以甲车速度为$\frac{5\times 36}{7}$千米/小时.

故乙车比甲车每小时多走$36-\frac{5\times 36}{7}=\frac{72}{7}$(千米).

【评注】　此题主要考查应用类问题，根据已知乙追过甲两圈得出等式方程是解题关键.

2. 甲、乙二人分别从$A$，$B$两地同时出发相向匀速行走，$t$小时后相遇于中途的$C$地，此后，甲用8小时从$C$地走到$B$地，乙用2小时从$C$地走到$A$地，则$t=$(　　). **难度** ★★

A. 2　　B. 3　　C. 4　　D. 5　　E. 6

**答案**　C

**考点** 行程问题.

**解析** $\begin{cases}\dfrac{v_{甲}\cdot t}{v_{乙}}=2,\\ \dfrac{v_{乙}\cdot t}{v_{甲}}=8\end{cases}\Rightarrow t^2=2\times 8\Rightarrow t=4.$

【评注】 记住经验结论：$t^2=t_1t_2$.其中 $t$ 为两人相遇所用的时间，$t_1$，$t_2$ 分别为走完对方的路程所用的时间.

3. 甲、乙两人同时从东、西两站相向步行，相遇时，甲比乙多行 24 千米，然后两人继续前行，则甲又经过 9 小时到西站，乙又经过 16 小时到东站，则两站距离为（　　）千米. **难度** ★★

A. 148　　B. 158　　C. 168　　D. 178　　E. 288

**答案** C

**考点** 行程问题.

**解析** 设甲、乙两人第一次相遇所用的时间为 $t$ 小时，则

$$\begin{cases}v_{甲}\cdot t=v_{乙}\cdot 16,\\ v_{乙}\cdot t=v_{甲}\cdot 9\end{cases}\Rightarrow t=12,v_{甲}\cdot 12=v_{乙}\cdot 16\Rightarrow v_{甲}:v_{乙}=4:3,$$

再设 $v_{甲}=4k$，$v_{乙}=3k$，则 $(v_{甲}-v_{乙})t=24\Rightarrow k=2$.

故两站距离为 $S=(v_{甲}+v_{乙})t=7k\cdot 12=168$（千米）.

【评注】 可以用答案验证，用答案可以算出甲、乙各自走的路程，然后验证是否可以分别被 16 和 9 整除即可.

4. 甲、乙两辆公共汽车分别自 $A$，$B$ 两地同时出发，相向而行.甲车行驶 85 千米后与乙车相遇，然后继续前进.各车到达对方的出发点等候 30 分钟后立即依原路返回.当甲车行驶 65 千米后又与乙车相遇，则 $A$，$B$ 两地距离为（　　）千米. **难度** ★★★

A. 185　　B. 190　　C. 195　　D. 200　　E. 205

**答案** B

**考点** 行程问题.

**解析** 设甲车的速度为 $x$ 千米 / 小时，乙车的速度为 $y$ 千米 / 小时，$A$，$B$ 两地的距离为 $S$ 千米.两车同时出发，相向而行，甲车行驶 85 千米后与乙车相遇，即甲车走 85 千米所用的时间等于乙车走 $(S-85)$ 千米所用的时间；当甲车从对方的出发点依原路返回行驶 65 千米后又与乙车相遇，即甲、乙两车从开始到第二次相遇所用的时间相同，据此即可列方程求解，得

$$\begin{cases}\dfrac{85}{x}=\dfrac{S-85}{y},\\ \dfrac{(S-85)+65}{x}+\dfrac{1}{2}=\dfrac{85+(S-65)}{y}+\dfrac{1}{2},\end{cases}$$

即

$$\begin{cases}\dfrac{85}{x}=\dfrac{S-85}{y},\\ \dfrac{S-20}{x}=\dfrac{S+20}{y}\end{cases}\Rightarrow \dfrac{85}{S-20}=\dfrac{S-85}{S+20}\Rightarrow S^2-190S=0\Rightarrow S=190.$$

【评注】 本题主要考查利用方程解决实际问题的能力，正确理解题目中时间所包含的相等关系是解题的关键.

5. 加工一批零件，甲单独做 20 天可以完工，乙单独做 30 天可以完工.现两人合作完成这个任务，合作中，甲休息了 $\frac{5}{2}$ 天，乙休息了若干天，这样共 14 天完工，则乙休息了(　　)天. 难度 ★★

A. 1　　B. $\frac{5}{2}$　　C. $\frac{5}{4}$　　D. $\frac{3}{2}$　　E. 以上都不正确

答案 C

考点 简单的工程问题.

解析 把这批零件的总数看成单位“1”，甲的工作效率是 $\frac{1}{20}$，乙的工作效率是 $\frac{1}{30}$.甲休息了 2.5 天，实际工作了 14－2.5＝11.5(天)，由此求出甲的工作量；总工作量减去甲的工作量就是乙的工作量；用乙的工作量除以乙的工作效率就是乙实际工作的时间；用总时间减去乙工作的时间就是乙休息的时间，则

$$\frac{1}{20}\times(14-2.5)=\frac{1}{20}\times11.5=\frac{23}{40},\left(1-\frac{23}{40}\right)\div\frac{1}{30}=\frac{51}{4}(\text{天}),14-\frac{51}{4}=\frac{5}{4}(\text{天}).$$

【评注】 此题主要考查工作时间、工作效率、工作总量三者之间的数量关系，搞清每一步所求的问题与条件之间的关系，选择正确的数量关系解答.

6. 在环形公路上，甲、乙两车从同一起点出发，如果沿相反的方向行驶，则每半小时相遇一次；如果沿相同的方向行驶，则每 5 小时相遇一次.已知车速较快的甲车每小时行驶 55 千米，那么环形公路的周长为(　　)千米. 难度 ★★★

A. 65　　B. 60　　C. 55　　D. 50　　E. 45

答案 D

考点 圆圈跑道型相遇和追及问题.

解析 设乙车的速度为 $x$，环形公路的周长为 $S$，列方程求解，得

$$\begin{cases}(55+x)\times0.5=S,\\(55-x)\times5=S\end{cases}\Rightarrow\begin{cases}S=50,\\x=45.\end{cases}$$

【评注】 圆圈跑道型相遇和追及问题一般可以看成直线形问题，反向跑可看成相遇问题，同向跑可看成追及问题.

## 二、条件充分性判断

7. 某人先从 $A$ 地到 $B$ 地，速度为 $a$，再从 $B$ 地到 $C$ 地，速度为 $b$，则 $v_1 > v_2$. 难度 ★★

(1) $A$，$B$ 两地的距离等于 $B$，$C$ 两地的距离，从 $A$ 地到 $C$ 地的平均速度记为 $v_1$.

(2) 从 $A$ 地到 $B$ 地所用时间等于从 $B$ 地到 $C$ 地所用时间，从 $A$ 地到 $C$ 地的平均速度记为 $v_2$.

**答案** E

**考点** 平均速度问题.

**解析** 条件(1)：$v_1 = \dfrac{2}{\dfrac{1}{a}+\dfrac{1}{b}} = \dfrac{2ab}{a+b}$.

条件(2)：$v_2 = \dfrac{a+b}{2}$.

由于算术平均值一定不小于调和平均值（基本公式：$\sqrt{\dfrac{a^2+b^2}{2}} \geqslant \dfrac{a+b}{2} \geqslant \sqrt{ab} \geqslant \dfrac{2}{\dfrac{1}{a}+\dfrac{1}{b}}$），所以有 $v_1 \leqslant v_2$，即联合不充分.

【评注】 当然此题可以取特殊值 $a=b=1$ 进行验证，发现两个速度相等，所以联合不充分.

8. $A$，$B$ 两地相距 $S$ 千米，甲、乙两人同时分别从 $A$，$B$ 两地出发，甲、乙两人速度之比为 3 : 2. 难度 ★

(1) 甲、乙相向而行，当两人在途中相遇时，甲走的距离与乙走的距离之比是 3 : 2.

(2) 甲、乙同向而行，当甲追上乙时，乙走的距离为 $2S$ 千米.

**答案** D

**考点** 速度问题.

**解析** 条件(1)：由于时间相同，速度比就是路程比，充分；条件(2)：乙走的距离是 $2S$ 千米，则甲就走了 $3S$ 千米，时间相同，还是速度比为路程比，也充分.

【评注】 当从两个不同的角度研究问题时，往往会都是正确.

9. 某人骑自行车从 $A$ 地出发前往 $B$ 地按正常速度行驶可准时到达，则出发时的速度为 24 千米 / 小时. 难度 ★★

(1) 若出发半小时后减速 20%，就会迟到 $\dfrac{7}{6}$ 小时.

(2) 若出发 92 千米后减速 20%，就会迟到 $\dfrac{1}{3}$ 小时.

**答案** C

**考点** 行程问题（变速问题）.

**解析** 条件(1)：若减速 20%，则时间就会增加 25%，对应 $\frac{7}{6}$ 小时；如果不减速，时间变为 $\frac{14}{3}$ 小时，则总的时间为 $\frac{14}{3}+\frac{1}{2}=\frac{31}{6}$(小时)，不充分.条件(2)：同理可得出发 92 千米后不减速所用的时间为 $\frac{4}{3}$ 小时，也不充分.联合两个条件后，发现 92 千米的路程对应的时间为 $\frac{31}{6}-\frac{4}{3}=\frac{23}{6}$(小时)，则速度为 $92\div\frac{23}{6}=24$(千米 / 小时).

## 类型 4 函数类与不定方程类问题

### 一、问题求解

1. 某超市对顾客购物进行优惠，规定如下：

① 若一次购物少于 100 元，则不予优惠；

② 若一次购物满 100 元，但不超过 500 元，按标价给予 9 折优惠；

③ 若一次购物超过 500 元，其中 500 元的部分给予 9 折优惠，超过 500 元的部分给予 8 折优惠.

小李两次去该超市购物，分别付款 99 元和 530 元，现在小张决定一次去购买小李分两次购买的同样的物品，小张需付(　　)元. **难度** ★★

A. 609.2　　B. 608　　C. 618　　D. 608 或 618　　E. 609.2 或 618

**答案** E

**考点** 分段函数的应用.

**解析** 设当购物钱数为 $x$ 元时，需付钱数为 $y$ 元.根据题意，有

(1) 当 $0\leqslant x<100$ 时，$y=x$；

(2) 当 $100\leqslant x\leqslant 500$ 时，$y=0.9x$；

(3) 当 $x>500$ 时，$y=0.8\times(x-500)+0.9\times 500=0.8x+50$.

当付款 99 元未打折时，购物钱数为 99 元；当付款 99 元打折时，购物钱数为 110 元.

付款 530 元是打折后花的钱，设不打折需花 $a$ 元，则有 $0.8a+50=530$，得 $a=600$ 元.

两次购买商品的总额为 $99+600=699$(元) 或 $110+600=710$(元)，由

$$0.8\times 699+50=609.2(\text{元}),$$

或

$$0.8\times 710+50=618(\text{元}),$$

知小张一次去购买小李分两次购买的同样的物品实际付款为 609.2 元或 618 元.

【评注】 根据题意可以知道，要想求出小张需要付款多少元，必须先求出小李所买东西的原价，然后按照第三种优惠进行计算即可.因为 99 元没有满 100 元，所以第一种情况是原价就是 99 元；第二种情况是原价满了 100 元，打 9 折后是 99 元，用 $99\div 90\%$ 得到原价.而 530 元肯定是第三种优惠后的付款钱数，所以要先求出付款 530 元的原价.

求出两个原价的和之后，再按照第三种优惠求出两种情况下分别应该付款的钱数，由此计算得出答案.

2. 某家电生产企业根据市场调查分析，决定调整产品生产方案，准备每周(按120工时计算)生产空调、彩电、冰箱共360台，且冰箱至少生产60台，已知生产这些家电产品每台所需工时和每台产值(单位：千元)如下表所列.

| 家电名称 | 空　调 | 彩　电 | 冰　箱 |
|---|---|---|---|
| 工　时 | $\frac{1}{2}$ | $\frac{1}{3}$ | $\frac{1}{4}$ |
| 产值(千元) | 4 | 3 | 2 |

则每周应生产空调(　　)台，才能使总产值最高. 难度 ★★

A. 25　　B. 30　　C. 35　　D. 40　　E. 45

答案　B

考点　列不等式组解应用题.

解析　设每周应生产空调、彩电、冰箱的数量分别为 $x$ 台，$y$ 台，$z$ 台，则有

$$\begin{cases} x+y+z=360, & ① \\ \frac{1}{2}x+\frac{1}{3}y+\frac{1}{4}z=120, & ② \\ z\geqslant 60, & ③ \end{cases}$$

由 ①－②×4 得 $3x+y=360$.又总产值为

$$A=4x+3y+2z=2(x+y+z)+(2x+y)=720+(3x+y)-x=1\,080-x,$$

因为 $z\geqslant 60$，所以 $x+y\leqslant 300$，而 $3x+y=360$，故 $x+360-3x\leqslant 300$，所以 $x\geqslant 30$，则 $A\leqslant 1\,050$，即当 $x=30$，$y=270$，$z=60$ 时，才能使总产值最高.

【评注】　本题的实质是考查三元一次不等式组的解法.通过解不等式组，了解把“三元”转化为“二元”、把“二元”转化为“一元”的消元的思想方法，从而进一步理解把“未知”转化为“已知”和把复杂问题转化为简单问题的思想方法.解三元一次不等式组的关键是消元.

3. 某渔业公司今年年初用98万元购进一艘渔船用于捕捞，第一年需要各种费用12万元，从第二年起包括维修费在内每年所需费用比上一年增加4万元，该船每年捕捞总收入为50万元，则该船捕捞(　　)年后总盈利最大. 难度 ★★★

A. 8　　B. 9　　C. 10　　D. 11　　E. 12

答案　C

考点　函数模型的选择与应用，等差数列的前 $n$ 项和.

解析　设该船捕捞 $n$ 年后的总盈利为 $y$ 万元，则

$$y=50n-98-\left[12\times n+\frac{n(n-1)}{2}\times 4\right]=-2(n-10)^2+102.$$

所以，当捕捞10年后总盈利最大，最大值是102万元.

【评注】　熟练掌握二次函数的性质是解答函数最值类问题的关键.根据总盈利＝总收入－总投入，结合等差数列的前 $n$ 项和公式，即可得到总盈利 $y$ 关于年数 $n$ 的函数表达式，进而根据二次函数的性质得到结论.

## 二、条件充分性判断

4. 有一份选择题试卷共六道小题.其得分标准是:一道小题答对得 8 分,答错得 0 分,不答得 2 分.则该同学答错两道小题. 难度 ★★

(1) 某同学答对两道小题.

(2) 某同学共得了 20 分.

答案 B

考点 不定方程问题.

解析 条件(1):显然条件太少,不充分;条件(2):设答对 $x$ 个小题,答错 $y$ 个小题,没答 $z$ 个小题,则 $\begin{cases}8x+0y+2z=20,\\x+y+z=6\end{cases}\Rightarrow\begin{cases}4x+z=10,\\x+y+z=6\end{cases}\Rightarrow 3x-y=4\Rightarrow\begin{cases}x=2,\\y=2,\\z=2,\end{cases}$ 充分.

【评注】 不要一看到感觉像是联合就选 C,这样很容易做错.

# 第五章
# 几何真题应试技巧

◆ 第一节 核心公式、知识点与考点梳理
◆ 第二节 真题深度分类解析
◆ 第三节 母题精讲

【考试地位】本模块主要内容包括三大块:平面几何、空间几何体和解析几何.本模块涉及的数学公式较多,数学思想丰富,考试命题多以综合型题目出现,是考试的重点和难点,每年有 4 ～ 5 个题目.

# 第一节 核心公式、知识点与考点梳理

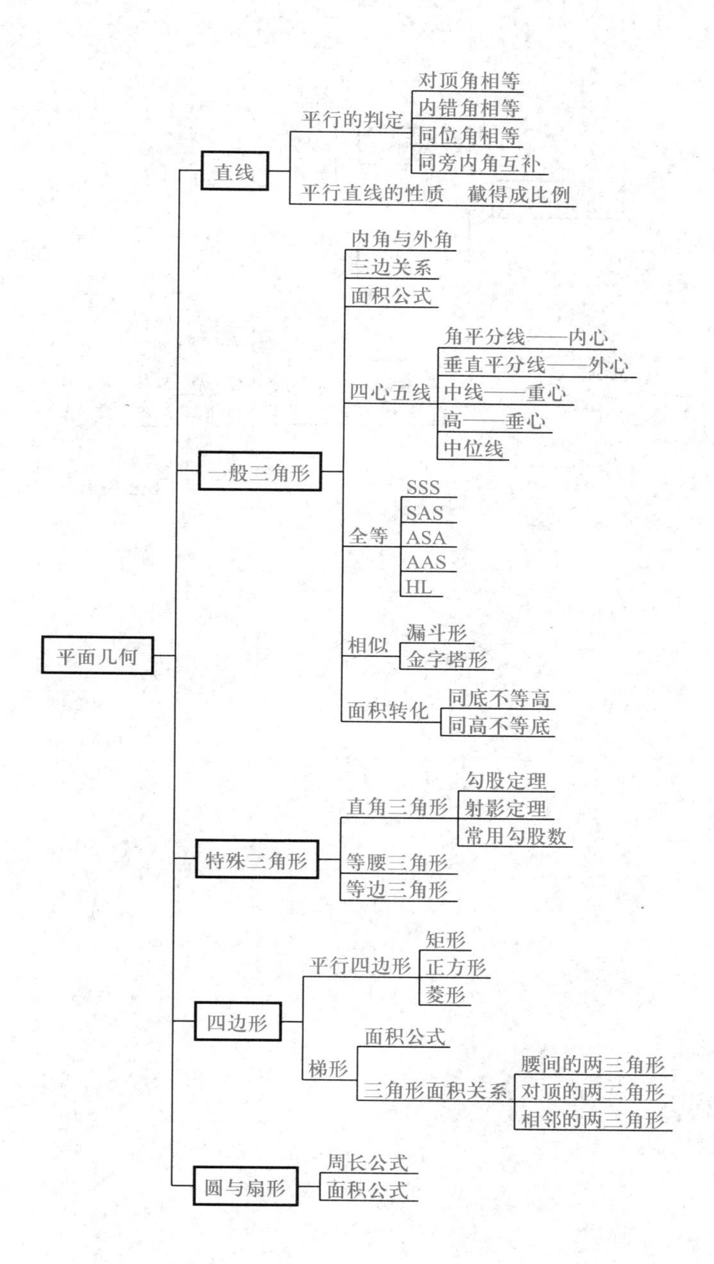

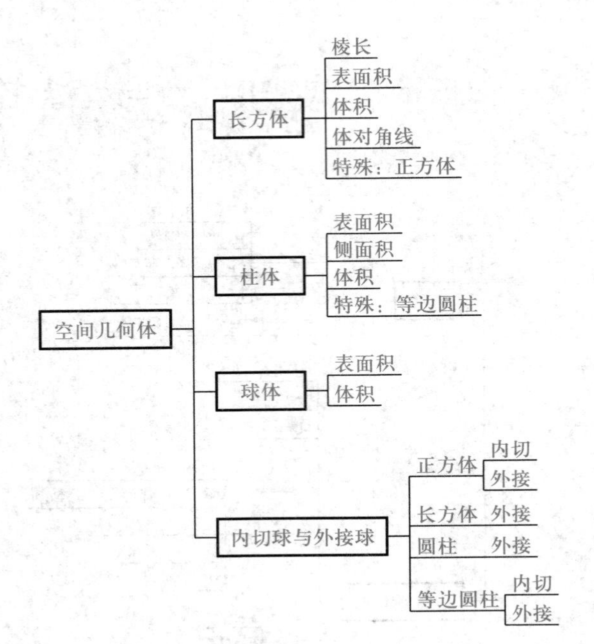
空间几何体
长方体
棱长
表面积
体积
体对角线
特殊：正方体
柱体
表面积
侧面积
体积
特殊：等边圆柱
球体
表面积
体积
内切球与外接球
正方体
内切
外接
长方体 外接
圆柱 外接
等边圆柱
内切
外接

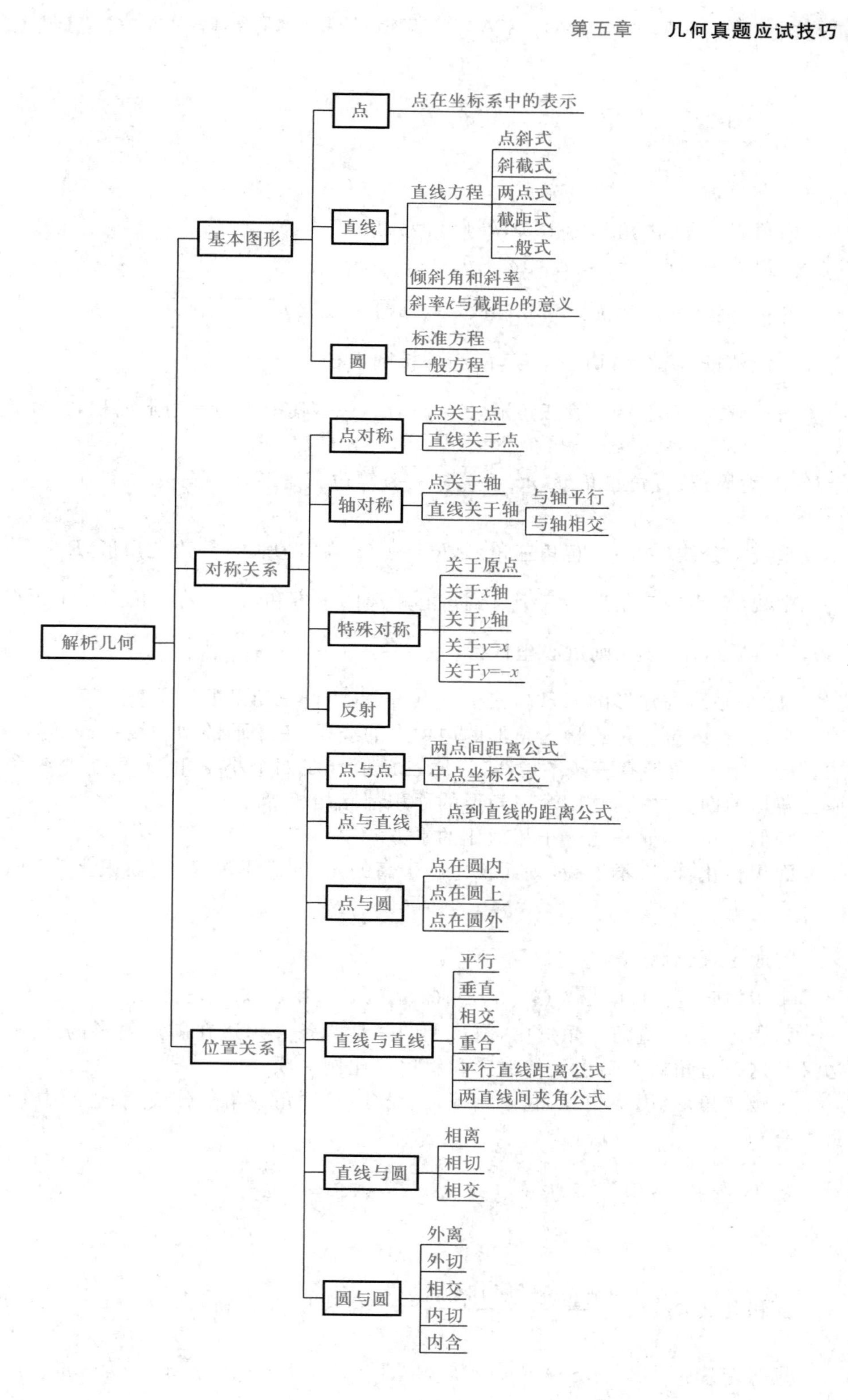
解析几何
基本图形
点
点在坐标系中的表示
直线
直线方程
点斜式
斜截式
两点式
截距式
一般式
倾斜角和斜率
斜率k与截距b的意义
圆
标准方程
一般方程
对称关系
点对称
点关于点
直线关于点
轴对称
点关于轴
直线关于轴
与轴平行
与轴相交
特殊对称
关于原点
关于x轴
关于y轴
关于y=x
关于y=-x
反射
位置关系
点与点
两点间距离公式
中点坐标公式
点与直线
点到直线的距离公式
点与圆
点在圆内
点在圆上
点在圆外
直线与直线
平行
垂直
相交
重合
平行直线距离公式
两直线间夹角公式
直线与圆
相离
相切
相交
圆与圆
外离
外切
相交
内切
内含

## 一、平面几何

### 1. 一般三角形

内角与外角：内角和为 $180°$，外角和为 $360°$.

三边关系：$|a-b|<c<a+b$.

面积公式：$S=\frac{1}{2}ah=\frac{1}{2}ab\sin C=\sqrt{p(p-a)(p-b)(p-c)}=pr=\frac{abc}{4R}$，$h$ 为对应边上的高，$p$ 为半周长，$r$ 为内切圆半径，$R$ 为外接圆半径.

角平分线（内心）：一般三角形，$S=pr$，$r=\frac{2S}{C}$，其中 $S$ 为三角形面积，$p$ 为半周长，$r$ 为内切圆半径，$C$ 为周长；直角三角形，$r=\frac{a+b-c}{2}$；等边三角形，$r=\frac{\sqrt{3}}{6}a$.

垂直平分线（外心）：直角三角形，$R=\frac{c}{2}$（$c$ 为斜边长）；等边三角形，$R=\frac{\sqrt{3}}{3}a$（$a$ 为边长）.

中线（重心）：三角形的三个点到重心距离的平方和最小，若三角形三个顶点坐标分别为 $(a_1,a_2)$，$(b_1,b_2)$，$(c_1,c_2)$ 则重心坐标为 $\left(\frac{a_1+b_1+c_1}{3},\frac{a_2+b_2+c_2}{3}\right)$.

高（垂心）：三角形的三条高交于一点，该点叫作三角形的垂心.

中位线：中位线是连接三角形两边中点的线段，三角形的中位线平行于第三边且等于第三边边长的一半.三角形有三条中位线，将原三角形分成四个小三角形，每个小三角形的面积都等于原三角形的四分之一，这四个三角形的面积都互相相等.

相似三角形：面积比等于相似比的平方.

面积转化：同底不等高，则面积比等于高的比；同高不等底，则面积比等于底的比.

### 2. 特殊三角形

勾股定理：$a^2+b^2=c^2$.

常用勾股数：$(1,1,\sqrt{2})$，$(1,\sqrt{3},2)$，$(3,4,5)$，$(5,12,13)$，$(6,8,10)$.

射影定理：在直角三角形中，斜边上的高是两条直角边在斜边射影的比例中项，每一条直角边又是这条直角边在斜边上的射影和斜边的比例中项.

等腰三角形：两腰相等，底角相等，三线合一（顶角的角平分线、底边的中线、底边的高线三条线重合）.

等边三角形：$r=\frac{\sqrt{3}}{6}a$，$R=\frac{\sqrt{3}}{3}a$，$h=\frac{\sqrt{3}}{2}a$，$S=\frac{\sqrt{3}}{4}a^2$.

### 3. 梯形

面积公式：$S=\frac{(\text{上底}+\text{下底})\times\text{高}}{2}=$ 中位线长度 $\times$ 高.

蝴蝶定理：$\frac{S_1}{S_3}=\frac{S_4}{S_2}$，$S_1\cdot S_2=S_3\cdot S_4$，$S_1:S_2:S_3:S_4=a^2:b^2:ab:ab$.

见右图.

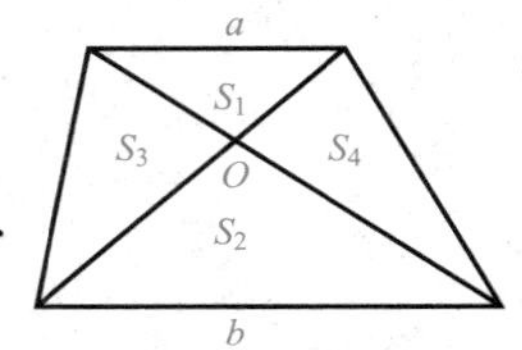

4. 圆与扇形

圆的周长公式：$C=2\pi r$.

圆的面积公式：$S=\pi r^2$.

扇形的周长公式：$C=2r+l=2r+\frac{\theta}{2\pi}\times 2\pi r=2r+\theta r$.(其中 $\theta$ 为扇形圆心角的弧度值)

扇形的面积公式：$S=\frac{\theta}{2\pi}\times\pi r^2=\frac{\theta r^2}{2}=\frac{lr}{2}$.(其中 $\theta$ 为扇形圆心角的弧度值)

## 二、空间几何体

1. 长方体

棱长：$l=4(a+b+c)$.

表面积：$S=2(ab+ac+bc)$.

体积：$V=abc$.

体对角线：$d^2=a^2+b^2+c^2$.

其中关系式有：$S+d^2=\left(\frac{l}{4}\right)^2$.

特殊的长方体(正方体)：$a=b=c$，$l=12a$，$S=6a^2$，$V=a^3$，$d^2=3a^2$.

2. 柱体

表面积：$S=2\pi rh+2\pi r^2$.

侧面积：$S_{侧}=2\pi rh$.

体积：$V=\pi r^2h$.

特殊的柱体(等边圆柱)：$h=2r$，$S=6\pi r^2$，$S_{侧}=4\pi r^2$，$V=2\pi r^3$.

3. 球体

表面积：$S=4\pi r^2$.

体积：$V=\frac{4}{3}\pi r^3$.

4. 内切球与外接球

长方体外接球：$d=2R$.

正方体内切球：$a=2R$.

正方体外接球：$d=2R$.

圆柱外接球：$\sqrt{h^2+(2r)^2}=2R$.

等边圆柱内切球：$\frac{h}{2}=r=R$.

等边圆柱外接球：$\sqrt{h^2+(2r)^2}=2\sqrt{2}r=2R$.

## 三、解析几何

1. 点与点

两点间距离公式：$d=\sqrt{(x_1-x_2)^2+(y_1-y_2)^2}$；中点坐标公式：$\left(\frac{x_1+x_2}{2},\frac{y_1+y_2}{2}\right)$.

2. 点与直线

点到直线的距离公式：$d=\frac{|ax_0+by_0+c|}{\sqrt{a^2+b^2}}$.

3. 点与圆

点在圆内：$(x_0-a)^2+(y_0-b)^2<r^2$，$x_0^2+y_0^2+Dx_0+Ey_0+F<0$.

点在圆上：$(x_0-a)^2+(y_0-b)^2=r^2$，$x_0^2+y_0^2+Dx_0+Ey_0+F=0$.

点在圆外：$(x_0-a)^2+(y_0-b)^2>r^2$，$x_0^2+y_0^2+Dx_0+Ey_0+F>0$.

4. 直线与直线

两直线平行：$k_1=k_2$，$b_1\neq b_2$，$\frac{a_1}{a_2}=\frac{b_1}{b_2}\neq\frac{c_1}{c_2}$.

两直线垂直：$k_1k_2=-1$，$a_1a_2+b_1b_2=0$.

两直线相交：两直线方程联立有唯一实数解.

平行直线间距离公式：$d=\frac{|c_1-c_2|}{\sqrt{a^2+b^2}}$.

两直线间夹角公式：$\tan\theta=\left|\frac{k_1-k_2}{1+k_1k_2}\right|$.

5. 直线与圆

相离：$d>r$；相切：$d=r$；相交：$d<r$.弦长$=2\sqrt{r^2-d^2}$.

6. 圆与圆

外离：$d>r_1+r_2$，有4条公切线.

外切：$d=r_1+r_2$，有3条公切线.

相交：$|r_1-r_2|<d<r_1+r_2$，有2条公切线.

内切：$|r_1-r_2|=d$，有1条公切线.

内含：$|r_1-r_2|>d$，没有公切线.

7. 直线

点斜式：$y-y_0=k(x-x_0)$.

斜截式：$y=kx+b$.

两点式：$\frac{y-y_1}{y_2-y_1}=\frac{x-x_1}{x_2-x_1}$，$x_2\neq x_1$，$y_2\neq y_1$.

截距式：$\frac{x}{a}+\frac{y}{b}=1, a\neq 0, b\neq 0$.

一般式：$ax+by+c=0$.

直线的倾斜角和斜率：$\alpha\in[0,\pi)$. $k=\tan\alpha, \alpha\neq\frac{\pi}{2}$；$k=\frac{y_1-y_2}{x_1-x_2}, x_1\neq x_2$.

8. 圆

圆的标准方程：$(x-x_0)^2+(y-y_0)^2=r^2$.

圆的一般方程：$x^2+y^2+Dx+Ey+F=0, D^2+E^2-4F>0$.

9. 点对称

点关于点对称或直线关于点对称：利用中点坐标公式.

10. 轴对称

点关于轴对称：利用中点坐标公式和点到直线的距离公式.

直线与轴平行：$c_2=2c-c_1$.

直线与轴相交：利用交点和直线上某一点关于轴的对称点.

## 第二节　真题深度分类解析

### 考点精解 1　多边形问题

【考点突破】本考点主要考查三角形（包括等边三角形、直角三角形等）的面积、三角形的相似和全等等知识的运用，以及四边形（包括菱形、矩形、正方形等）的面积.

【要点浏览】

(1) 三角形面积公式：$S=\frac{1}{2}ah$，其中 $h$ 是 $a$ 边上的高.

(2) 若等边三角形的边长为 $a$，则它的高为 $\frac{\sqrt{3}}{2}a$，面积为 $S=\frac{\sqrt{3}}{4}a^2$.

(3) 梯形面积公式：$S=\frac{1}{2}(a+b)h$，其中 $a$ 为上底，$b$ 为下底，$h$ 为高.

(4) 菱形面积公式：$S=\frac{1}{2}mn$，其中 $m$，$n$ 是对角线的长.

(5) 勾股定理：$a^2+b^2=c^2$.

常用勾股数：$(3,4,5)$，$(6,8,10)$，$(5,12,13)$，$(1,1,\sqrt{2})$，$(1,\sqrt{3},2)$.

【名师总结】一般处理多边形的面积问题时可以直接采用公式，也可以用相似、全等、比例转化等方法进行求解.

子考点1 规则多边形的面积问题

考点运用技巧：主要采用一些规则图形（如三角形、四边形、圆与扇形等）面积的基本公式求解.

典型真题：(2012－10) 若菱形两条对角线的长分别为6和8，则这个菱形的周长和面积分别为（　　）. 难度 ★

A. 14；24　　B. 14；48　　C. 20；12　　D. 20；24　　E. 20；48

考点　菱形的周长、面积计算.

解析　菱形对角线将菱形分割成4个全等的直角三角形，可知两条直角边长分别为对角线长的一半，即3和4，故斜边长为5，菱形周长为20，面积 $S=\frac{1}{2}\times 6\times 8=24$.选D.

典型真题：(2008－10) 如图，$PQ\cdot RS=12$. 难度 ★

(1) $QR\cdot PR=12$.

(2) $PQ=5$.

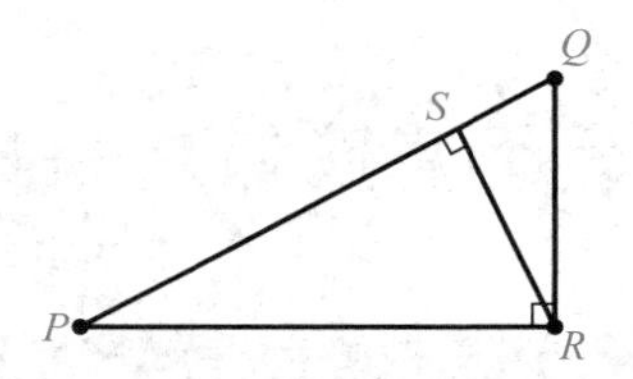


考点　三角形的面积计算.

解析　直角三角形的面积可以是两直角边长乘积的一半，也可以是斜边与斜边上的高乘积的一半，故条件(1)充分，条件(2)不充分.选A.

典型真题：(2010－1) 如图，在直角三角形 $ABC$ 区域内部有座山，现计划从 $BC$ 边上某点 $D$ 开凿一条隧道到点 $A$，要求隧道长度最短，已知 $AB$ 长为5千米，$AC$ 长为12千米，则所开凿的隧道 $AD$ 的长度约为（　　）. 难度 ★

A. 4.12千米　　B. 4.22千米　　C. 4.42千米　　D. 4.62千米　　E. 4.92千米

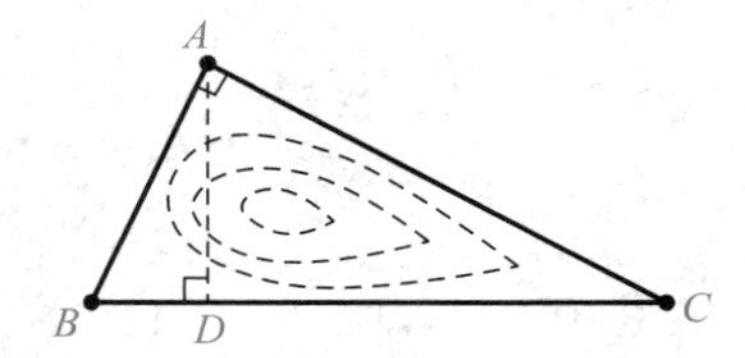


考点　三角形的面积计算.

解析　直角三角形中，$AB=5$，$AC=12$，那么 $BC=13$，根据三角形的面积 $AB\times AC=BC\times AD$，解得 $AD\approx 4.62$（千米）.选D.

**子考点 2**　不规则多边形的面积问题

考点运用技巧：主要将不规则的多边形转化为规则多边形的面积进行求解，常用的思想方法为割补法.

典型真题：(1998－1) 在四边形 $ABCD$ 中，设 $AB$ 的长为 8，$\angle A : \angle B : \angle C : \angle D = 3 : 7 : 4 : 10$，$\angle CDB = 60°$，则 $\triangle ABD$ 的面积是(　　). **难度**　★

A. 8　　B. 32　　C. 4　　D. 16　　E. 18

**考点**　三角形的面积计算.

**解析**　如右图所示，由四边形 $ABCD$ 的四个内角之和为 $360°$，又 $\angle A : \angle B : \angle C : \angle D = 3 : 7 : 4 : 10$，得到 $\angle A = 45°$，$\angle ADC = 150°$，又已知 $\angle CDB = 60°$，则 $\angle ADB = 90°$，所以 $\triangle ABD$ 为等腰直角三角形，斜边 $AB = 8$，高 $h = 4$，故面积为 16.选 D.

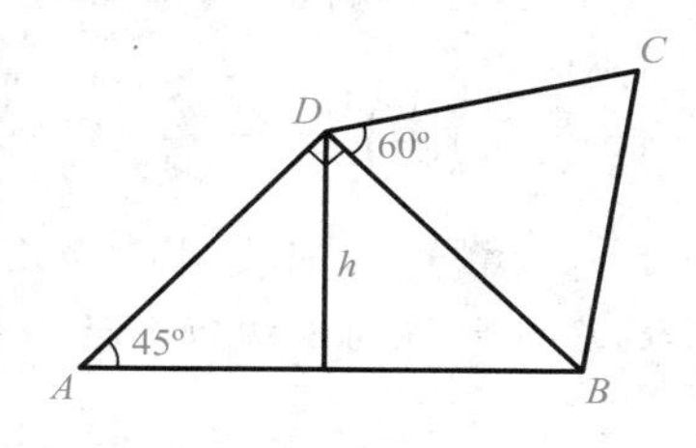


**点睛**　首先根据 $n$ 边形内角和为 $(n-2) \times 180°$，求出内角和，再根据角度之比求出每个角度，最后根据等腰直角三角形求面积.

练习：(1998－10) 已知等腰直角三角形 $ABC$ 和等边三角形 $BDC$(如下图)，设 $\triangle ABC$ 的周长为 $2\sqrt{2}+4$，则 $\triangle BDC$ 的面积是(　　). **难度**　★★

A. $3\sqrt{2}$　　B. $6\sqrt{2}$　　C. 12　　D. $2\sqrt{3}$　　E. $4\sqrt{3}$

**考点**　三角形的面积计算.

**解析**　设 $AC = AB = x$，则 $BC = \sqrt{2}x$，得 $2x + \sqrt{2}x = 2\sqrt{2} + 4 \Rightarrow x = 2$，则 $S_{\triangle BCD} = \frac{\sqrt{3}}{4} \times (2\sqrt{2})^2 = 2\sqrt{3}$.选 D.

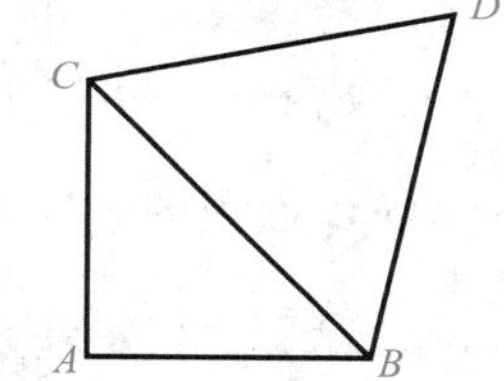


**点睛**　根据等腰直角三角形的周长，求出边长，所用公式为：周长 $= 2a + \sqrt{2}a$($a$ 为直角边长)，再根据等边三角形面积公式 $S = \frac{\sqrt{3}}{4}b^2$($b$ 为等边三角形边长)求出面积.

**子考点 3**　比例相关面积问题

考点运用技巧：本考点的题目主要利用等高不同底的三角形面积之间的关系进行求解.

典型真题：(2008－1) $P$ 是以 $a$ 为边长的正方形，$P_1$ 是以 $P$ 的四边中点为顶点的正方形，$P_2$ 是以 $P_1$ 的四边中点为顶点的正方形，…，$P_i$ 是以 $P_{i-1}$ 的四边中点为顶点的正方形，则 $P_6$ 的面积为(　　). **难度**　★★

A. $\frac{a^2}{16}$　　B. $\frac{a^2}{32}$　　C. $\frac{a^2}{40}$　　D. $\frac{a^2}{48}$　　E. $\frac{a^2}{64}$

**考点** 正方形的面积计算.

**解析** 如右图所示，$S_1=S_1'$，$S_2=S_2'$，$S_3=S_3'$，$S_4=S_4'$，则 $S_{P_1}=\frac{1}{2}S_P$.

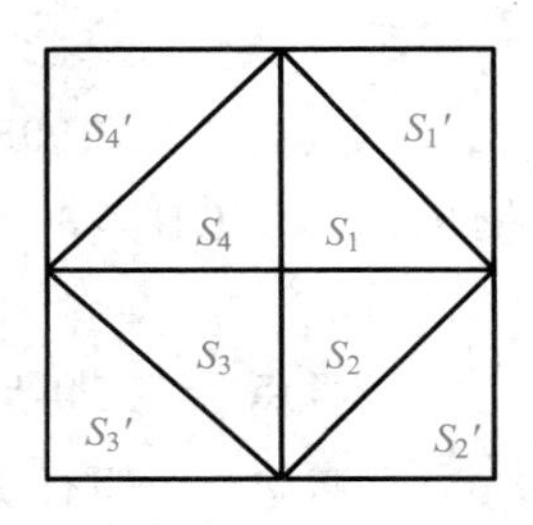


同理，$S_{P_2}=\frac{1}{2}S_{P_1}=\frac{1}{2}\times\frac{1}{2}S_P=\left(\frac{1}{2}\right)^2S_P$.

依次得：$S_{P_6}=\left(\frac{1}{2}\right)^6\cdot S_P=\frac{a^2}{64}$.选 E.

**技巧** 本题可以理解成求一个等比数列的通项公式，$P$ 的面积看成首项 $a_1$，$P_6$ 的面积则看成等比数列的第 7 项，公比为 $\frac{1}{2}$，那么 $a_7=a_1q^{7-1}=\left(\frac{1}{2}\right)^6a^2=\frac{a^2}{64}$.

**点睛** 此题是平面几何与数列的一个小综合题，记住结论：顺次连接一个四边形各个边的中点所得的小四边形的面积为原来的一半.

练习：(2008—10) 见右图，若 $\triangle ABC$ 的面积为 1，且 $\triangle AEC$，$\triangle DEC$，$\triangle BED$ 的面积相等，则 $\triangle AED$ 的面积 =（　　）. **难度** ★★

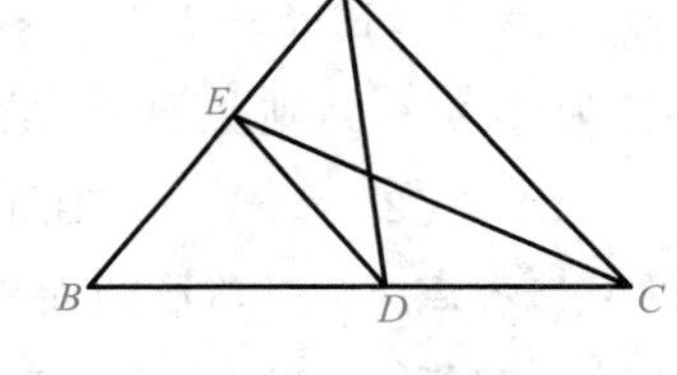


A. $\frac{1}{3}$　　B. $\frac{1}{6}$　　C. $\frac{1}{5}$

D. $\frac{1}{4}$　　E. $\frac{2}{5}$

**考点** 三角形的面积计算.

**解析** 由 $\triangle DEC$ 与 $\triangle BED$ 面积相等，得 $D$ 为边 $BC$ 的中点，再由 $\triangle BEC$ 的面积是 $\triangle AEC$ 面积的 2 倍，得 $E$ 为边 $AB$ 的三等分点，所以 $S_{\triangle AED}=\frac{1}{3}S_{\triangle ABD}=\frac{1}{6}S_{\triangle ABC}=\frac{1}{6}$.选 B.

**技巧** 如果真的看不出点 $D$ 和 $E$ 的位置，也可以用直尺进行测量.

**点睛** 本题用到了三角形的高相等，面积之比等于底边之比的结论.

练习：(2014—1) 如右图所示，已知 $AE=3AB$，$BF=2BC$，若 $\triangle ABC$ 的面积是 2，则 $\triangle AEF$ 的面积为（　　）. 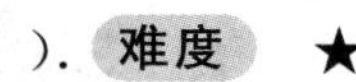 **难度** ★

A. 14　　B. 12　　C. 10

D. 8　　E. 6

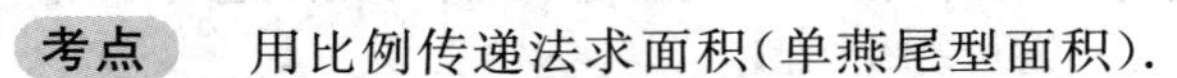

**考点** 用比例传递法求面积(单燕尾型面积).

**解析** 因为 $S_{\triangle ABC}=2$，而 $C$ 为中点，所以 $S_{\triangle ABF}=4$.

又 $AE=3AB$，所以 $S_{\triangle AEF}=3S_{\triangle ABF}=12$.选 B.

**点睛** 比例传递法分单燕尾形与双燕尾形，本题考查了单燕尾形面积问题，要熟悉使用方法：两个高相同(相等) 的三角形的面积之比就是这两个三角形的底边之比.

## 考点精解 2 相似三角形问题

【考点突破】本考点主要考查初中的相似三角形知识，相似三角形主要有金字塔形和沙漏形两种.

### 子考点 1 金字塔形[见图(a)和图(b)]

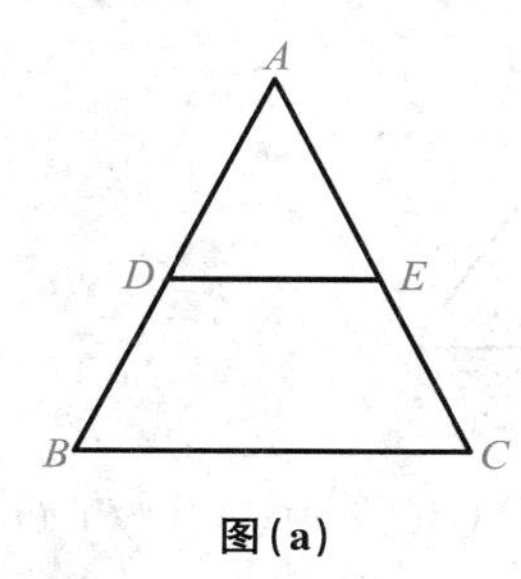

图(a)

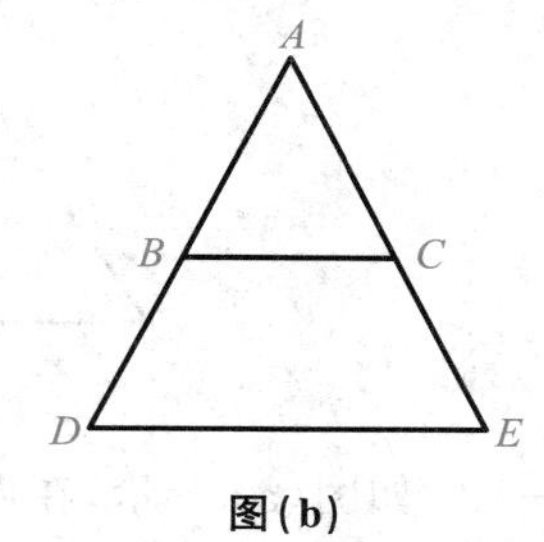

图(b)

考点运用技巧：金字塔形相似三角形问题考查两个同位型三角形的边长之间与面积之间的比例关系.

典型真题：(2013－1) 如右图所示，在直角三角形 $ABC$ 中，$AC=4$，$BC=3$，$DE \parallel BC$，已知梯形 $BCED$ 的面积为 3，则 $DE$ 的长为(　　). 难度 ★★

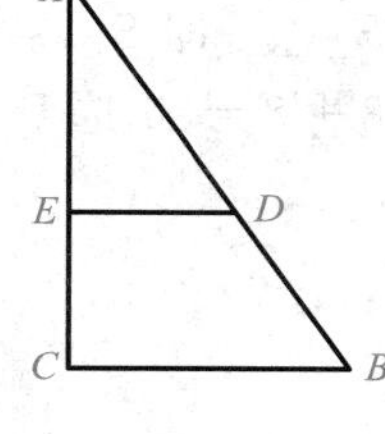
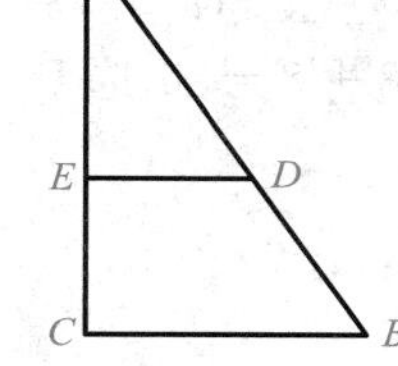

A. $\sqrt{3}$　　B. $\sqrt{3}+1$　　C. $4\sqrt{3}-4$

D. $\dfrac{3\sqrt{2}}{2}$　　E. $\sqrt{2}+1$

**考点** 相似三角形问题.

**解析** $S_{\triangle ABC}=\dfrac{1}{2}AC \cdot BC=\dfrac{1}{2}\times 3\times 4=6$，$S_{\triangle ADE}=S_{\triangle ABC}-S_{梯形BCED}=6-3=3$.

由 $\dfrac{DE^2}{BC^2}=\dfrac{S_{\triangle ADE}}{S_{\triangle ABC}}=\dfrac{1}{2}$，知 $DE=\dfrac{\sqrt{2}}{2}BC=\dfrac{3}{2}\sqrt{2}$. 选 D.

**点睛** 相似三角形问题一定要牢记：面积比为相似比(边长比)的平方.

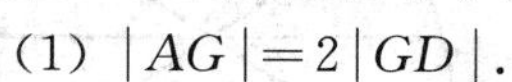

练习：(2010－1) 如右图所示，在三角形 $ABC$ 中，已知 $EF \parallel BC$，则三角形 $AEF$ 的面积等于梯形 $EBCF$ 的面积. 难度 ★★

(1) $|AG|=2|GD|$.

(2) $|BC|=\sqrt{2}|EF|$.

**考点** 相似三角形问题.

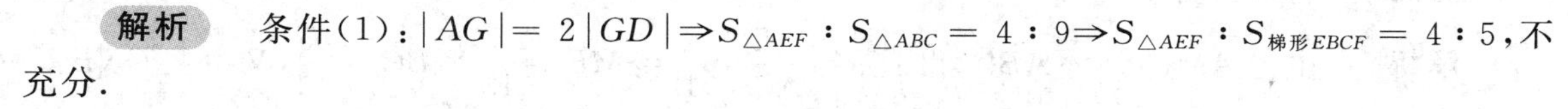

**解析** 条件(1)：$|AG|=2|GD| \Rightarrow S_{\triangle AEF} : S_{\triangle ABC}=4:9 \Rightarrow S_{\triangle AEF} : S_{梯形EBCF}=4:5$，不充分.

条件(2)：$|BC|=\sqrt{2}|EF| \Rightarrow S_{\triangle AEF} : S_{\triangle ABC}=1:2 \Rightarrow S_{\triangle AEF} : S_{梯形EBCF}=1:1$，充分. 选 B.

**点睛** 要熟悉相似三角形结论：两三角形的面积比等于相似比的平方.

**子考点 2** 沙漏形(见下图)

考点运用技巧：与金字塔形相似三角形的比例关系一致.

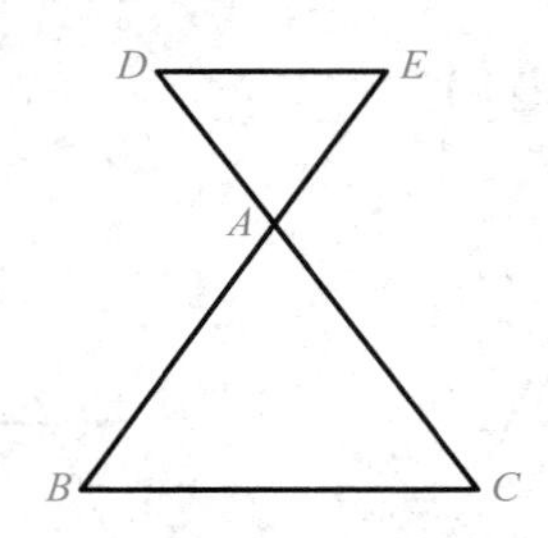


典型真题：(2015－12) 如图(a) 所示，在四边形 $ABCD$ 中，$AB \parallel CD$，$AB$ 与 $CD$ 的边长分别为 4 和 8，若 $\triangle ABE$ 的面积为 4，则四边形 $ABCD$ 的面积为(　　). **难度** ★★

A. 24　　B. 30　　C. 32　　D. 36　　E. 40

**考点** 相似三角形.

**解析** 如图(b) 所示，利用相似性质可以求出 $\triangle CED$ 的面积为 16，而由于 $S_{\triangle ABD}=S_{\triangle ABC}$，即 $S_{\triangle ABD}-S_{\triangle ABE}=S_{\triangle ABC}-S_{\triangle ABE}$，所以 $\triangle ADE$，$\triangle BEC$ 的面积都为 8，那么 $S=4+16+8+8=36$.选 D.

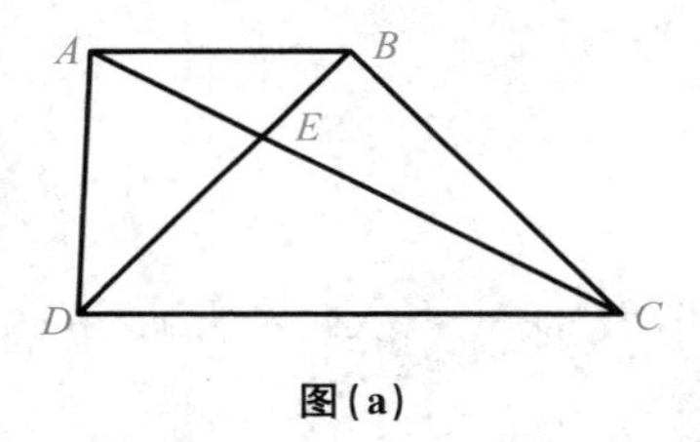


图(a)　　图(b)

**点睛** 根据等差原则，显然应该在选项 A,B,D 和 C,D,E 两组中选择，那么只能选 36.

练习：(2014－12) 如右图所示，梯形 $ABCD$ 的上底与下底分别为 5，7，$E$ 为 $AC$ 与 $BD$ 的交点，$MN$ 过点 $E$ 且平行于 $AD$，则 $MN=$(　　). **难度** ★★

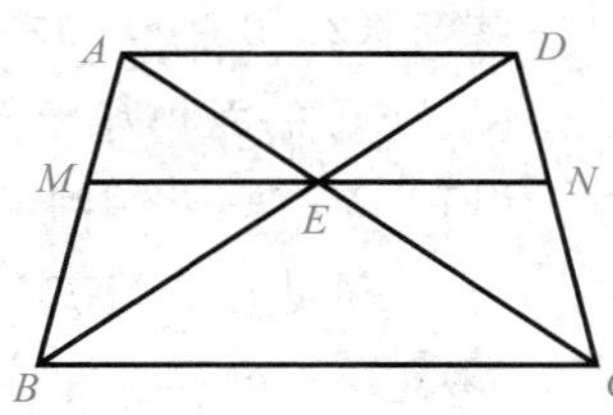


A. $\frac{26}{5}$　　B. $\frac{11}{2}$　　C. $\frac{35}{6}$

D. $\frac{36}{7}$　　E. $\frac{40}{7}$

**考点** 相似三角形.

**解析** 由 $\triangle AME \backsim \triangle ABC$，得 $\frac{ME}{BC}=\frac{AE}{AC}=\frac{5}{12} \Rightarrow ME=\frac{5}{12}\times BC=\frac{35}{12}$，又由 $\triangle CNE \backsim \triangle CDA$，得 $\frac{NE}{AD}=\frac{CE}{CA}=\frac{7}{12} \Rightarrow NE=\frac{7}{12}\times AD=\frac{35}{12}$，所以 $MN=ME+NE=\frac{35}{12}+\frac{35}{12}=\frac{35}{6}$.

选 C.

**点睛**　要注意相似三角形中的两个经典模型：金字塔形和沙漏形.

## 考点精解 3 ‖ 与圆有关的面积问题

【考点突破】本考点主要考查圆与扇形的角度、周长、面积等的计算.另外，重叠法和割补法是求解此类面积问题的主要手段.

【公式浏览】扇形的面积公式：$S=\frac{n}{360}\pi r^2$，$L=\frac{n}{360}\times 2\pi r=\frac{n\pi r}{180}$，其中 $r$ 表示扇形的半径，$n$ 表示扇形的圆心角.

【名师总结】一般处理组合图形的面积时，可以采用割补法、重叠法(整体法)、标号法等.

典型真题：(2008－1) 如图(a) 所示，长方形 $ABCD$ 中 $AB=10$ 厘米，$BC=5$ 厘米，以 $AB$ 和 $AD$ 分别为半径作 $\frac{1}{4}$ 圆，则图中阴影部分的面积为(　　) 平方厘米. **难度** ★★

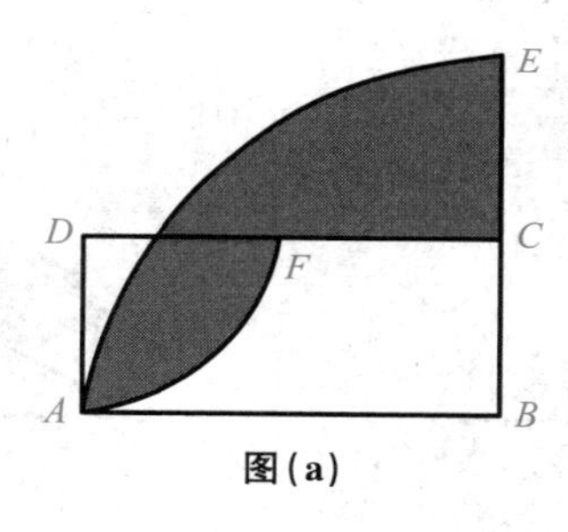

图(a)

A. $25-\frac{25}{2}\pi$　　B. $25+\frac{125}{2}\pi$　　C. $50+\frac{25}{4}\pi$

D. $\frac{125}{4}\pi-50$　　E. 以上结果均不正确

**考点**　组合图形的面积计算.

**解析**　方法一：割补法.如图(b) 所示，$S_{阴影}=S_1+S_2+S_3=\frac{125}{4}\pi-50$.选 D.

方法二：整体法.$S_{阴影}=S_{扇形ABE}+S_{扇形ADF}-S_{长方形ABCD}=\frac{125}{4}\pi-50$.

方法三：标号法.如图(c) 所示，

$$\left.\begin{array}{l}①+②+③=S_{扇形ABE}\\ ②+③+④=S_{长方形ABCD}\\ ③+④=S_{扇形ADF}\end{array}\right\}\Longrightarrow ①+③=S_{扇形ABE}+S_{扇形ADF}-S_{长方形ABCD}=\frac{125}{4}\pi-50.$$

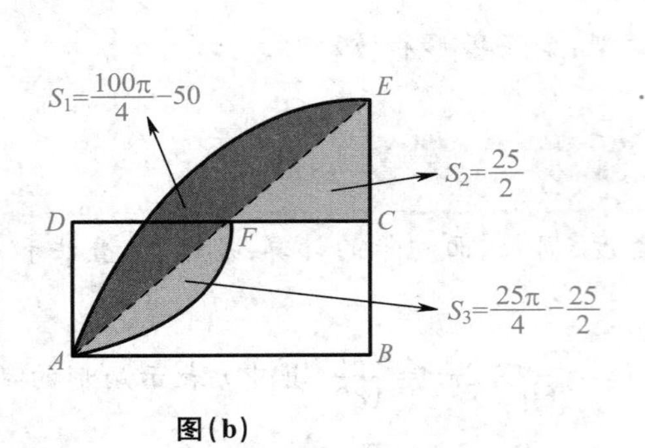


图(b)

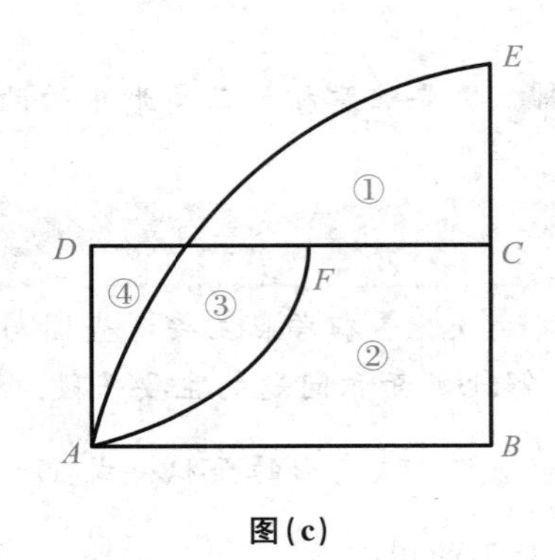


图(c)

**点睛** 处理组合图形的面积的方法主要有三种:第一种是将图中阴影部分面积进行分割,分别求解每块面积,然后相加.第二种是用整体的方法,转化为由规则面积求解不规则的面积.第三种是采用列方程(标号法)的方法,将几何问题转化为代数问题进行求解.

练习:(2015-1)如图(a)所示,$BC$是半圆的直径,且$BC=4$,$\angle ABC=30°$,则图中阴影部分的面积为(　　). **难度** ★

A. $\frac{4}{3}\pi-\sqrt{3}$　　B. $\frac{4}{3}\pi-2\sqrt{3}$　　C. $\frac{2}{3}\pi+\sqrt{3}$　　D. $\frac{2}{3}\pi+2\sqrt{3}$　　E. $2\pi-2\sqrt{3}$

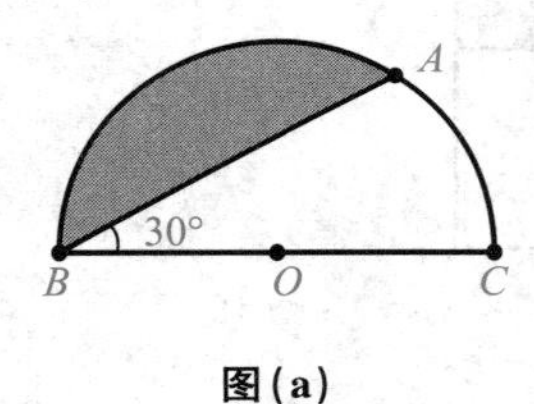


图(a)

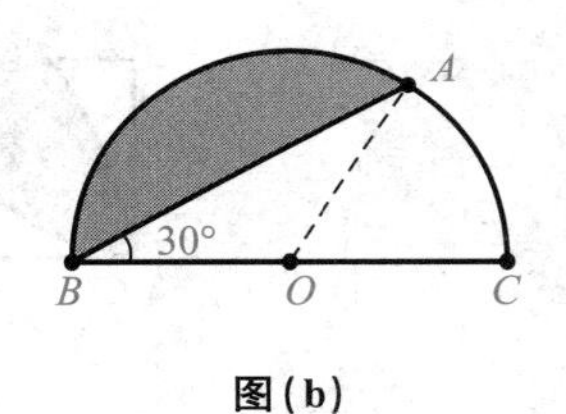


图(b)

**考点** 组合图形的面积计算.

**解析** 连接$AO$,如图(b)所示,$\triangle AOB$是等腰三角形,$\angle OAB=\angle OBA=30°$,则$\angle AOB=120°$,故$S_{阴影}=S_{扇形AOB}-S_{\triangle AOB}=\frac{1}{3}\times\pi\times 2^2-\frac{1}{2}\times\sqrt{3}\times 2=\frac{4}{3}\pi-\sqrt{3}$.选A.

练习:(2014-10)如图(a)所示,大、小两个半圆的直径在同一直线上,弦$AB$与小半圆相切,且与直径平行,弦$AB$的长为12,则图中阴影部分的面积为(　　). **难度** ★★

A. $24\pi$　　B. $21\pi$　　C. $18\pi$　　D. $15\pi$　　E. $12\pi$

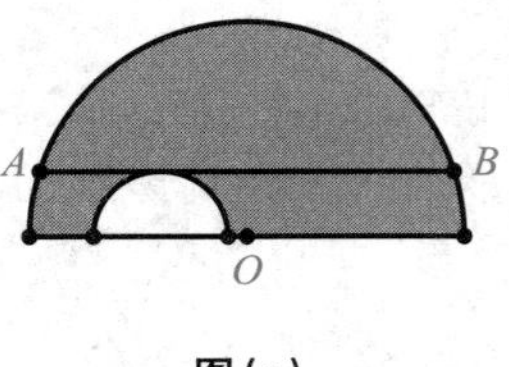


图(a)

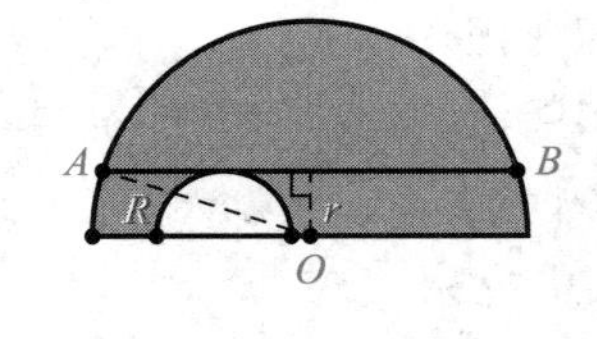


图(b)

**考点**　组合图形的面积计算.

**解析**　连接圆心 $O$ 与端点 $A$，如图(b) 所示，可以看出，弦心距就是小圆半径 $r$，$S_{阴影}=S_{大半圆}-S_{小半圆}=\frac{1}{2}\pi(R^2-r^2)=\frac{1}{2}\pi\left(\frac{1}{2}AB\right)^2=18\pi$.选 C.

练习：(2013－10) 如下图(a) 所示，在正方形 $ABCD$ 中，$\overset{\frown}{AOC}$ 是四分之一圆周，$EF\parallel AD$.若 $DF=a$，$CF=b$，则阴影部分的面积为(　　).　**难度**　★

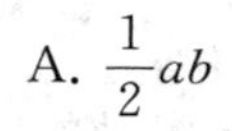

A. $\frac{1}{2}ab$　　B. $ab$　　C. $2ab$　　D. $b^2-a^2$　　E. $(b-a)^2$

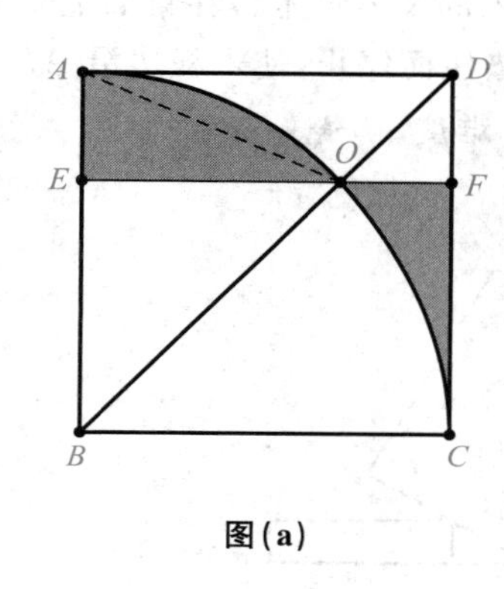


图(a)

图(b)

**考点**　组合图形的面积计算.

**解析**　如图(b)，$S_{阴影AOE}=S_{扇形ABO}-S_{\triangle EBO}=\frac{1}{8}\pi(a+b)^2-\frac{1}{2}b^2$，$S_{阴影OFC}=S_{梯形OFCB}-S_{扇形OBC}=\frac{1}{2}(a+a+b)b-\frac{1}{8}\pi(a+b)^2$，则 $S_{阴影}=S_{阴影AOE}+S_{阴影OFC}=ab$.选 B.

**技巧**　可用割补法，$S_{阴影}=S_{阴影AOE}+S_{阴影OFC}=S_{阴影AOE}+S_{弓形AOH}=S_{矩形AHOE}=ab$.

练习：(2011－1) 如右图所示，四边形 $ABCD$ 是边长为 1 的正方形，$\overset{\frown}{AOB}$，$\overset{\frown}{BOC}$，$\overset{\frown}{COD}$，$\overset{\frown}{DOA}$ 均为半圆，则阴影部分的面积为(　　).

**难度**　★★

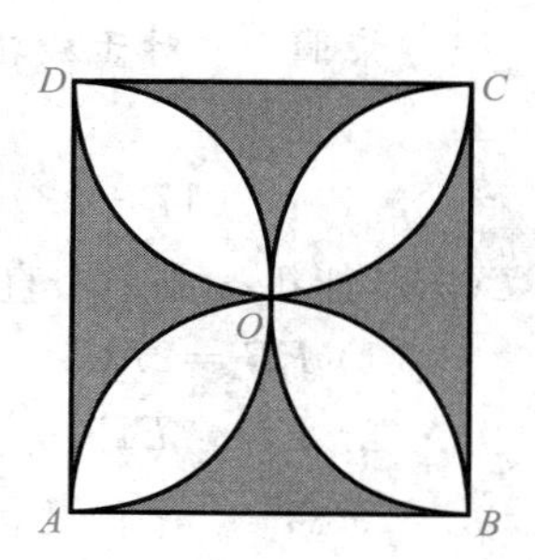


A. $\frac{1}{2}$　　B. $\frac{\pi}{2}$　　C. $1-\frac{\pi}{4}$

D. $\frac{\pi}{2}-1$　　E. $2-\frac{\pi}{2}$

**考点**　组合图形的面积计算.

**解析**　$S_{阴影}=2S_{正方形}-4S_{半圆}=2-2\pi\left(\frac{1}{2}\right)^2=2-\frac{\pi}{2}$.选 E.

**技巧**　可以用割补法：$S_{阴影}=2S_{正方形}-2S_{圆}=2-\frac{\pi}{2}$.

**点睛** 本题所求的阴影部分面积具有对称性，所以只需算出一部分面积即可.此外，还可将图中的左、右阴影面积看成一个正方形减去一个圆面积；上、下阴影面积也可如此分析.

## 考点精解4 旋转与拼接问题

【考点突破】此类问题也是比较难的几何问题，一般来说需要对图形结构的不变性掌握得比较牢固，通过不变量找出一些线索进行求解.

典型真题：(2014－10) 一个长为8厘米、宽为6厘米的长方形木板在桌面上做无滑动的滚动(顺时针方向)，如下图所示，第二次滚动中被一小木块垫住而停止，使木板边沿$AB$与桌面成30°角，则木板滚动中，点$A$经过的路径长为(　　)厘米. **难度** ★★★

A. $4\pi$　　B. $5\pi$　　C. $6\pi$　　D. $7\pi$　　E. $8\pi$

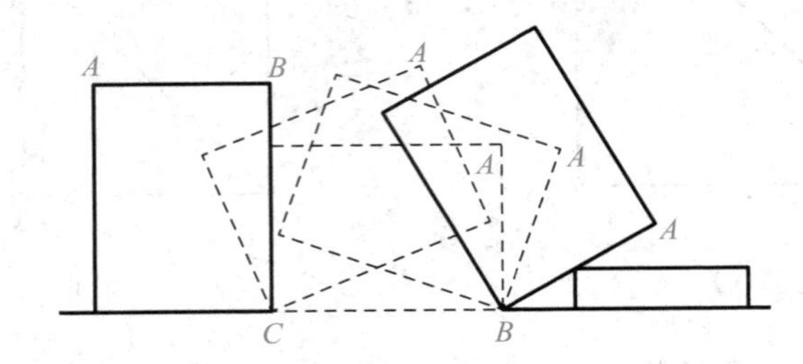


**考点** 平面几何.

**解析** 此次滚动分成两部分：

第一部分是以$C$为旋转中心，中心角为90°，半径为10厘米的圆弧；

第二部分是以$B$为旋转中心，中心角为60°，半径为$AB$的圆弧.

总路径长 $l_1+l_2=\dfrac{90^\circ}{180^\circ}\pi\times10+\dfrac{60^\circ}{180^\circ}\pi\times6=5\pi+2\pi=7\pi$ (厘米).选D.

**点睛** 对于旋转问题一定抓住旋转中心以及旋转半径，最终将其转化为扇形问题.

练习：(2017－12) 如图(a)所示，在矩形$ABCD$中，$AE=FC$，则三角形$AED$与四边形$BCFE$能拼接成一个直角三角形. **难度** ★★★

(1) $EB=2FC$.

(2) $ED=EF$.

**考点** 平面几何(三角形和四边形).

**解析** 条件(1)：延长$EF$，$BC$相交于点$G$，如图(b)所示，由$EB=2FC$可得$FC$为三角形$EBG$的中位线，则$CG=BC=AD$，又$AE=FC$，$\angle EAD=\angle FCG=90^\circ$，所以$\triangle EAD\cong\triangle FCG$，所以三角形$AED$与四边形$BCFE$能拼接成一个直角三角形.充分.

条件(2)：由于$ED=EF$，则$\angle EDF=\angle EFD$，而$\angle EDF=\angle AED$，$\angle EFD=\angle CFG$，则有$\angle AED=\angle CFG$，又$AE=FC$，所以$\triangle EAD\cong\triangle FCG$，也充分.选D.

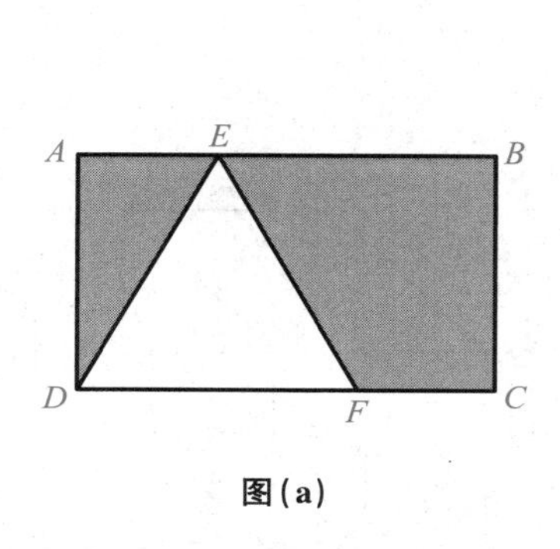

图(a)

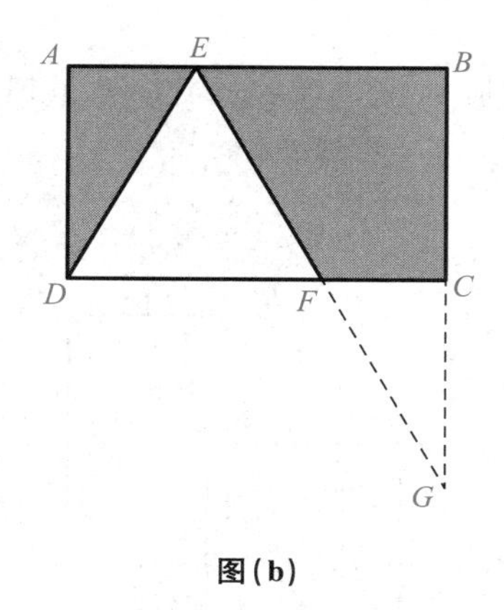

图(b)

## 考点精解5 立体图形的表面积与体积

【考点突破】本考点主要考查立体图形(包括长方体、球体、圆柱体)的表面积和体积的计算公式,包括立体图形的比例关系.

【要点浏览】

(1) 若长方体的长、宽、高分别为$a,b,c$,则其总棱长$L=4(a+b+c)$;其体对角线长$l=\sqrt{a^2+b^2+c^2}$;其表面积$S=2(ab+bc+ac)$;其体积$V=abc$.

$L,l,S$的关系:$\left(\frac{L}{4}\right)^2=l^2+S$.

(2) 设圆柱体的高为$h$,底面半径为$r$,则圆柱体的侧面积$S=Ch=2\pi rh$,圆柱体的全面积$S=2\pi r(h+r)$,圆柱体的体积$V=\pi r^2h$.

(3) 设球的半径为$R$,则球的表面积$S=4\pi R^2$,球的体积$V=\frac{4}{3}\pi R^3$.

### 子考点1 长方体问题(正方体是特殊的长方体)

考点运用技巧:要熟悉长方体的棱长之和、表面积、体对角线之间的关系.

典型真题:(1997—10)一个长方体,长与宽之比为2∶1,宽与高之比是3∶2,若长方体的全部棱长之和是220厘米,则长方体的体积是(　　)立方厘米. **难度** ★★

A. 2 880　　B. 7 200　　C. 4 600　　D. 4 500　　E. 3 600

**考点** 长方体的体积.

**解析** 根据高∶宽∶长$=2:3:6$,全部棱长之和为220,则高+宽+长$=\frac{220}{4}=55$(厘米),故高为$\frac{2}{2+3+6}\times 55=10$(厘米),宽为15,长为30,则体积为$10\times 15\times 30=4\ 500$(立方厘米).选D.

**点睛** 根据长、宽、高之比得到长方体的棱长,然后求出长方体的体积.

练习:(2014－1) 如图(a)所示,正方体 $ABCD-A'B'C'D'$ 的棱长为 2,$F$ 是 $C'D'$ 的中点,则 $AF$ 的长是(　　). **难度** ★

A. 3　　B. 5　　C. $\sqrt{5}$　　D. $2\sqrt{2}$　　E. $2\sqrt{3}$

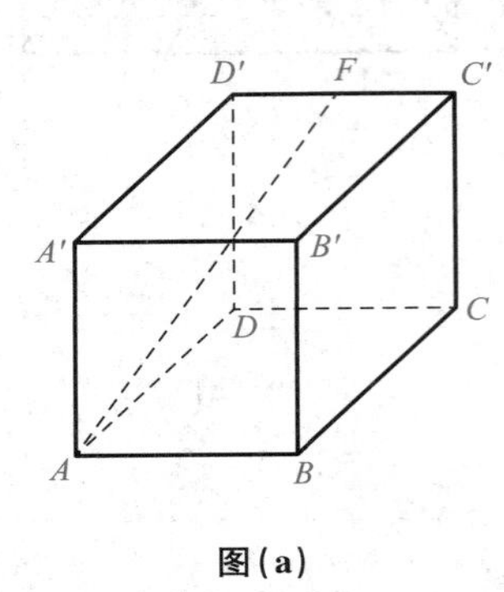


图(a)

图(b)

**考点**　长方体的体对角线.

**解析**　连接 $AD'$,如图(b)所示,在正方形 $ADD'A'$ 中,对角线 $AD'$ 的长为 $2\sqrt{2}$,$D'F=1$,在 $\triangle D'FA$ 中,$\angle FD'A=90°$,用勾股定理求出斜边 $AF=\sqrt{AD'^2+D'F^2}=\sqrt{1^2+(2\sqrt{2})^2}=3$. 选 A.

**技巧**　可将 $AF$ 视为长方体 $ADF'H-A'D'FH'$ 的体对角线,根据体对角线的公式可得 $AF=\sqrt{AD^2+AA'^2+AH^2}=3$.

练习:(2014－10) 图(a)所示为一个棱长为 1 的正方体表面展开图.在该正方体中,$AB$ 与 $CD$ 确定的截面面积为(　　). **难度** ★

A. $\frac{\sqrt{3}}{2}$　　B. $\frac{\sqrt{5}}{2}$　　C. 1　　D. $\sqrt{2}$　　E. $\sqrt{3}$

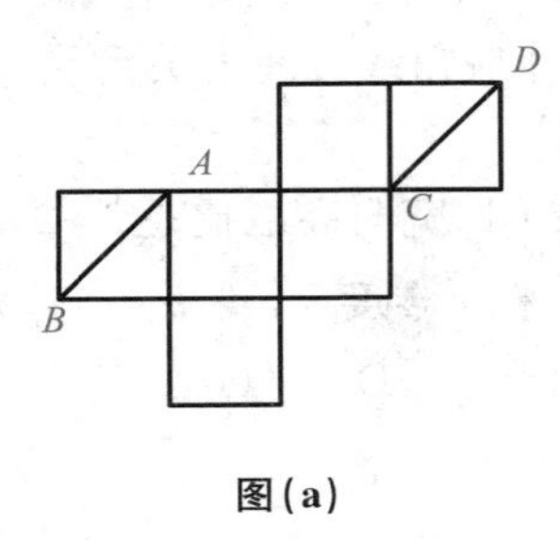


图(a)

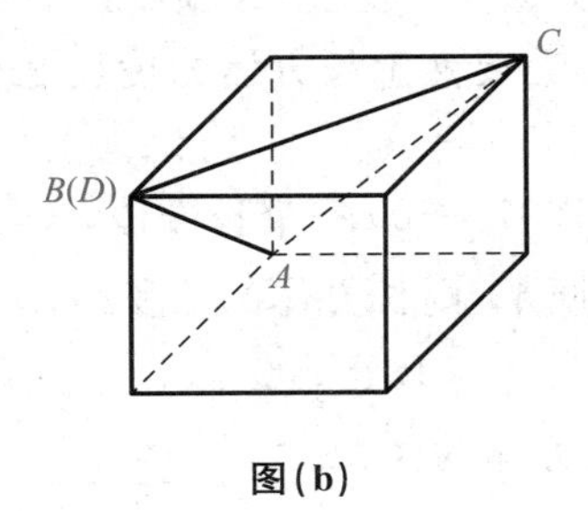


图(b)

**考点**　长方体.

**解析**　将展开图还原成正方体,如图(b)所示,不难看出截面是边长为 $\sqrt{2}$ 的等边三角形,故其面积为 $S=\frac{\sqrt{3}}{4}\times(\sqrt{2})^2=\frac{\sqrt{3}}{2}$.选 A.

**子考点 2**　圆柱问题

考点运用技巧:本考点主要围绕圆柱体的侧面积、体积等问题进行考查.

典型真题:(1999－1) 一个两头密封的圆柱形容器,水平横放时桶内有水部分占水桶一头圆周长的$\frac{1}{4}$,则水桶直立时水的高度和桶的高度之比是(　　). **难度** ★★

A. $\frac{1}{4}$　　B. $\frac{1}{4}-\frac{1}{\pi}$　　C. $\frac{1}{4}-\frac{1}{2\pi}$　　D. $\frac{1}{8}$　　E. $\frac{\pi}{4}$

**考点**　圆柱体的体积.

**解析**　设桶高为$h$,水桶直立时水高为$l$,圆柱形容器底面半径为$r$.如右图所示,劣弧$\overset{\frown}{AB}$所对的圆心角为90°,因此$S_{影}=\frac{1}{4}\pi r^2-\frac{1}{2}r^2$,由于水的体积不变,故$V_{水}=\pi r^2\cdot l=S_{影}h=\left(\frac{1}{4}\pi r^2-\frac{1}{2}r^2\right)h$,则$\frac{l}{h}=\frac{1}{4}-\frac{1}{2\pi}$.选C.

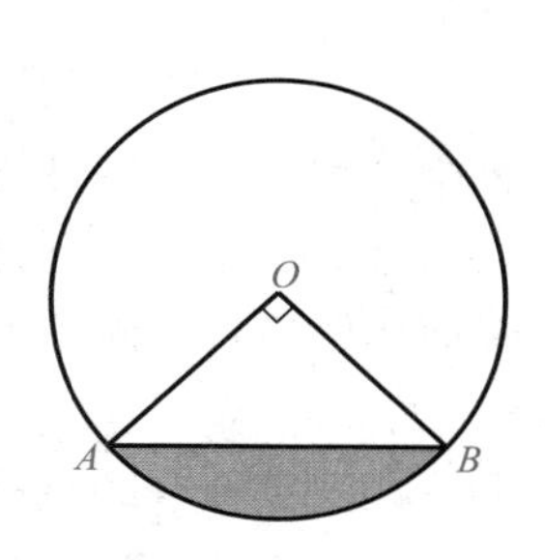


**技巧**　通过对平面几何的了解,本题答案应该在B和C中选择比较贴近,而B选项是个负数,明显不对,只能选C了.

**点睛**　柱体的体积等于底面积乘以高,水平横放和直立两种方式的区别在于底面积不同,根据水的体积相同来求出高度之比.

**子考点 3**　球的问题

考点运用技巧:本考点主要围绕球的表面积和体积公式进行考查.

典型真题:(2013－1) 将体积为$4\pi$立方厘米和$32\pi$立方厘米的两个实心金属球融化后铸成一个实心大球,则大球的表面积为(　　)平方厘米. **难度** ★★

A. $32\pi$　　B. $36\pi$　　C. $38\pi$　　D. $40\pi$　　E. $42\pi$

**考点**　球体的表面积与体积.

**解析**　大球的体积为$4\pi+32\pi=36\pi$,设大球的半径为$R$,则$\frac{4}{3}\pi R^3=36\pi$,解得$R=3$,所以大球的表面积为$4\pi R^2=4\times 9\pi=36\pi$(平方厘米).选B.

**技巧**　由于球的表面积公式为$4\pi R^2$,显然它必须是4的倍数,故只能从选项A,B,D中选择.

**点睛**　熟练掌握球的表面积公式和体积公式.

练习:(2012－1) 如下图所示,一个储物罐的下半部分的底面直径与高均是20米的圆柱形,上半部分(顶部)是半球形,已知底面与顶部的造价均是每平方米400元,侧面造价是每平方米300元,则该储物罐的造价是($\pi\approx 3.14$)(　　). **难度** ★★

A. 65.52 万元　　B. 62.8 万元　　C. 75.36 万元

D. 87.92 万元　　E. 100.48 万元

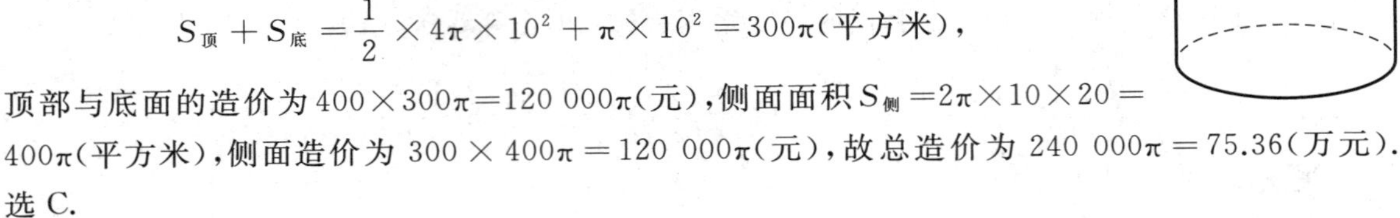

**考点** 圆柱体与球体的表面积.

**解析** 顶部与底面造价相同,计算顶部与底部的面积之和为

$$S_{顶}+S_{底}=\frac{1}{2}\times 4\pi\times 10^2+\pi\times 10^2=300\pi(平方米),$$

顶部与底面的造价为 $400\times 300\pi=120\ 000\pi$(元),侧面面积 $S_{侧}=2\pi\times 10\times 20=400\pi$(平方米),侧面造价为 $300\times 400\pi=120\ 000\pi$(元),故总造价为 $240\ 000\pi=75.36$(万元).选 C.

## 子考点 4 切接问题

考点运用技巧:切接问题的核心就是将球心和切点(接点)进行连接,从而找出球的半径与多面体的棱长之间的关系.

典型真题:(2011－1) 现有一个半径为 $R$ 的球体,拟用刨床将其加工成正方体,则能加工成的最大正方体的体积是(　　). **难度** ★★

A. $\frac{8}{3}R^3$　　B. $\frac{8\sqrt{3}}{9}R^3$　　C. $\frac{4}{3}R^3$　　D. $\frac{1}{3}R^3$　　E. $\frac{\sqrt{3}}{9}R^3$

**考点** 立体几何中的切接问题.

**解析** 设正方体的棱长为 $a$,当 $\sqrt{3}a=2R$ 即 $a=\frac{2R}{\sqrt{3}}=\frac{2}{3}\sqrt{3}R$ 时,正方体的体积最大,则正方体的体积为 $V=a^3=\left(\frac{2}{3}\sqrt{3}R\right)^3=\frac{8\sqrt{3}}{9}R^3$.选 B.

**技巧** 本题中的体积应该是一个立方数,显然选项 B 是 $\left(\frac{2}{\sqrt{3}}R\right)^3$,选项 E 是 $\left(\frac{1}{\sqrt{3}}R\right)^3$,而 8 出现的次数比较多,那么 B 的可能性较大.

**点睛** 本题需要求解正方体的外接球,且球的直径即正方体的体对角线,因此要掌握常见立体图形(如长方体、正方体、圆柱体)的内切球和外接球的半径计算方法.

## 子考点 5 等积转移问题

考点运用技巧:本考点也是考查一种数学思维方法,通过相同体积的桥梁将两个不同图形进行连接.

典型真题:(2014－1) 某工厂在半径为 5 厘米的球形工艺品上镀一层装饰金属,厚度为 0.01 厘米.已知装饰金属的原材料是棱长为 20 厘米的正方体锭子,则加工 10 000 个该工艺品需要的锭子数量最少为(　　).(不考虑加工损耗,$\pi\approx 3.14$) **难度** ★★

A. 2　　B. 3　　C. 4　　D. 5　　E. 20

**考点** 球体与正方体的体积.

**解析** 每个工艺品需镀金属的体积为$\frac{4}{3}\pi[(5+0.01)^3-5^3]$，所需总体积为$\frac{4}{3}\pi[(5+0.01)^3-5^3]\times 10\,000$，则需要的锭子数量为$n=\frac{\frac{4}{3}\pi[(5+0.01)^3-5^3]\times 10\,000}{20\times 20\times 20}\approx 4$.选C.

**技巧** 估算法：工艺品所镀金属层的体积其实可以近似看成是球体的表面积与该金属层厚度的乘积(前提是金属层厚度很薄，否则不能这样理解).

**点睛** 用立方差公式：

$(5+0.01)^3-5^3=(5+0.01-5)\times[(5.01)^2+5\times 5.01+5^2]\approx 0.75$.

## 考点精解 6 直线与圆的基本量求解

【考点突破】本考点主要考查直线的方程、直线的斜率、直线的截距以及直线的位置判断等；另外还考查圆的方程、圆心的坐标、圆的半径等基本元素.

【要点浏览】

(1) 两点$A(x_1,y_1)$，$B(x_2,y_2)$间的距离：$d=\sqrt{(x_2-x_1)^2+(y_2-y_1)^2}$.

(2) 点$M(x_0,y_0)$到直线$L:Ax+By+C=0$的距离：$d=\frac{|Ax_0+By_0+C|}{\sqrt{A^2+B^2}}$.

(3) 斜率公式：$k=\frac{y_2-y_1}{x_2-x_1}(x_2\neq x_1)$.

(4) 直线方程(点斜式)：$y-y_0=k(x-x_0)$，通过点$(x_0,y_0)$.

(5) 圆的方程(标准方程)：$(x-a)^2+(y-b)^2=r^2$.

【名师总结】一般来说，求一个圆的方程需要找到圆心和半径这两个元素，而求一条直线方程则需要找到直线的斜率和直线所过的定点.如果对公式不熟悉，也可以作图解决.

### 子考点 1 直线方程式求解

考点运用技巧：本考点主要要求考生学会点斜式直线方程、斜截式直线方程和一般式直线方程.

典型真题：(2010－10) 直线$l$与圆$x^2+y^2=4$相交于$A$，$B$两点，且$A$，$B$两点中点坐标为$(1,1)$，则直线$l$的方程为(　　). **难度** ★

A. $y-x=1$　　B. $y-x=2$　　C. $y+x=1$

D. $y+x=2$　　E. $2y-3x=1$

**考点** 直线方程、直线与圆的位置关系.

**解析** $A$，$B$两点中点$(1,1)$与圆心$(0,0)$的连线垂直于直线$l$，可得直线$l$的斜率为$-1$，且直线经过(1,1),故直线方程为 $y+x=2$.选 D.

**技巧** $A,B$ 两点中点(1,1) 在直线上,代入选项验证,可得选 D.

练习:(2007—10) 如下图所示,$ABCD$ 为正方形,则其面积为1.

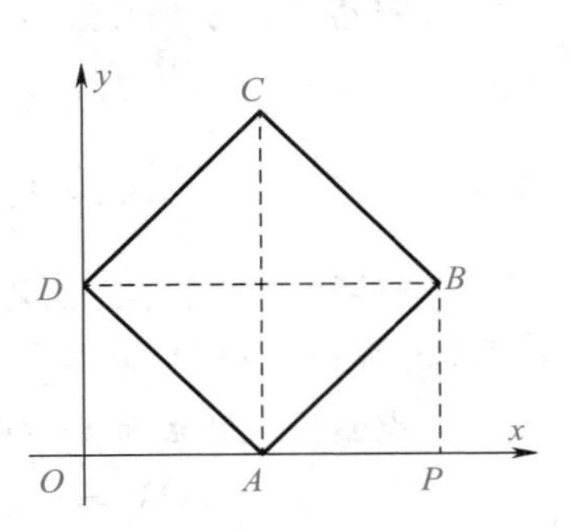


**难度** ★

(1) $AB$ 所在的直线方程为 $y=x-\frac{1}{\sqrt{2}}$.

(2) $AD$ 所在的直线方程为 $y=1-x$.

**考点** 直线方程.

**解析** 条件(1):根据 $AB$ 的方程,令 $y=0$,不难得出 $OA$ 的长为$\frac{1}{\sqrt{2}}$,又由直线的斜率是1,得知直线 $AB$ 与 $x$ 轴的夹角 $\angle BAP=45°$,则$\angle DAO=45°$,$\triangle DAO$ 为等腰直角三角形,直角边 $OA=\frac{1}{\sqrt{2}}$,故可知斜边长 $AD=\sqrt{2}OA=1$,于是正方形面积 $S_{ABCD}=AD^2=1$,充分;条件(2):根据 $AD$ 的方程,可知 $OD=1$,$\angle DAO=45°$,$\triangle AOD$ 是等腰直角三角形,故斜边 $AD=\sqrt{2}OA=\sqrt{2}$,于是可得 $S_{ABCD}=AD^2=2$,不充分.综上选 A.

练习:(1999—10) 在直角坐标系中,$O$ 为原点,点 $A,B$ 的坐标分别为(−2,0),(2,−2),以 $OA$ 为一边,$OB$ 为另一边作平行四边形 $OACB$,则平行四边形的边 $AC$ 的方程是(　　).

**难度** ★

A. $y=-2x-1$

B. $y=-2x-2$

C. $y=-x-2$

D. $y=\frac{1}{2}x-\frac{3}{2}$

E. $y=-\frac{1}{2}x-\frac{3}{2}$

**考点** 求直线的方程.

**解析** 连接 $OB$,可知直线 $OB$ 的斜率 $k_{OB}=-1$,$AC\parallel OB$,则 $k_{AC}=k_{OB}=-1$,已知点 $A$ 的坐标(−2,0),写出直线 $AC$ 的点斜式方程为 $y-0=-(x+2)$,即 $y=-x-2$.选 C.

**技巧** 直线过点 $A(-2,0)$,代入选项验证,可得选 C.

## 子考点 2　圆的方程求解

考点运用技巧:要熟悉圆的标准方程的几个关键因素.

典型真题:(1998—1) 设 $AB$ 是圆 $C$ 的直径,点 $A,B$ 的坐标分别是(−3,5),(5,1),则圆 $C$ 的方程是(　　).**难度** ★★

A. $(x-2)^2+(y-6)^2=80$

B. $(x-1)^2+(y-3)^2=20$

C. $(x-2)^2+(y-4)^2=80$　　D. $(x-2)^2+(y-4)^2=20$

E. $x^2+y^2=20$

**考点**　求圆的方程.

**解析**　$AB=\sqrt{(5+3)^2+(1-5)^2}=\sqrt{80}$，因为 $AB$ 是圆 $C$ 的直径，故半径为 $r=\frac{\sqrt{80}}{2}=\sqrt{20}=2\sqrt{5}$，又 $AB$ 的中点(1,3)为圆心的坐标，故圆的方程为 $(x-1)^2+(y-3)^2=20$.选 B.

**技巧**　也可以将 $A$，$B$ 两点的坐标代入选项验证.

**点睛**　记住圆的直径式方程：$(x-x_1)(x-x_2)+(y-y_1)(y-y_2)=0$，其中 $(x_1,y_1)$，$(x_2,y_2)$ 为直径两个端点的坐标.

练习：(2010－10) 若圆的方程是 $x^2+y^2=1$，则它的右半圆(在第一象限和第四象限内的部分)的方程是(　　). **难度**　★

A. $y-\sqrt{1-x^2}=0$　　B. $x-\sqrt{1-y^2}=0$

C. $y+\sqrt{1-x^2}=0$　　D. $x+\sqrt{1-y^2}=0$

E. $x^2+y^2=\frac{1}{2}$

**考点**　圆的标准方程化简.

**解析**　$x^2+y^2=1\Rightarrow x^2=1-y^2$，又圆的右半圆有 $x\geqslant 0$，故有 $x=\sqrt{1-y^2}$，即 $x-\sqrt{1-y^2}=0$.选 B.

**点睛**　本题考查半圆的方程的求解：设圆心的坐标为 $(x_0,y_0)$，则右半圆的方程要求取 $x\geqslant x_0$ 的部分，左半圆的方程要求取 $x\leqslant x_0$ 的部分，上半圆的方程要求取 $y\geqslant y_0$ 的部分，下半圆的方程要求取 $y\leqslant y_0$ 的部分.

## 子考点 3　数形结合

考点运用技巧：数形结合就是将一个代数问题(不等式或者方程)转化为解析几何中的基本图形或者基本量(诸如直线、圆、斜率、截距等)进行理解.

典型真题：(2014－1) 已知 $x$，$y$ 为实数，则 $x^2+y^2\geqslant 1$. **难度**　★★★

(1) $4y-3x\geqslant 5$.

(2) $(x-1)^2+(y-1)^2\geqslant 5$.

**考点**　直线与圆的方程.

**解析**　条件(1)：如图(a)所示，$\sqrt{x^2+y^2}\geqslant |OH|=1$，$x^2+y^2\geqslant 1$，充分.

条件(2)：如图(b)所示，$\sqrt{x^2+y^2}\geqslant r-|OC|=\sqrt{5}-\sqrt{2}$，$x^2+y^2\geqslant(\sqrt{5}-\sqrt{2})^2$，并不能满足大于 1，不充分.选 A.

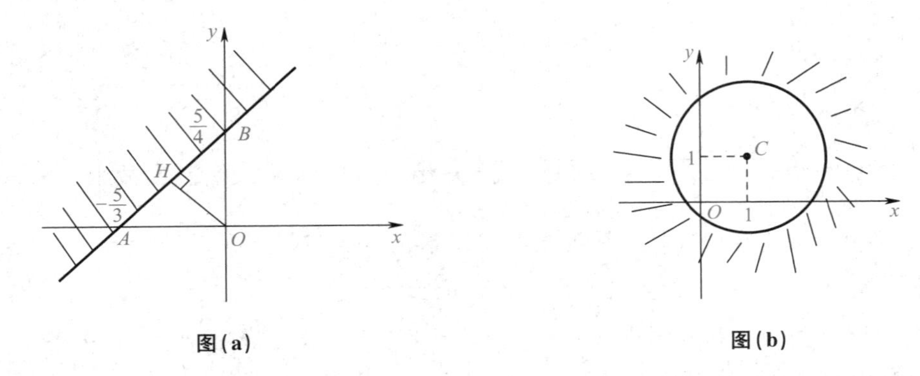


图(a)　　　　　　图(b)

**技巧**　对于条件(2),较为精确地画出图后,圆上位于第三象限的点到原点的距离的最小值应该是不大于1的,那么也就不充分了,条件(1)充分.

**点睛**　代数中的一些最值问题要尽量转化为解析几何的方法来做,以体现数形结合的解题优点.

典型真题:(2011−1)直线 $ax+by+3=0$ 被圆 $(x-2)^2+(y-1)^2=4$ 截得的线段的长度为 $2\sqrt{3}$. **难度** ★

(1) $a=0,b=-1$.

(2) $a=-1,b=0$.

**考点**　直线与圆的位置关系.

**解析**　条件(1):$a=0,b=-1$ 时,直线方程 $y=3$ 是一条水平线,画出图形发现刚好与圆相切,如图(a)所示,不充分;条件(2):$a=-1,b=0$ 时,直线方程为 $x=3$ 是一条竖直线,与圆相交,如图(b)所示,为求弦长,作出弦心距,圆心(2,1)到弦 $x=3$ 的距离为1,故弦长为 $2\sqrt{r^2-d^2}=2\sqrt{3}$,充分.综上选B.

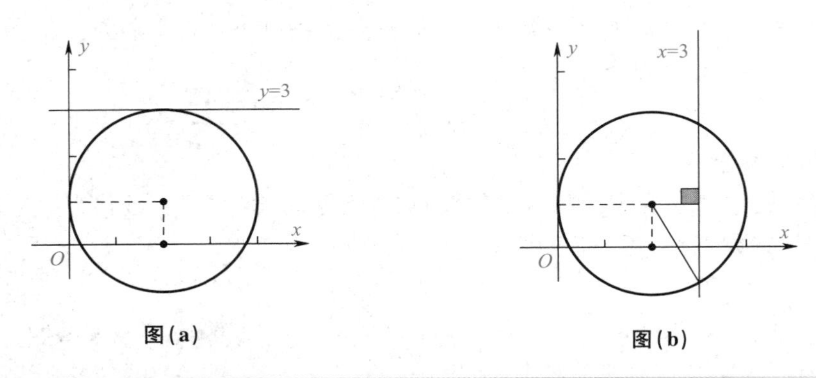


图(a)　　　　　　图(b)

## 考点精解7　位置关系的探究

【要点浏览】

(1) 直角坐标平面内,圆 $D:(x-a)^2+(y-b)^2=r^2$ 的圆心到直线 $L:Ax+By+C=0$ 的距离 $d=\frac{|Aa+Bb+C|}{\sqrt{A^2+B^2}}$.

当 $d>r$ 时，直线 $L$ 与圆 $D$ 相离；

当 $d=r$ 时，直线 $L$ 与圆 $D$ 相切；

当 $d<r$ 时，直线 $L$ 与圆 $D$ 相交.

(2) 若直线 $L: Ax+By+C=0$ 与圆 $D:(x-a)^2+(y-b)^2=r^2$ 相交，则所截得的弦长 $l=2\sqrt{r^2-d^2}$，其中 $r$ 为圆 $D$ 的半径，$d$ 为圆 $D$ 的圆心到直线 $L$ 的距离.

(3) 圆 $D_1:(x-a_1)^2+(y-b_1)^2=r_1^2$ 和圆 $D_2:(x-a_2)^2+(y-b_2)^2=r_2^2$ 的圆心距为 $d$.

当 $d>r_1+r_2$ 时，两圆外离；当 $d=r_1+r_2$ 时，两圆外切；当 $|r_1-r_2|<d<r_1+r_2$ 时，两圆相交；当 $d=|r_1-r_2|$ 时，两圆内切；当 $0\leqslant d<|r_1-r_2|$ 时，两圆内含.

【名师总结】一般遇到直线与圆的问题时，总是先考虑圆心到直线的距离；当遇到两个圆的问题时，总是先考虑两圆的圆心之间的距离.当然也可以作图进行分析找出关系.

## 子考点 1 直线与直线的位置关系

考点运用技巧：主要通过斜率的关系进行直线位置关系的判断，包括平行和垂直两种.

两直线平行 $\Leftrightarrow k_1=k_2, b_1\neq b_2$ 或 $\dfrac{A_1}{A_2}=\dfrac{B_1}{B_2}\neq\dfrac{C_1}{C_2}$.

两直线垂直 $\Leftrightarrow k_1k_2=-1$ 或 $A_1A_2+B_1B_2=0$.

典型真题：(1999－1) 直线 $l_1:(a+2)x+(1-a)y-3=0$ 和直线 $l_2:(a-1)x+(2a+3)y+2=0$ 互相垂直，则 $a=$(　　). **难度** ★★

A. $-1$　　B. 1　　C. $\pm 1$　　D. $-\dfrac{3}{2}$　　E. 0

**考点** 两直线的位置关系(垂直).

**解析** 根据两直线垂直，得到 $(a+2)(a-1)+(1-a)(2a+3)=0\Rightarrow a=\pm 1$.选 C.

**技巧** 本题中由于选项 C 包含 A 和 B 的结果，可以直接选 C.

**点睛** 记住结论：若 $a_1x+b_1y+c_1=0$ 和 $a_2x+b_2y+c_2=0$ 垂直，则有 $a_1a_2+b_1b_2=0$.

## 子考点 2 直线与圆的位置关系

考点运用技巧：直线与圆的位置关系的相关题目主要有两种解题方法.方法一是通过前面所讲的圆心到直线的距离与半径进行比较；方法二是联合直线与圆的方程组，消去 $y$ 后得到一个关于 $x$ 的方程，用判别式 $\Delta$ 的正负进行判断.

典型真题：(2014－12) 若直线 $y=ax$ 与圆 $(x-a)^2+y^2=1$ 相切，则 $a^2=$(　　). **难度** ★★

A. $\dfrac{1+\sqrt{3}}{2}$　　B. $1+\dfrac{\sqrt{3}}{2}$　　C. $\dfrac{\sqrt{5}}{2}$　　D. $1+\dfrac{\sqrt{5}}{3}$　　E. $\dfrac{1+\sqrt{5}}{2}$

**考点** 直线与圆的位置关系.

**解析** 方法一：由 $d=r\Rightarrow\frac{|a^2|}{\sqrt{a^2+1}}=1\Rightarrow a^4=a^2+1\Rightarrow a^4-a^2-1=0\Rightarrow a^2=\frac{1+\sqrt{5}}{2}$. 选 E.

方法二：联立两个方程，得 $(x-a)^2+a^2x^2=1\Rightarrow(a^2+1)x^2-2ax+a^2-1=0\Rightarrow\Delta=4a^2-4(a^2+1)(a^2-1)=0\Rightarrow a^4-a^2-1=0\Rightarrow a^2=\frac{1+\sqrt{5}}{2}$.选 E.

**点睛** 一般遇到直线与圆的位置关系问题时，需要研究圆心到直线的距离 $d$ 和圆半径 $r$ 之间的关系.

练习：(2009－1) 圆 $(x-1)^2+(y-2)^2=4$ 和直线 $(1+2\lambda)x+(1-\lambda)y-3-3\lambda=0$ 相交于两点. **难度** ★★★

(1) $\lambda=\frac{2\sqrt{3}}{5}$.

(2) $\lambda=\frac{5\sqrt{3}}{2}$.

**考点** 直线与圆的位置关系.

**解析** 根据直线与圆相交的条件：$d<r\Rightarrow\frac{|3\lambda|}{\sqrt{(1+2\lambda)^2+(1-\lambda)^2}}<r=2$，从而得 $11\lambda^2+8\lambda+8>0$，即对任意的 $\lambda$ 均成立，两条件都充分.选 D.

**技巧** 直线 $(1+2\lambda)x+(1-\lambda)y-3-3\lambda=0$ 恒过点 $(2,1)$，又点 $(2,1)$ 在圆 $(x-1)^2+(y-2)^2=4$ 的内部，所以条件(1)、(2)都充分.

**点睛** 对于直线与圆的位置关系，只需要看圆心到直线的距离 $d$ 与圆半径 $r$ 的关系即可.此外，也可以通过直线恒过定点来思考.

练习：(2008－10) 过点 $A(2,0)$ 向圆 $x^2+y^2=1$ 作两条切线 $AM$ 和 $AN$（见下图(a)），则两切线和弧 $MN$ 所围的面积（阴影部分）为（　　）. **难度** ★

A. $1-\frac{\pi}{3}$　B. $1-\frac{\pi}{6}$　C. $\frac{\sqrt{3}}{2}-\frac{\pi}{6}$　D. $\sqrt{3}-\frac{\pi}{6}$　E. $\sqrt{3}-\frac{\pi}{3}$

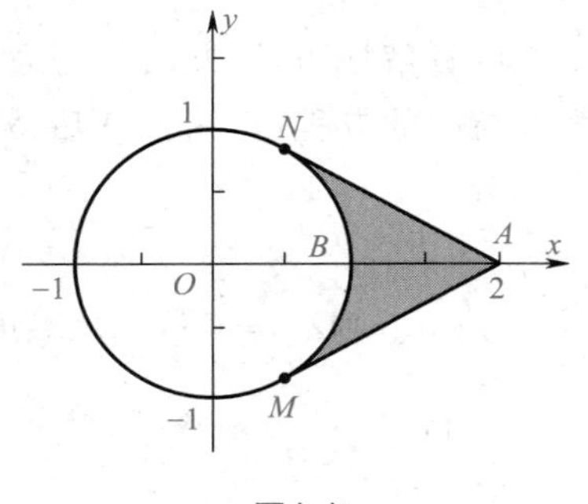


图(a)

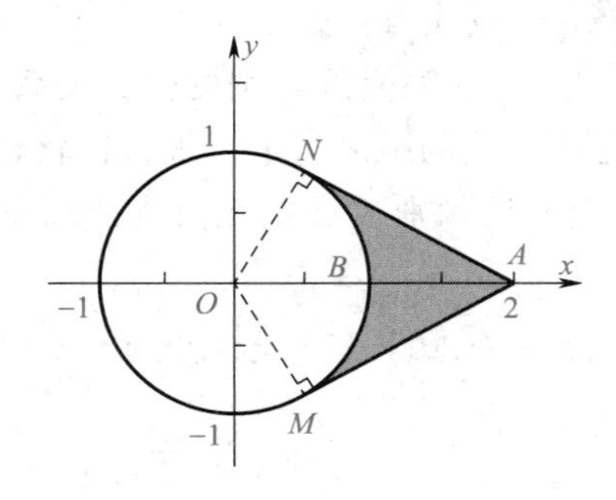


图(b)

考点　组合图形的面积计算(直线与圆).

解析　如图(b),连接 $ON$,则 $ON \perp AN$,在直角三角形 $ONA$ 中,斜边 $OA=2$,直角边 $ON=1$,则 $\angle NOA=\frac{\pi}{3}$,那么 $AN=\sqrt{3}$,阴影部分面积的一半就等于直角三角形 $ONA$ 面积减掉扇形 $BON$ 面积,因此 $S_{阴影}=2(S_{Rt\triangle ONA}-S_{扇形BON})=2\left(\frac{1}{2}\times1\times\sqrt{3}-\frac{1}{6}\times\pi\times1^2\right)=\sqrt{3}-\frac{\pi}{3}$.选 E.

## 子考点 3　圆与圆的位置关系

考点运用技巧:利用两个圆的圆心距离与它们的半径之间的关系进行求解.

典型真题:(2014－10) 圆 $x^2+y^2+2x-3=0$ 与圆 $x^2+y^2-6y+6=0$(　　). 难度 ★

A. 外离　　B. 外切　　C. 相交　　D. 内切　　E. 内含

考点　两圆的位置关系.

解析　$O_1:(x+1)^2+y^2=4$,即圆心为 $(-1,0)$,半径为 2.$O_2:x^2+(y-3)^2=3$,即圆心为 $(0,3)$,半径为 $\sqrt{3}$,圆心距 $|O_1O_2|=\sqrt{(-1-0)^2+(0-3)^2}=\sqrt{10}$,$r_1+r_2=2+\sqrt{3}$,$|r_1-r_2|=2-\sqrt{3}$,估计出 $2-\sqrt{3}<\sqrt{10}<2+\sqrt{3}$,所以两圆相交.选 C.

技巧　也可以将两个圆的方程画在同一个坐标系内,那么进行观察可以很容易得出结论.

点睛　要熟悉判断两个圆的位置关系的基本结论:设两个圆的圆心距为 $d$,半径分别为 $r_1,r_2$.当 $d>r_1+r_2$ 时,两圆外离;当 $d=r_1+r_2$ 时,两圆外切;当 $|r_1-r_2|<d<r_1+r_2$ 时,两圆相交;当 $d=|r_1-r_2|$ 时,两圆内切;当 $0\leqslant d<|r_1-r_2|$ 时,两圆内含.

练习:(2013－1) 已知平面区域 $D_1=\{(x,y)\,|\,x^2+y^2\leqslant9\}$,$D_2=\{(x,y)\,|\,(x-x_0)^2+(y-y_0)^2\leqslant9\}$,则 $D_1,D_2$ 覆盖区域的边界长度为 $8\pi$. 难度 ★★★

(1) $x_0^2+y_0^2=9$.

(2) $x_0+y_0=3$.

考点　圆和圆的位置关系.

解析　平面区域 $D_1=\{(x,y)\,|\,x^2+y^2\leqslant9\}$ 表示圆 $x^2+y^2=9$ 的内部,平面区域 $D_2=\{(x,y)\,|\,(x-x_0)^2+(y-y_0)^2\leqslant9\}$ 表示圆 $(x-x_0)^2+(y-y_0)^2=9$ 的内部.条件(1):$x_0^2+y_0^2=9$ 表示圆 $D_2$ 的圆心 $(x_0,y_0)$ 满足方程 $x^2+y^2=9$,即圆心 $D_2$ 在圆 $D_1$ 的圆周上,不难画出图形,如图(a)所示.两圆半径相等,过彼此的圆心,连接圆心和两圆交点,会出现两个边长为 3(半径长)的等边三角形,故圆内部的弧所对的圆心角为 $120^\circ$,不难算出每个圆在内部的弧长为 $2\pi$,在外部的弧长为 $4\pi$,两段弧长为 $8\pi$,充分.条件(2):$x_0+y_0=3$ 表示圆 $D_2$ 的圆心 $(x_0,y_0)$ 满足方程 $x+y=3$,如图(b),即圆心 $D_2$ 在直线 $x+y=3$ 上,如图(b)所示,两圆有可能相交,也有可能相离,无法确定覆盖区域的边界长度,不充分.综上选 A.

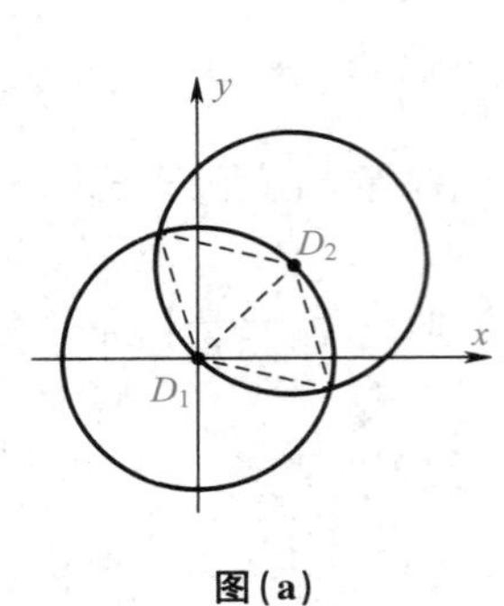

图(a)

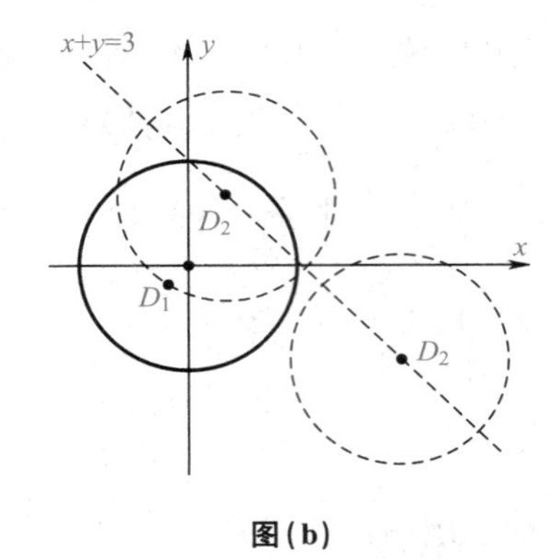

图(b)

## 子考点 4 弦长问题

考点运用技巧:主要利用圆心到直线的距离与半径之间的关系进行求解.

典型真题:(2011－10)已知直线 $y=kx$ 与圆 $x^2+y^2=2y$ 有两个交点 $A,B$.若弦 $AB$ 的长度大于$\sqrt{2}$,则 $k$ 的取值范围是(　　). **难度** ★★

A. $(-\infty,-1)$　　B. $(-1,0)$　　C. $(0,1)$

D. $(1,+\infty)$　　E. $(-\infty,-1)\cup(1,+\infty)$

**考点** 弦长问题.

**解析** $|AB|>\sqrt{2}\Rightarrow d<\frac{\sqrt{2}}{2}\Rightarrow\frac{1}{\sqrt{1+k^2}}<\frac{\sqrt{2}}{2}\Rightarrow k^2+1>2\Rightarrow k>1$ 或 $k<-1$.选 E.

如果对公式不熟悉,可以画图,发现只要直线不断逼近 $y$ 轴就满足,分析得出选 E.

**技巧** 本题由于 E 选项中包含 A 和 D 选项,那么答案选 E 的可能性就非常大.

**点睛** 弦离圆心越近,越接近直径;弦长越大,直线越接近 $y$ 轴,所以选 E.

## 子考点 5 切线问题

考点运用技巧:抓住圆心到直线的距离等于半径这个关键点,有时候也需要利用圆心与切点的连线垂直于切线这个性质进行求解.

典型真题:(2009－1)若圆 $C$:$(x+1)^2+(y-1)^2=1$ 与 $x$ 轴交于 $A$ 点,与 $y$ 轴交于 $B$ 点,则与此圆相切于劣弧$\overset{\frown}{AB}$中点 $M$ 的切线方程是(　　).(注:小于半圆的弧称为劣弧) **难度** ★★

A. $y=x+2-\sqrt{2}$　　B. $y=x+1-\frac{1}{\sqrt{2}}$

C. $y=x-1+\frac{1}{\sqrt{2}}$　　D. $y=x-2+\sqrt{2}$

E. $y=x+1-\sqrt{2}$

**考点** 直线与圆的方程.

**解析** 显然切线的斜率为 1,只需求出截距即可.

如右图所示，$OC=\sqrt{2}$，$OM=\sqrt{2}-1$，$OD=\sqrt{2}(\sqrt{2}-1)=2-\sqrt{2}$，所以切线方程为 $y=x+2-\sqrt{2}$.选 A.

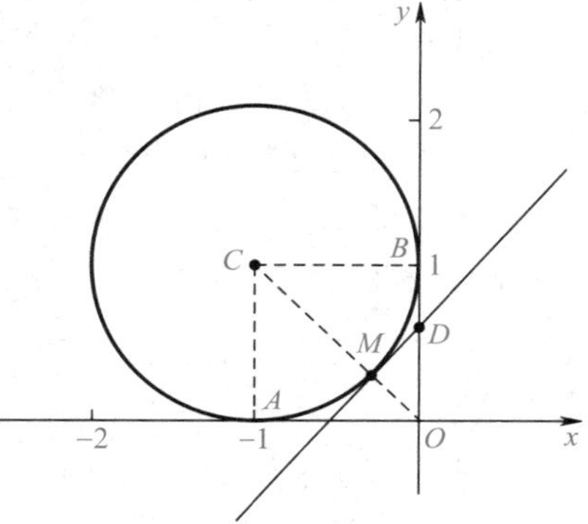


**技巧**　直线切于 $\overset{\frown}{AB}$ 的中点，说明切线与直线 $AB$ 平行，从选项上看只需求出 y 轴上的截距即可，从图像上分析，显然这个截距大于 0 且小于 1，那么判断起来就方便多了.

**点睛**　求直线方程时主要抓住直线的两个基本元素：一是直线的截距，二是直线的斜率.

练习：(2011－1) 设 $P$ 是圆 $x^2+y^2=2$ 上的一点，该圆在点 $P$ 的切线平行于直线 $x+y+2=0$，则点 $P$ 的坐标为(　　). **难度** ★★

A. $(-1,1)$　　B. $(1,-1)$　　C. $(0,\sqrt{2})$　　D. $(\sqrt{2},0)$　　E. $(1,1)$

**考点**　直线与圆的方程.

**解析**　设点 $P$ 的坐标为 $(x_0,y_0)$，列式得 $\begin{cases}x_0^2+y_0^2=2,\\ \dfrac{y_0}{x_0}=1\end{cases}\Rightarrow\begin{cases}x_0=1,\\ y_0=1\end{cases}$ 或 $\begin{cases}x_0=-1,\\ y_0=-1\end{cases}$(舍去，因为此点在直线 $x+y+2=0$ 上，得出的切线与之重合，故不平行).选 E.

**技巧**　切点的一种特殊的代入法，经过圆 $x^2+y^2=r^2$ 上的一点 $P(x_0,y_0)$ 的切线方程：$xx_0+yy_0=r^2$，那么本题只有验证选项 E 时，得到切线方程为 $x\cdot1+y\cdot1=2\Rightarrow x+y-2=0$，才能与已知直线平行.

**点睛**　本题采用画图的方法求解更为简便，画出图像，可以看出切点应该在第一象限或第三象限，排除其他选项，只能选 E.

练习：(2014－1) 已知直线 $l$ 是圆 $x^2+y^2=5$ 在点 $(1,2)$ 处的切线，则 $l$ 在 $y$ 轴上的截距为(　　). **难度** ★★

A. $\dfrac{2}{5}$　　B. $\dfrac{2}{3}$　　C. $\dfrac{3}{2}$　　D. $\dfrac{5}{2}$　　E. 5

**考点**　切线问题.

**解析**　设切线方程 $y-2=k(x-1)\Rightarrow kx-y-k+2=0$，由 $d=r$ 得 $\dfrac{|-k+2|}{\sqrt{k^2+1}}=\sqrt{5}$，解得 $k=-\dfrac{1}{2}$，则直线方程为 $-\dfrac{1}{2}x-y+\dfrac{1}{2}+2=0\Rightarrow x+2y-5=0$，令 $x=0$，则 $y=\dfrac{5}{2}$.选 D.

**技巧**　采用切线经验公式，得 $l$ 的方程为 $x\cdot1+y\cdot2=5\Rightarrow x+2y-5=0$，令 $x=0$，$y=\dfrac{5}{2}$.

**点睛**　要注意经过圆外一点求切线应该有 2 条，经过圆上一点求切线只有 1 条.

## 考点精解 8 对称问题的探究

【考点突破】本考点主要考查包括各类对称问题的归纳，例如点关于线的对称、线关于点的对称、线关于线的对称.

【要点浏览】

(1) 设点 $M(x_0,y_0)$ 关于直线 $L:Ax+By+C=0$ 对称的点 $N$ 的坐标为 $(x,y)$，则 $x,y$ 是以下方程组的解：

$$\begin{cases}A\dfrac{x_0+x}{2}+B\dfrac{y_0+y}{2}+C=0,\\ \dfrac{y-y_0}{x-x_0}\cdot\left(-\dfrac{A}{B}\right)=-1\end{cases}\Rightarrow\begin{cases}x=x_0-\dfrac{2A}{A^2+B^2}(Ax_0+By_0+C),\\ y=y_0-\dfrac{2B}{A^2+B^2}(Ax_0+By_0+C).\end{cases}$$

(2) 曲线(包括直线) $F(x,y)=0$ 关于点 $M(a,b)$ 的对称曲线为 $F(2a-x,2b-y)=0$.

### 子考点 1 点关于线的对称点

考点运用技巧:利用对称点与原来的点的连线与对称轴互相垂直这个性质，以及对称点与原来的点的中点在对称轴方程上这个性质.当然，如果对称轴方程是一些特殊直线，则另当别论.

典型真题:(2007－10) 点 $P(2,3)$ 关于直线 $x+y=0$ 的对称点是(　　). 难度 ★★

A. (4,3)　　B. (－2,－3)　　C. (－3,－2)　　D. (－2,3)　　E. (－4,－3)

**考点** 点关于直线的对称问题.

**解析** 设此对称点为 $(x_0,y_0)$，则 $\begin{cases}\dfrac{x_0+2}{2}+\dfrac{y_0+3}{2}=0,\\ \dfrac{y_0-3}{x_0-2}\times(-1)=-1\end{cases}\Rightarrow\begin{cases}x_0=-3,\\ y_0=-2.\end{cases}$ 选 C.

**技巧** 对于点关于特殊直线的对称问题，直接记结论得对称点坐标为 $(-3,-2)$.

**点睛** 求解本题时可以用一个小窍门：$P(a,b)$ 关于直线 $x\pm y=0$ 的对称点为 $P'(\mp b,\mp a)$.

练习:(2013－1) 点(0,4)关于直线 $2x+y+1=0$ 的对称点为(　　). 难度 ★★

A. (2,0)　　B. (－3,0)　　C. (－6,1)　　D. (4,2)　　E. (－4,2)

**考点** 对称问题.

**解析** 设对称点为 $(x_0,y_0)$，则 $\begin{cases}\dfrac{x_0}{2}\times2+\dfrac{y_0+4}{2}+1=0,\\ \dfrac{y_0-4}{x_0}\times(-2)=-1,\end{cases}$ 解得 $\begin{cases}x_0=-4,\\ y_0=2,\end{cases}$ 则 $(x_0,y_0)$ 为 $(-4,2)$.选 E.

**技巧** 求解此题时也可画直线图像，精确作出点(0,4)的对称点，初步也能知道(－4,2)为答案可能性很高.

**点睛**　对于普通的点关于线的对称问题，要抓住两点：对称点与原来的点的连线与对称轴垂直、两个点的中点在对称轴上.

练习：(2008－1)$a=-4$. **难度** ★

(1) 点 $A(1,0)$ 关于直线 $x-y+1=0$ 的对称点是 $A'\left(\frac{a}{4},-\frac{a}{2}\right)$.

(2) 直线 $l_1:(2+a)x+5y=1$ 与直线 $l_2:ax+(2+a)y=2$ 垂直.

**考点**　对称问题.

**解析**　条件(1)：根据两点关于直线对称的等价条件：① 对称点中点在对称轴上；② 对称点连线垂直于对称轴，可以快速写出 $A'$ 的坐标为$(-1,2)$，解得 $a=-4$，充分；条件(2)：根据两直线垂直的等价条件：两直线斜率乘积为 $-1$($x,y$ 对应项系数乘积之和为0)，得到 $a(2+a)+5(2+a)=0$，解得 $a=-2$ 或 $a=-5$，不充分.综上选 A.

## 子考点 2　直线(曲线)关于线的对称线

考点运用技巧：本考点一般都会涉及对称轴是特殊直线的直线方程，故可以利用一些相关结论进行求解.

曲线 $F(x,y)=0$ 关于 $x$ 轴的对称曲线方程为 $F(x,-y)=0$.

曲线 $F(x,y)=0$ 关于 $y$ 轴的对称曲线方程为 $F(-x,y)=0$.

曲线 $F(x,y)=0$ 关于 $y=x$ 的对称曲线方程为 $F(y,x)=0$.

曲线 $F(x,y)=0$ 关于 $y=-x$ 的对称曲线方程为 $F(-y,-x)=0$.

典型真题：(2008－1) 以直线 $y+x=0$ 为对称轴且与直线 $y-3x=2$ 对称的直线方程为(　　). **难度** ★★

A. $y=\frac{x}{3}+\frac{2}{3}$　　B. $y=-\frac{x}{3}+\frac{2}{3}$　　C. $y=-3x-2$

D. $y=-3x+2$　　E. 以上都不正确

**考点**　直线的对称问题.

**解析**　直线 $y-3x=2$ 及 $y+x=0$ 交于一点 $P\left(-\frac{1}{2},\frac{1}{2}\right)$，在 $y-3x=2$ 上任取一点 $Q(0,2)$，则 $Q$ 关于 $y+x=0$ 对称的点为 $Q'(-2,0)$，连接 $PQ'$ 即所求的对称直线，为 $y=\frac{x}{3}+\frac{2}{3}$.选 A.

**技巧**　直线 $y-3x=2$ 关于 $y+x=0$ 的对称直线方程，即将 $y=-x,x=-y$ 代入 $y-3x=2$ 可得，故 A 正确.

**点睛**　求直线 $l'$ 关于直线 $l$ 对称的直线方程，一般任取 $l'$ 上两点 $P,Q$，找 $P,Q$ 关于直线 $l$ 的对称点 $P',Q'$，然后连接 $P',Q'$ 就是所求对称直线.当然，取点时一般取特殊的点.

练习:(2010－10) 圆 $C_1$ 是圆 $C_2:x^2+y^2+2x-6y-14=0$ 关于直线 $y=x$ 的对称圆.

难度 ★★

(1) 圆 $C_1:x^2+y^2-2x-6y-14=0$.

(2) 圆 $C_1:x^2+y^2+2y-6x-14=0$.

考点 解析几何对称问题.

解析 两圆关于某直线对称,只需要考虑圆心的对称坐标即可,因为半径不变.由 $x^2+y^2+2x-6y-14=0$ 的圆心为$(-1,3)$,对称后圆心为$(3,-1)$,故条件(2)充分.选 B.

技巧 直接记住重要结论:关于 $y=x$ 的对称图像就是将 $x$ 与 $y$ 对调位置,马上选 B.

练习:(2012－10) 直线 $L$ 与直线 $2x+3y=1$ 关于 $x$ 轴对称. 难度 ★★

(1) $L:2x-3y=1$.

(2) $L:3x+2y=1$.

考点 对称问题.

解析 直线 $2x+3y=1$ 关于 $x$ 轴的对称直线为 $2x-3y=1$.显然选 A.

技巧 画图后明显发现对称直线的斜率只相差一个符号,只能选 A.

点睛 要熟记常见的对称问题的结论,这在前面的题目中已经谈过.

# 第三节 母题精讲

## 类型 1 平面几何

### 一、问题求解

1. 记一个圆的外切等边三角形的面积为 $S_1$,内接正方形的面积为 $S_2$,则 $S_1:S_2=$ (　　). 难度 ★

A. $2:\sqrt{3}$　　B. $5:2\sqrt{3}$　　C. $2\sqrt{3}:1$

D. $3\sqrt{3}:2$　　E. $5:3$

答案 D

考点 切接问题与面积.

解析 设圆的半径为1,则外切等边三角形的边长为$2\sqrt{3}$,面积为$S_1=3\sqrt{3}$,内接正方形的边长为$\sqrt{2}$,面积为$S_2=2$,$S_1:S_2=3\sqrt{3}:2$.

【评注】 注意切接点的连接.迅速找出半径与多边形边长的关系.

2. 右图中大三角形分成 5 个小三角形，面积分别为 40，30，35，$x$，$y$，则 $x=$（　　）.

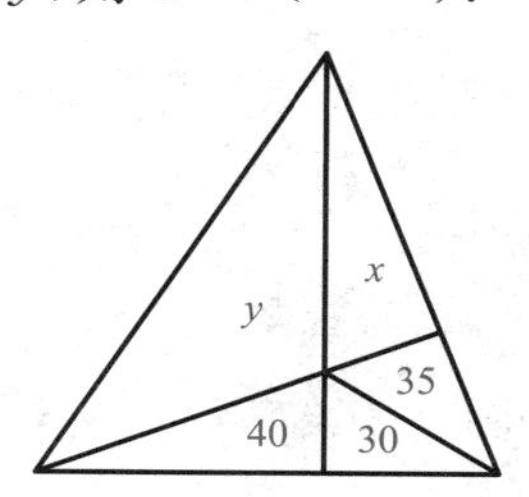


难度　★★

A. 72　　B. 70　　C. 68

D. 66　　E. 64

答案　B

考点　三角形的面积问题.

解析　$(x+35):y=30:40=3:4$，又 $70:y=35:x$，解出 $x=70$.

【评注】　本题考查重要模型——“双燕尾形”模型.

3. 在三角形 $ABC$ 中，$AB=4$，$AC=6$，$BC=8$，$D$ 为 $BC$ 的中点，则 $AD=$（　　）.

难度　★★★

A. $\sqrt{11}$　　B. $\sqrt{10}$　　C. 3

D. $2\sqrt{2}$　　E. $\sqrt{7}$

答案　B

考点　辅助线的作法和勾股定理.

解析　方法一：如图所示，过 $A$ 点，作 $BC$ 边的高 $AH$，设 $BH=x$，则 $CH=8-x$.

在 $\text{Rt}\triangle AHB$ 中，$AH=\sqrt{4^2-x^2}$，在 $\text{Rt}\triangle AHC$ 中，$AH=\sqrt{6^2-(8-x)^2}$，得 $\sqrt{4^2-x^2}=\sqrt{6^2-(8-x)^2}$，解得 $x=\frac{11}{4}$，则 $DH=BD-BH=4-\frac{11}{4}=\frac{5}{4}$.

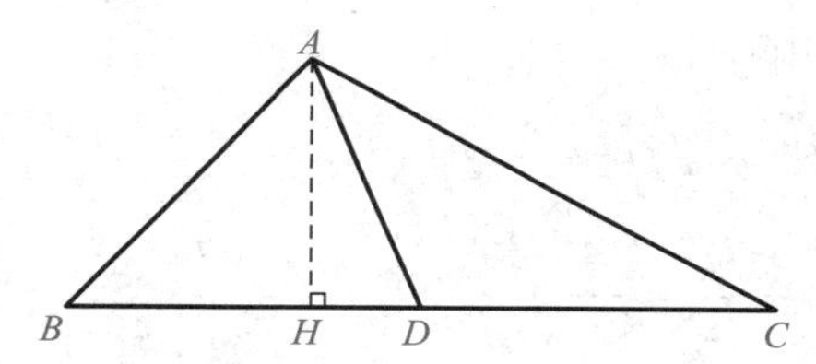


在 $\text{Rt}\triangle AHD$ 中，由勾股定理得 $AH^2+DH^2=AD^2$，其中 $DH^2=\frac{25}{16}$，$AH^2=AB^2-BH^2=4^2-\left(\frac{11}{4}\right)^2=\frac{135}{16}$，代入解得 $AD=\sqrt{10}$.选 B.

方法二：在 $\triangle ABC$ 和 $\triangle ABD$ 中，分别使用余弦定理，得

$$\cos B=\frac{AB^2+BC^2-AC^2}{2AB\cdot BC}=\frac{AB^2+BD^2-AD^2}{2AB\cdot BD},$$

$$\frac{4^2+8^2-6^2}{2\times4\times8}=\frac{4^2+4^2-AD^2}{2\times4\times4},$$

解得 $AD=\sqrt{10}$.选 B.

【评注】　此题的计算量较大，方法二仅供学有余力的同学参考.

4. 如右图所示，矩形 $ABCD$ 中，$E$，$F$ 分别是 $BC$，$CD$ 上的点，且 $S_{\triangle ABE}=2$，$S_{\triangle CEF}=3$，$S_{\triangle ADF}=4$，则 $S_{\triangle AEF}=$（　　）. 难度 ★★★

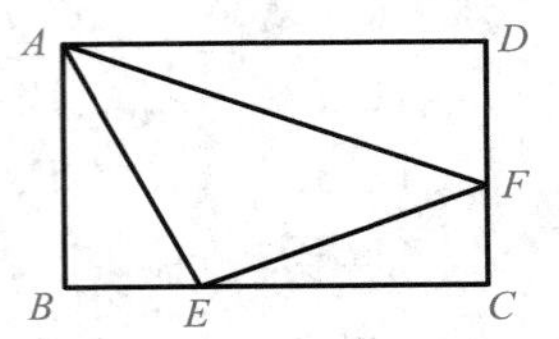


A. $\frac{9}{2}$　　B. 6　　C. 7　　D. 8　　E. $\frac{13}{2}$

答案　C

考点　三角形与四边形的面积.

解析　设 $BC=x$，$AB=y$，则 $BE=\frac{4}{y}$，$DF=\frac{8}{x}$，$CE=x-\frac{4}{y}$，$CF=y-\frac{8}{x}$.

$\frac{1}{2}\left(x-\frac{4}{y}\right)\left(y-\frac{8}{x}\right)=3 \Rightarrow S_{矩形ABCD}=xy=16$，所以 $S_{\triangle AEF}=7$.

【评注】　要学会运用变量的方法解决题目.此题有一定的难度.

5. 如右图，四边形 $ABCD$ 是边长为 2 的正方形，以 $AB$ 为直径的半圆以及以 $AB$ 为半径的两个 $\frac{1}{4}$ 圆在正方形中划分出小面积 $S_1$，$S_2$，$S_3$，$S_4$，则 $S_4-S_1=$（　　）. 难度 ★★

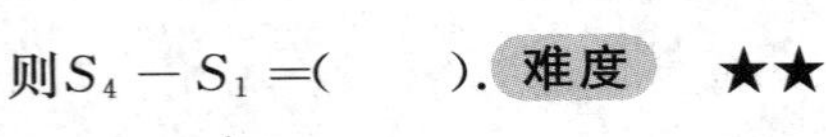

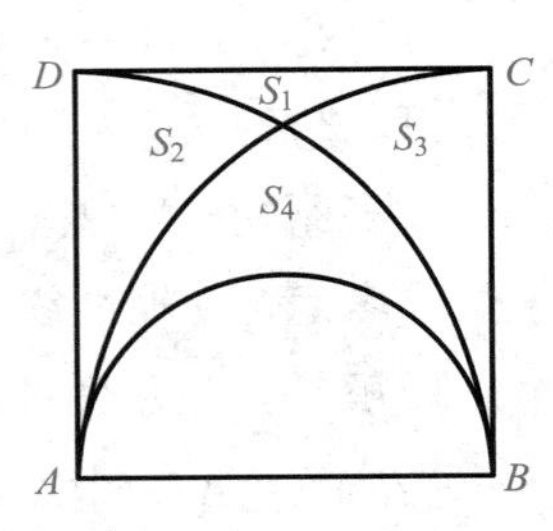


A. $\frac{4}{3}\pi-2$　　B. $3\pi-2$　　C. $\frac{8}{3}\pi-4$

D. $\frac{3}{2}\pi-4$　　E. $\pi+2$

答案　D

考点　重叠图形的面积问题.

解析　由 $\begin{cases} S_1+S_2+S_3+S_4=4-\frac{\pi}{2} & ①, \\ S_2+S_4=\pi-\frac{\pi}{2}=\frac{\pi}{2} & ②, \\ S_3+S_4=\pi-\frac{\pi}{2}=\frac{\pi}{2} & ③, \end{cases}$ $\xrightarrow{③+②-①} S_4-S_1=\frac{3}{2}\pi-4$.

【评注】　使用列方程的方法可以大大简化题目.

6. 如右图所示，正方形 $ABCD$ 顶点 $B$ 的坐标为 $(5,0)$，顶点 $D$ 在 $x^2+y^2=1$ 上运动.正方形 $ABCD$ 的面积为 $S$，则 $S$ 的最大值为（　　）. 难度 ★★

A. 25　　B. 36　　C. 49

D. 18　　E. $\frac{49}{2}$

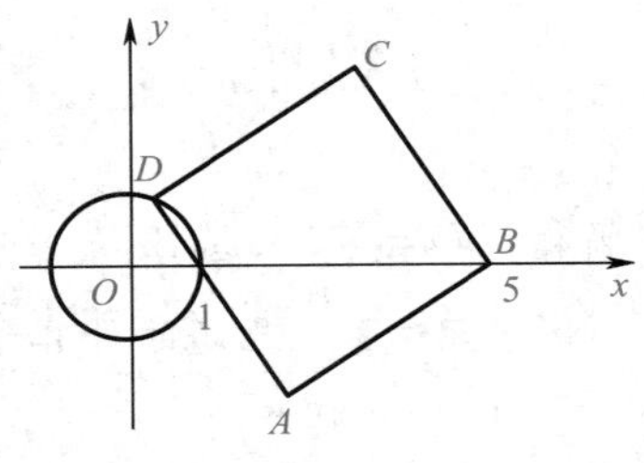


答案　D

考点　解析几何与平面几何的交汇.

解析　显然 $BD$ 的最大值为 6，此时 $S$ 取最大值，则 $S$ 的最大值为 18.

【评注】 动态问题的最值一般出现在极端情况中.求解此题的关键在于理解正方形面积的最大值,即考查对角线长度的最大值.

7. 如右图所示,等边三角形 $ABC$ 的边长为 10 厘米,以 $AB$ 为直径的圆 $O$ 分别交 $CA$,$CB$ 于 $D$,$E$ 两点,则图中阴影部分的面积是(　　)平方厘米. 难度 ★★

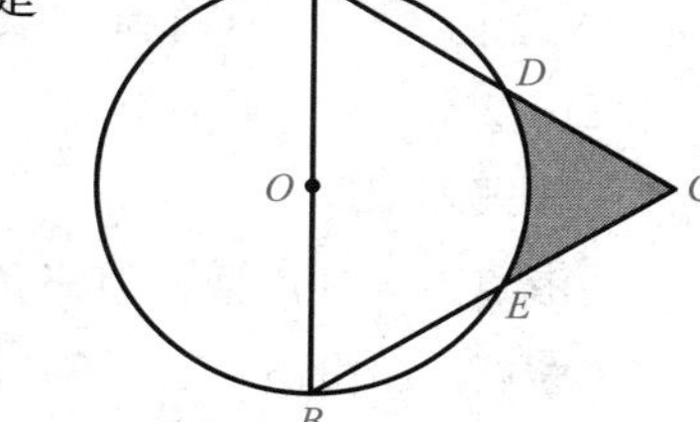


A. $25\left(\frac{\sqrt{3}}{2}-\frac{\pi}{6}\right)$　　B. $25\left(\frac{\sqrt{3}}{2}-\frac{\pi}{3}\right)$

C. $25\left(\frac{\pi}{3}-\frac{\sqrt{3}}{2}\right)$　　D. $25\left(\sqrt{3}-\frac{\pi}{3}\right)$

E. 以上都不正确

答案 A

考点 组合图形的面积计算.

解析 连接 $OD$,$OE$,得四边形 $ODCE$ 为平行四边形,其面积为 $\triangle ABC$ 面积的一半,为 $\frac{1}{2}\times\frac{\sqrt{3}}{4}\times 10^2=\frac{25}{2}\sqrt{3}$(平方厘米),而扇形 $ODE$ 的面积为 $\frac{1}{6}\pi\times 5^2=\frac{25}{6}\pi$(平方厘米),则 $S_{影}=25\left(\frac{\sqrt{3}}{2}-\frac{\pi}{6}\right)$(平方厘米).

【评注】 一般此类题目都采用割补法求解.

8. 如图(a)所示,正方形 $ABCD$ 的边 $AB=1$,$\overset{\frown}{BD}$ 和 $\overset{\frown}{AC}$ 都是以 1 为半径的圆弧,则无阴影的两部分的面积之差是(　　). 难度 ★★

A. $\frac{\pi}{2}-1$　　B. $1-\frac{\pi}{4}$　　C. $\frac{\pi}{3}-1$　　D. $1-\frac{\pi}{6}$　　E. 以上都不正确

答案 A

考点 扇形面积的计算、正方形的性质.

解析 无阴影的两部分的面积之差,可以由图中的几个部分面积之间的转化求解.

设无阴影的两部分面积分别为 $S_1$,$S_2$,如图(b)所示,其面积之差等于 $S_1-S_2$,又 $S_2=S_{ABCD}-(2S_{扇形ADC}-S_1)$,则 $S_1-S_2=2S_{扇形ADC}-S_{ABCD}=2\times\frac{1}{4}\times\pi-1=\frac{\pi}{2}-1$.

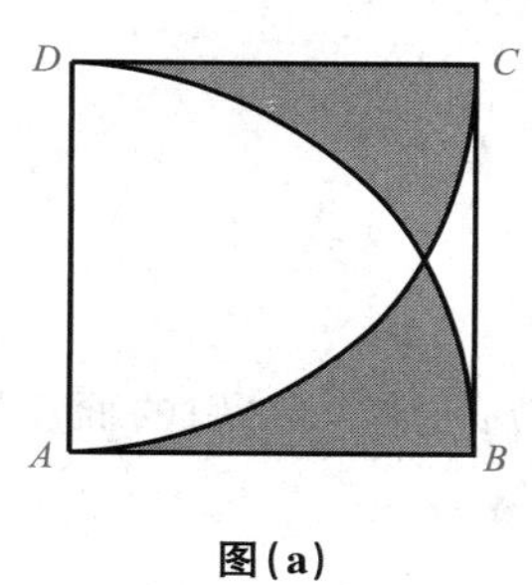

图(a)

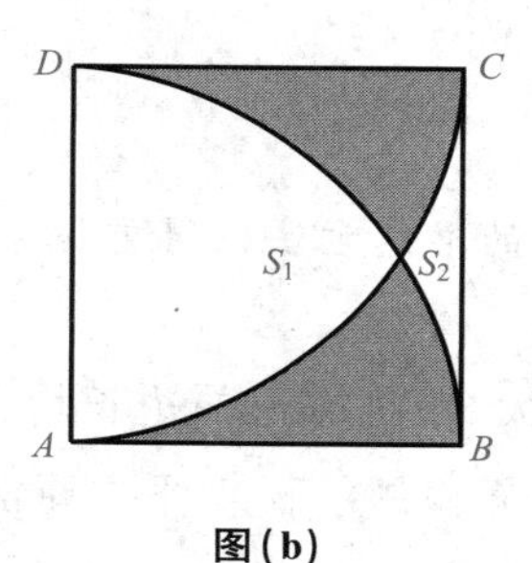

图(b)

【评注】 本题考查图形面积之间的转化关系.

9. 如右图所示，梯形 $ABCD$ 的对角线相交于点 $O$，已知 $\triangle AOB$ 的面积为25平方厘米，$\triangle BOC$ 的面积为35平方厘米，那么梯形 $ABCD$ 的面积为（　　）平方厘米. 难度 ★★

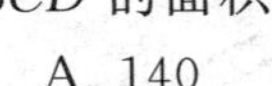

A. 140　　B. 144　　C. 160

D. 150　　E. 164

答案 B

考点 对角型相似三角形的面积计算问题.

解析 由 $S_{\triangle ABO}\cdot S_{\triangle CDO}=S_{\triangle ADO}\cdot S_{\triangle BCO}$，又 $S_{\triangle ADO}=S_{\triangle BCO}$，则

$$(S_{\triangle BOC})^2=S_{\triangle ABO}\cdot S_{\triangle CDO}\Rightarrow S_{\triangle CDO}=49.$$

梯形 $ABCD$ 的面积为 $25+35+35+49=144$（平方厘米）.

【评注】 要注意梯形两个腰部三角形的面积相等.

10. 如右图所示，在斜边长为2的等腰直角三角形 $OAB$ 中，作内接正方形 $A_1B_1D_1C_1$；在等腰直角三角形 $OA_1B_1$ 中，作内接正方形 $A_2B_2D_2C_2$；…；依次作下去，则所有正方形的面积之和为（　　）. 难度 ★★

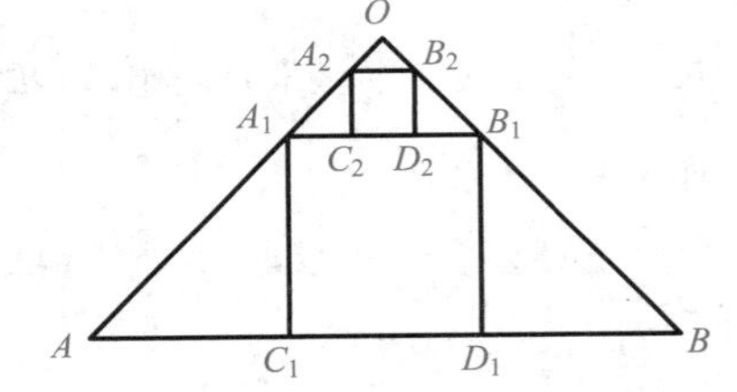


A. $\frac{1}{2}$　　B. 1　　C. $\frac{1}{4}$

D. $\frac{4}{5}$　　E. $\frac{5}{6}$

答案 A

考点 相似三角形的面积.

解析 设大正方形 $A_1B_1D_1C_1$ 的边长为 $x$，得 $\frac{x}{2}=\frac{1-x}{1}\Rightarrow x=\frac{2}{3}$，面积为 $\frac{4}{9}$，而这些正方形边长的相似比为 $\frac{1}{3}$，面积比为 $\frac{1}{9}$，则面积之和为 $\frac{4}{9}+\frac{4}{9}\times\frac{1}{9}+\frac{4}{9}\times\left(\frac{1}{9}\right)^2+\cdots=\frac{\frac{4}{9}}{1-\frac{1}{9}}=\frac{1}{2}$.

【评注】 极限的思想方法值得重视.

11. 下图所示，大、小正方形的边长均为整数（单位：厘米），它们的面积之和等于74平方厘米，则阴影三角形的面积是（　　）平方厘米. 难度 ★★

A. 5　　B. 6　　C. 7　　D. 8　　E. 9

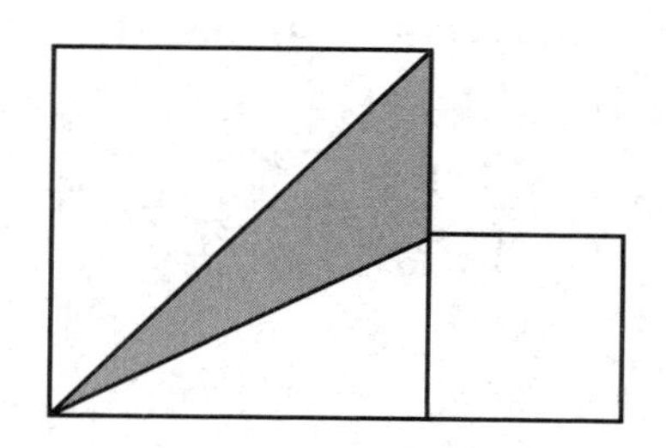

**答案**　C

**考点**　三角形的面积.

**解析**　根据大、小正方形的边长均为整数,它们面积之和等于74平方厘米,则可以分析求得两个正方形的边长分别是5厘米和7厘米,再进一步求阴影部分的面积即可.

阴影部分的面积为$\frac{1}{2}\times(7-5)\times 7=7$(平方厘米).

【评注】　求解此题主要是能够根据已知条件把74分成两个完全平方数之和,即$74=25+49$.

12. 如图(a)所示,由等边三角形内一点向三边作垂线,已知这三条垂线的长分别是1,3,5,则这个等边三角形的面积为(　　). **难度**　★★★

A. 27　　B. $27\sqrt{3}$　　C. $9\sqrt{3}$　　D. $18\sqrt{3}$　　E. 18

**答案**　B

**考点**　等边三角形的性质、三角形的面积.

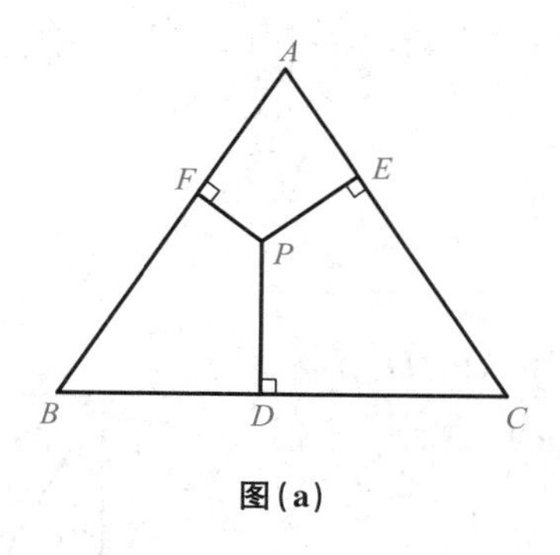


图(a)

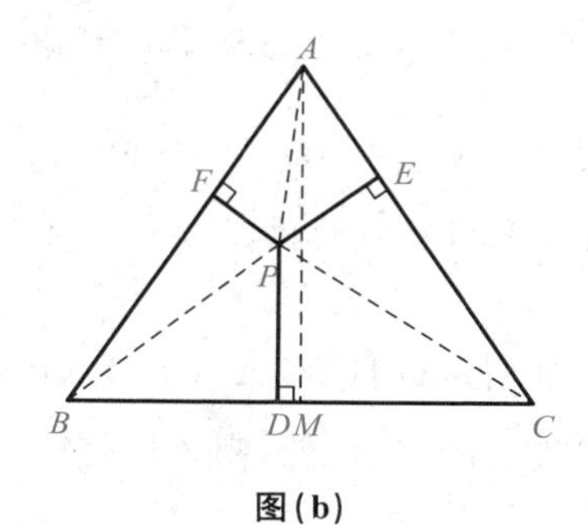


图(b)

**解析**　如图(b)所示,过$A$作$AM\perp BC$,则$AM$为$BC$边上的高,连接$PA$,$PB$,$PC$,则$\triangle ABC$的面积为$S=\frac{1}{2}BC\cdot AM=\frac{1}{2}(BC\cdot PD+AB\cdot PF+AC\cdot PE)$,所以有

$$BC\cdot AM=BC\cdot PD+AB\cdot PF+AC\cdot PE.$$

因为$\triangle ABC$是等边三角形,所以

$$AB=BC=AC,$$

$$BC\cdot AM=BC\cdot PD+BC\cdot PF+BC\cdot PE=BC(PD+PF+PE),$$

$$PD+PE+PF=AM.$$

$\triangle ABC$ 在 $BC$ 边上的高 $AM$ 为 $1+3+5=9$.

$$AB=\frac{AM}{\sin\angle ABC}=\frac{9}{\frac{\sqrt{3}}{2}}=6\sqrt{3},$$

$S=\frac{\sqrt{3}}{4}\times(6\sqrt{3})^2=27\sqrt{3}$.

【评注】 本题考查三角形面积的计算、等边三角形边长和高之间的关系，求出 $AM=PD+PE+PF$ 是解题的关键.

## 二、条件充分性判断

13. 如右图所示，$\triangle ABC$ 为正三角形，边长为 $a$，$\overset{\frown}{AB}$，$\overset{\frown}{BC}$，$\overset{\frown}{CA}$ 分别是以 $C$，$A$，$B$ 为圆心，以 $a$ 为半径的弧，则图中阴影部分的面积为 $\frac{\pi}{2}-\frac{3\sqrt{3}}{4}$.

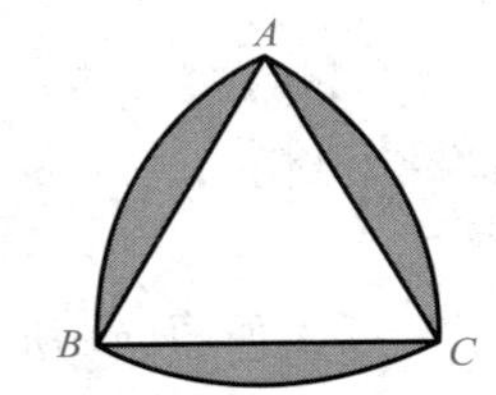


难度 ★★

(1) $a=2$.

(2) $a=1$.

答案 B

考点 组合图形的面积问题.

解析 阴影部分的面积为

$$S=3S_{扇形ABC}-3S_{\triangle ABC}=3\times\frac{\pi}{6}\times a^2-3\times\frac{\sqrt{3}}{4}\times a^2=\left(\frac{\pi}{2}-\frac{3\sqrt{3}}{4}\right)a^2.$$

显然条件(1)不充分，条件(2)充分.

【评注】 采用整体的原理求解.

14. 如下图所示，四边形 $ABCD$ 为矩形纸片，把纸片 $ABCD$ 折叠，使点 $B$ 恰好落在 $CD$ 的中点 $E$ 处，则 $AF=4\sqrt{3}$. 难度 ★★

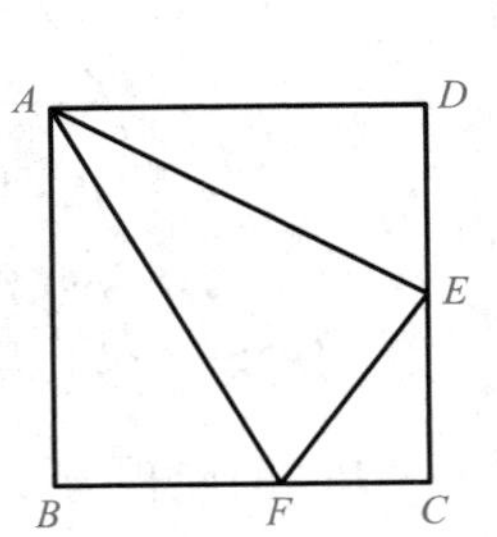

(1) $CD=6$.

(2) $CD=8$.

答案 A

考点 勾股定理的运用.

解析 条件(1)：$CD=6$，得 $AB=AE=6$，$DE=CE=3$，可得 $BC=AD=\sqrt{AE^2-DE^2}=3\sqrt{3}$. 设 $BF=x$，$CF=3\sqrt{3}-x$，由勾股定理，得 $EF^2=CF^2+CE^2\Rightarrow x^2=(3\sqrt{3}-x)^2+3^2\Rightarrow x=2\sqrt{3}$，故 $AF=\sqrt{BF^2+AB^2}=4\sqrt{3}$，充分.

条件(2)明显不充分. 选 A.

【评注】　一般翻折问题往往会出现全等的现象，在做题中会有许多线索，应多注意这个问题.

15. 如右图所示，平行于 $BC$ 的线段 $MN$ 把等边三角形 $ABC$ 分成一个三角形和一个四边形，则 $\triangle AMN$ 和四边形 $MBCN$ 的面积之比为 $9:7$. **难度** ★★

(1) $\triangle AMN$ 和四边形 $MBCN$ 的周长相等.

(2) $AM:MB=3:1$.

**答案**　D

**考点**　相似三角形的运用.

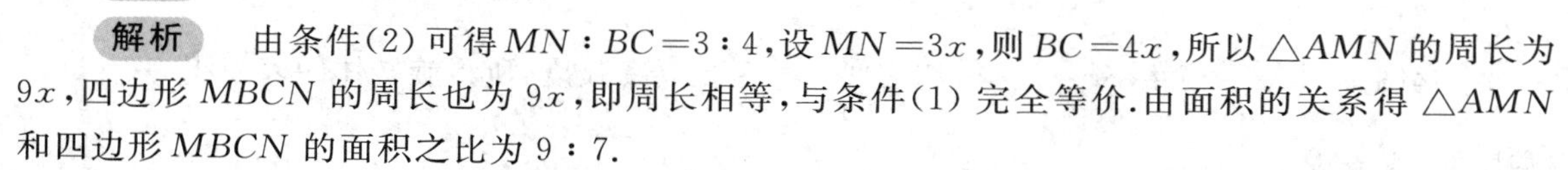

**解析**　由条件(2)可得 $MN:BC=3:4$，设 $MN=3x$，则 $BC=4x$，所以 $\triangle AMN$ 的周长为 $9x$，四边形 $MBCN$ 的周长也为 $9x$，即周长相等，与条件(1)完全等价.由面积的关系得 $\triangle AMN$ 和四边形 $MBCN$ 的面积之比为 $9:7$.

【评注】　条件充分性判断中，往往会遇到两个条件等价，在这样的情况下都选 D.

## 类型 2　空间几何体

### 一、问题求解

1. 图(a)所示为一只装了水的密封瓶子，其内部可以看成由半径为 1 厘米和半径为 3 厘米的两个圆柱组成的简单几何体.当这个几何体如图(b)所示放置时，液面高度为 20 厘米，当这个几何体如图(c)所示放置时，液面高度为 28 厘米，则这个简单几何体的总高度为(　　)厘米.

**难度** ★★

A. 29　　B. 30　　C. 31　　D. 32　　E. 48

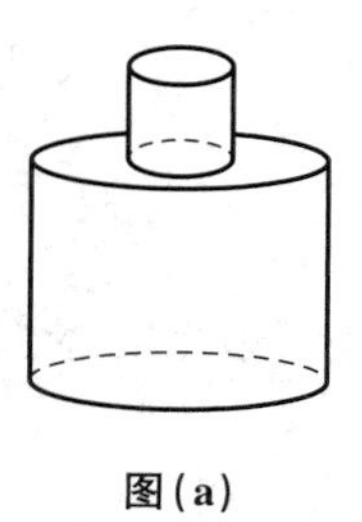

图(a)

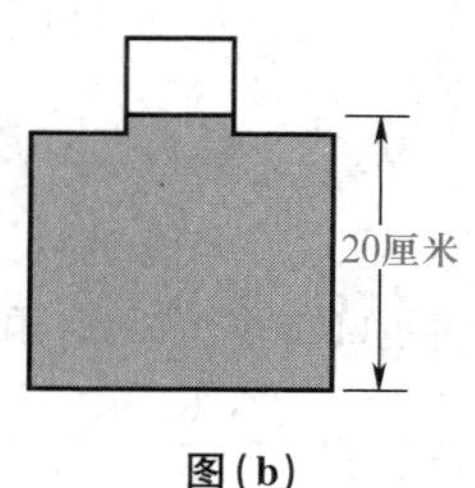


图(b)

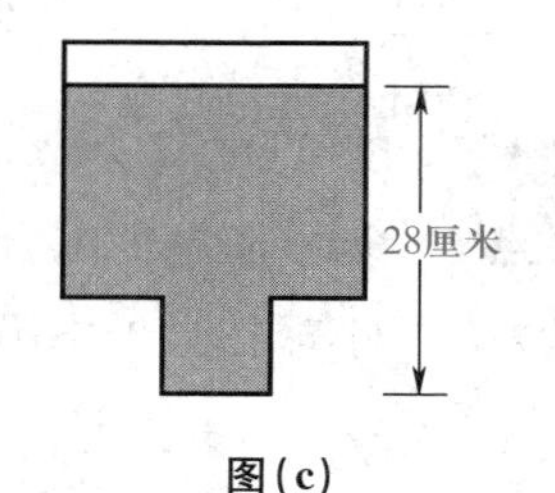


图(c)

**答案**　A

**考点**　圆柱体的体积与比例计算.

**解析**　可以分析出图(b)和图(c)中空白部分的高度比为 $9:1$，设总高度为 $H$，则

$$\frac{H-20}{H-28}=\frac{9}{1}\Rightarrow H=29.$$

【评注】　比例的灵活运用非常重要.

2. 一根绳子在一个圆柱体上均匀地由一端绕到同一母线的另一端，一共绕了 4 整圈，已知圆柱体底面周长为 4 米，高为 12 米，则绳长（　　）米. 难度 ★★★

A. 15　　B. 20　　C. 24　　D. 36　　E. 48

答案　B

考点　圆柱体的侧面展开图.

解析　一圈绕的圆柱可看成一个高为 3 米的小圆柱，则侧面一圈长为$\sqrt{4^2+3^2}=5$(米)，则总长为 20 米.

【评注】 此题主要考查圆柱体的侧面展开图.

3. 将圆 $x^2+y^2-x+3y-\frac{5}{2}=0$ 绕直线 $x=\frac{1}{2}$ 旋转 $\pi$ 弧度，所得旋转体的表面积为（　　）.

难度 ★★★

A. $\frac{20\sqrt{5}}{3}\pi$　　B. $\frac{10\sqrt{5}}{3}\pi$　　C. $10\pi$　　D. $20\pi$　　E. 以上都不正确

答案　D

考点　球的表面积.

解析　$x^2+y^2-x+3y-\frac{5}{2}=0\Rightarrow\left(x-\frac{1}{2}\right)^2+\left(y+\frac{3}{2}\right)^2=5$，旋转体的表面积正好就是 1 个球的表面积，则 $S=4\pi r^2=20\pi$.

【评注】 此题比较简单，直接利用公式即可.

4. 在一个棱长为 3 的封闭正方体盒子中放一个半径为 1 的小球，无论怎么摇动盒子，小球在盒子中不能到达的空间的体积为（　　）. 难度 ★★

A. $8-\frac{4\pi}{3}$　　B. $20-\frac{13\pi}{3}$　　C. $\frac{4\pi}{3}-1$　　D. $\frac{2\pi}{3}-1$　　E. $1-\frac{2\pi}{3}$

答案　B

考点　切接问题的综合运用.

解析　小球在盒子中不能到达的空间的体积为 8 个角的体积与 12 条边缘的体积.

$V=V_1+V_2=\left(8-\frac{4}{3}\pi\right)+\frac{4-\pi}{4}\times 12=20-\frac{13}{3}\pi.$

【评注】 此题具有一定的难度，要求考生具有相当好的空间思维能力.

5. 有一根长为 5 厘米，底面半径为 1 厘米的圆柱形铁管，用一段铁丝在铁管上缠绕 4 圈，并使铁丝的两个端点落在圆柱的同一母线的两端，则铁丝的最短长度为（　　）厘米. 难度 ★★

A. $8\pi$　　B. $4\pi$　　C. $8\pi+5$　　D. $\sqrt{4\pi^2+25}$　　E. $\sqrt{64\pi^2+25}$

答案　E

**考点**　圆柱的侧面展开图.

**解析**　本题考查的知识点是圆柱的结构特征，数形结合思想、转化思想在空间问题中的应用.

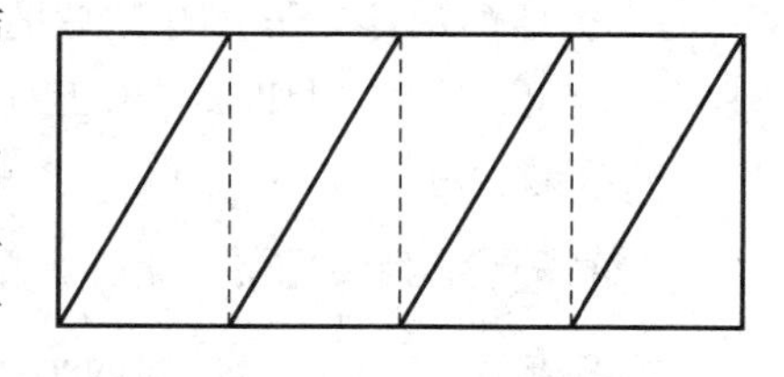

因为圆柱形铁管的长为 5 厘米，底面半径为 1 厘米，又因为铁丝在铁管上缠绕 4 圈，且铁丝的两个端点落在圆柱的同一母线的两端，则可以得到将圆柱侧面展开后的平面图形，如右图所示.

其中每一个小矩形的宽为圆柱底面的周长 $2\pi$ 厘米，长为圆柱的高的$\frac{1}{4}$，即$\frac{5}{4}$ 厘米，则大矩形的对角线长即铁丝的最短长度.

此时铁丝的最短长度为 $4\sqrt{(2\pi)^2+\left(\frac{5}{4}\right)^2}=\sqrt{64\pi^2+25}$(厘米).

【评注】　解答本题的关键是把空间问题转化为平面问题.另外，使用数形结合的思想用图形将满足题目的几何体表示出来，能更加直观地分析问题，进而得到答案.

6. 体积为 27 的圆柱体，其表面积至少等于(　　). **难度**　★★

A. $27\sqrt[3]{2\pi}$　　B. $9\sqrt[3]{2\pi}$　　C. $16\sqrt[3]{2\pi}$　　D. $6\sqrt[3]{2\pi^2}$　　E. $12\sqrt[3]{\pi^2}$

**答案**　A

**考点**　圆柱体的表面积和体积.

**解析**　已知体积 $V=\pi r^2h=27$，表面积 $S=2\pi r^2+2\pi rh=2\pi(r^2+rh)$.

$$2\pi\left(r^2+r\cdot\frac{27}{\pi r^2}\right)=2\pi\left(r^2+\frac{27}{2\pi r}+\frac{27}{2\pi r}\right)\geqslant 6\pi\sqrt[3]{\frac{27^2}{4\pi^2}}=54\sqrt[3]{\frac{\pi}{4}}=27\sqrt[3]{2\pi}.$$

【评注】　由于等边圆柱体(正圆柱体)具有底面直径等于高的完美状态，故本题可以直接假设 $h=2r$ 来求解，大大节约了时间.

## 二、条件充分性判断

7. 把一个圆柱体的侧面积和高都分别扩大到原来的若干倍，则底面半径一定扩大到原来的 4 倍. **难度**　★

(1) 侧面积扩大到原来的 8 倍，而高扩大到原来的 2 倍.

(2) 侧面积扩大到原来的 4 倍，高也扩大到原来的 4 倍.

**答案**　A

**考点**　圆柱体的侧面积.

**解析**　条件(1) 等价于半径扩大到原来的 4 倍，充分.

条件(2) 表明半径没有变化，不充分.

【评注】　熟记各种几何体的表面积计算公式.

8. $V_1:V_2=1:3\sqrt{3}$. 难度 ★

(1) 球的内接正方体和该球的外切正方体的体积分别为 $V_1$ 和 $V_2$.

(2) 正方体的内切球与该正方体的外接球的体积分别为 $V_1$ 和 $V_2$.

答案 D

考点 切接问题.

解析 条件(1):设球的半径为1,有内接正方体的边长为$\frac{2}{\sqrt{3}}$,外切正方体的边长为2,则边长比为$1:\sqrt{3}$,体积比为$1:3\sqrt{3}$,充分.

条件(2):设正方体的边长为1,有内切球的半径为$\frac{1}{2}$,外接球的半径为$\frac{\sqrt{3}}{2}$,则半径比为$1:\sqrt{3}$,体积比为$1:3\sqrt{3}$,也充分.

【评注】 切接问题具有等价性.

9. 球的表面积等于圆柱全面积的三分之二. 难度 ★

(1) 球内切于圆柱.

(2) 球的表面积等于圆柱的侧面积.

答案 A

考点 切接问题.

解析 条件(1):设球的半径为1,则球的表面积为$4\pi$,而圆柱的底面半径为1,高为2,则圆柱的表面积为$2\pi+4\pi=6\pi$,充分.条件(2) 显然不充分.

【评注】 求解此题时很容易因受到迷惑而选C.

## 类型3 解析几何

### 一、问题求解

1. 已知两个点$A(2,-3)$和$B(-1,3)$,则圆$(x-1)^2+(y-2)^2=\frac{1}{5}$上的点与直线$AB$之间的最短距离为( ). 难度 ★

A. $\frac{3}{5}$  B. $\frac{2}{5}$  C. $3\sqrt{5}$  D. $\frac{3}{\sqrt{5}}$  E. $\frac{2}{\sqrt{5}}$

答案 E

考点 直线与圆的位置关系.

解析 直线$AB$的方程为$2x+y-1=0$,而圆心$(1,2)$到直线$AB$的距离为$d=$

$\frac{|2+2-1|}{\sqrt{5}}=\frac{3}{\sqrt{5}}$,则圆上的点到直线 $AB$ 之间的最短距离为 $d-r=\frac{3}{\sqrt{5}}-\frac{1}{\sqrt{5}}=\frac{2}{\sqrt{5}}$.

【评注】 直线与圆的位置问题往往化为圆心(点)与直线的位置问题.

2. 以圆 $x^2+y^2=1$ 在第一象限内的任意一点 $(a,b)$ 为切点,所作圆的切线与两坐标轴围成的三角形的最小面积等于(　　). 难度 ★★

A. $\frac{19}{20}$　　B. 1　　C. $\frac{21}{20}$　　D. $\frac{11}{10}$　　E. $\frac{23}{20}$

答案　B

考点　圆的切线问题.

解析　当三角形斜边最短时,即斜边长为 2 时,三角形面积最小,最小面积为 1.

【评注】 求解此题的关键在于将三角形面积的最值问题转化为该三角形斜边的边长的最值问题.

3. 直线 $3x-y+4=0$ 与 $6x-2y-1=0$ 是一个圆的两条切线,则该圆的面积是(　　). 难度 ★★

A. $\frac{81\pi}{160}$　　B. $\frac{2\pi}{5}$　　C. $\frac{81\pi}{40}$　　D. $\frac{8\pi}{5}$　　E. 以上都不正确

答案　A

考点　两直线的位置关系.

解析　两平行线间的距离为 $d=\frac{|9|}{\sqrt{36+4}}=\frac{9}{\sqrt{40}}$,圆的半径为 $r=\frac{9}{2\sqrt{40}}$,面积为 $\pi r^2=\pi\left(\frac{9}{2\sqrt{40}}\right)^2=\frac{81\pi}{160}$.

【评注】 本题考查两直线的位置关系的灵活运用,要求考生能迅速判断两直线平行.

4. 在平面直角坐标系 $xOy$ 中,记二次函数 $f(x)=x^2+3x+1(x\in\mathbf{R})$ 与两坐标轴有三个交点,经过三个交点的圆记为 $C$,则圆 $C$ 的方程是(　　). 难度 ★

A. $x^2+y^2+3x+2y+1=0$　　B. $x^2+y^2-3x+2y+1=0$

C. $x^2+y^2-3x-2y+1=0$　　D. $x^2+y^2-2x-2y+1=0$

E. $x^2+y^2+3x-2y+1=0$

答案　E

考点　圆的方程.

解析　设圆的一般方程式为 $x^2+y^2+Dx+Ey+F=0$,令 $y=0$,得 $D=3,F=1$,再令 $x=0$,得 $y^2+Ey+1=0$,而 $y=1$ 是该方程的解,得 $E=-2$.

【评注】 方程与函数之间的联系.

5. 自点 $A(-3,3)$ 发射的光线 $l$ 射到 $x$ 轴上，被 $x$ 轴反射，其反射光线所在的直线与圆 $x^2+y^2-4x-4y+7=0$ 相切，则光线 $l$ 所在的直线方程为(　　). 难度 ★★

A. $4x+3y+3=0$　　B. $3x+4y-3=0$

C. $3x-4y+3=0$　　D. $4x+3y+3=0$ 或 $3x-4y+3=0$

E. $4x+3y+3=0$ 或 $3x+4y-3=0$

答案　E

考点　直线对称问题.

解析　显然验证发现满足点 $A(-3,3)$ 的有 $4x+3y+3=0$ 和 $3x+4y-3=0$，又知道此题有两解，那么应该选 E.

【评注】 这类题目一般先求出对称点，然后再求切线.

6. 已知直线 $l$ 过点 $P(2,3)$，且和两平行直线 $l_1:3x+4y-7=0$，$l_2:3x+4y+8=0$ 分别相交于 $A$，$B$ 两点，若 $|AB|=3\sqrt{2}$，则直线 $l$ 的方程为(　　). 难度 ★★★

A. $y=\frac{1}{7}(x-2)+3$　　B. $y=-7(x-2)+3$

C. $y=\frac{1}{7}(x-2)+3$ 或 $y=-7(x-2)+3$　　D. $y=-8(x-2)+3$

E. 以上结论均不正确

答案　C

考点　直线的方程.

解析　由两平行直线间距离 $d=\frac{|-7-8|}{\sqrt{3^2+4^2}}=3$，$|AB|=3\sqrt{2}$ 可知，直线 $l$ 与 $l_1$，$l_2$ 所夹角为 $45°$，由直线间夹角公式可求出直线 $l$ 的倾斜角正切值 $\tan\theta=\frac{1}{7}$ 或 $-7$，再代入点斜式方程可知 C 正确.

技巧　从位置的关系可以迅速判断有两种情况，又 C 选项包含 A，B 选项两种情况，那么 C 选项正确可能性就更高了.

【评注】 根据选项的结构猜答案是非常快捷的方法，在真题解答中有广泛的运用.

7. 由曲线 $2x^2+y^2=x^2y^2+2$ 围成的图形的面积为(　　). 难度 ★★

A. $2\sqrt{2}$　　B. $2\sqrt{3}$　　C. $4$　　D. $4\sqrt{2}$　　E. $4\sqrt{3}$

答案　D

考点　曲线的方程式.

**解析**　$2x^2+y^2=x^2y^2+2\Rightarrow(x^2-1)(y^2-2)=0\Rightarrow x=\pm1,y=\pm\sqrt{2}$，显然围成一个长方形，面积为 $S=2\sqrt{2}\times2=4\sqrt{2}$.

【评注】　此题考查因式分解以及直线的方程，是联考的特色.

8. 设圆 $C$ 的方程为 $x^2+y^2-2x-2y-2=0$，直线 $l$ 的方程为 $(m+1)x-my-1=0$，圆 $C$ 被直线 $l$ 截得的弦长等于（　　）. **难度**　★

A. 4　　B. $2\sqrt{2}$　　C. 2　　D. 3　　E. 与 $m$ 有关

**答案**　A

**考点**　直线与圆的位置关系.

**解析**　直线是直线系，过定点，判断定点的位置，从而求得结果.

直线 $l$ 的方程为 $(m+1)x-my-1=0$，可化简为 $m(x-y)+(x-1)=0$，过定点 $(1,1)$. 圆 $C$ 的方程为 $x^2+y^2-2x-2y-2=0$，圆心坐标为 $(1,1)$，半径为 2，显然直线 $l$ 过圆 $C$ 的圆心，则圆 $C$ 被直线 $l$ 截得的弦长即直径，结果为 4.

【评注】　本题考查直线与圆的位置关系，直线系方程相关题目是基础题.

9. 圆 $C_1:x^2+y^2=9$ 与圆 $C_2:(x-1)^2+(y-2)^2=r^2(r>0)$ 有交点的充要条件是（　　）.
**难度**　★

A. $1\leqslant r\leqslant\sqrt{5}$　　B. $3-\sqrt{5}\leqslant r\leqslant3+\sqrt{5}$　　C. $3-\sqrt{5}\leqslant r\leqslant5$

D. $4-\sqrt{6}\leqslant r\leqslant4+\sqrt{6}$　　E. 以上都不正确

**答案**　B

**考点**　两圆的位置关系.

**解析**　显然圆 $C_1$ 的圆心为 $(0,0)$，半径为 3，圆 $C_2$ 的圆心为 $(1,2)$，半径为 $r$，则两圆有交点的充要条件为

$$|R-r|\leqslant d\leqslant R+r\Rightarrow|3-r|\leqslant\sqrt{1^2+2^2}\leqslant3+r\Rightarrow3-\sqrt{5}\leqslant r\leqslant3+\sqrt{5}.$$

【评注】　这里尤其要注意当两圆的半径并未确定时，两半径的差要加上绝对值符号，以保证结果的完整性.

## 二、条件充分性判断

10. 直线 $l$ 过点 $P(1,2)$，且 $A,B$ 两点到直线 $l$ 的距离相等，则直线 $l$ 的方程为 $3x+2y-7=0$.
**难度**　★

(1) $A$ 点坐标为 $(2,3)$.

(2) $B$ 点坐标为 $(4,-5)$.

**答案**　E

**考点**　直线方程与距离公式.

**解析** 此题显然是联合两个条件，若从图形看，有两种情况：一种是直线过点 $P$ 与 $AB$ 直线平行，另一种是直线过点 $P$ 和 $AB$ 线段的中点.这两种情况都能满足 $A$，$B$ 两点到直线 $l$ 的距离相等.但题干只有一种情况，显然不充分.

【评注】 对于解析几何题一般要先分析解的情况再进行计算，此题显然没必要真正计算.

11. 以直线 $L$ 为对称轴，与直线 $y=kx+b$ 对称的直线为 $x=ky-b$. **难度** ★

(1) $L: y=-x$.

(2) $L: y=x$.

**答案** A

**考点** 直线的对称问题.

**解析** 条件(1)：只要直接把 $y$ 代成 $-x$，把 $x$ 代成 $-y$，得 $-x=k(-y)+b \Rightarrow x=ky-b$，充分.条件(2)：得 $x=ky+b$，不充分.

【评注】 这些重要的对称可以作为结论记忆，尤其是斜率为 $\pm 1$ 时的情况，真题中出现的次数非常多.

12. 能够使圆 $x^2+y^2-2x+4y+1=0$ 上恰好有两个点到直线 $3x+4y+c=0$ 距离等于1. **难度** ★★

(1) $c>4$.

(2) $c<6$.

**答案** E

**考点** 直线与圆的位置关系.

**解析** 由题干分析可得

$$|d-r|<1 \Rightarrow \left|\frac{|c-5|}{5}-2\right|<1 \Rightarrow 5<|c-5|<15 \Rightarrow -10<c<0 \text{ 或 } 10<c<20,$$

都不充分，联合也不充分.

【评注】 对于这样的题目一般采用取中间特殊值 $c=5$ 代入检验，如果不充分则选E，如果充分则选C项的可能性比较大.

13. 若圆 $(x-3)^2+(y+5)^2=r^2$ 上有且仅有两个点到直线 $4x-3y-2=0$ 的距离为1. **难度** ★

(1) $r>4$.

(2) $r<6$.

**答案** C

**考点** 直线与圆的位置关系.

**解析** 由题干分析得

$$|d-r|<1 \Rightarrow \left|\frac{12+15-2}{5}-r\right|<1 \Rightarrow |5-r|<1 \Rightarrow 4<r<6,$$

联合充分.

【评注】 对于这样的题目一般采用取中间特殊值 $r=5$ 代入检验,如果不充分则选E,如果充分则选C的可能性比较大.

14. $S=\pi$. 难度 ★★

(1) 由直线 $x+y-1=0$,$x$ 轴正半轴与曲线 $y=\sqrt{3+2x-x^2}$ 所围成的面积为 $S$.

(2) 由 $y=|x|$ 和圆 $x^2+y^2=4$ 所围成的较小图形的面积是 $S$.

答案　B

考点　曲线图形与平面面积相结合.

解析　条件(1):$y=\sqrt{3+2x-x^2} \Rightarrow (x-1)^2+y^2=4(y\geqslant 0)$,作图显示是一个扇形,其面积为 $S=\frac{3}{8}\pi\times 2^2=\frac{3}{2}\pi$,不充分.

条件(2):作图显示是一个扇形,其面积为 $S=\frac{1}{4}\pi\times 2^2=\pi$,充分.

【评注】 熟悉一些常见的曲线的图形.

15. 已知点 $A(-2,0)$,点 $B(0,2)$,则 $\triangle ABC$ 的面积的最大值是 $3+\sqrt{2}$. 难度 ★★

(1) 点 $C$ 为圆 $x^2+y^2-2x=0$ 上的一动点.

(2) 点 $C$ 为圆 $x^2+y^2+2y=0$ 上的一动点.

答案　D

考点　动态解析几何问题.

解析　由条件(1)中的圆心到 $AB$ 所在直线的距离 $d=\frac{3\sqrt{2}}{2}$,可知 $C$ 到线段 $AB$ 的距离最大值为 $\frac{3\sqrt{2}}{2}+1$,则 $\triangle ABC$ 的面积的最大值是 $3+\sqrt{2}$,充分.画出图形可以发现两个条件中的圆关于 $y=-x$ 具有对称性,且 $y=-x$ 是线段 $AB$ 的中垂线显然是等价条件,必然都充分.

【评注】 探究 $\triangle ABC$ 的面积的最大值即探究 $C$ 到线段 $AB$ 的距离的最大值.

16. 圆的方程是 $(x-1)^2+(y+2)^2=2$. 难度 ★★

(1) 圆过点 $P(2,-1)$,且与直线 $x-y=1$ 相切.

(2) 圆心在直线 $y=-2x$ 上.

答案　E

考点　圆的标准方程求解.

解析　联合两个条件.设圆心坐标为 $(a,-2a)$,显然圆心到点 $P(2,-1)$ 的距离等于圆

心到直线 $x-y=1$ 的距离，则 $r=\sqrt{(a-2)^2+(1-2a)^2}=\frac{|3a-1|}{\sqrt{2}}\Rightarrow a=1$ 或 9.显然两解，不充分.

17. 过点 $M(-6,8)$ 向圆 $C$ 作切线，切点为 $A,B$，则点 $M$ 到直线 $AB$ 的距离为 $\frac{15}{2}$. 难度 ★

(1) 圆 $C$ 的方程：$x^2+y^2=25$.

(2) 圆 $C$ 的方程：$x^2+y^2=36$.

答案 A

考点 圆的切线问题.

解析 条件(1)：过切点的弦 $AB$ 的方程为 $-6x+8y=25\Rightarrow 6x-8y+25=0$，点 $M(-6,8)$ 到直线 $AB$ 的距离为 $d=\frac{|-36-64+25|}{10}=\frac{15}{2}$，充分.条件(2)：同法做出答案，发现不充分.

【评注】 过切点 $(x_0,y_0)$ 弦的方程的求法：将 $x^2\rightarrow xx_0$，$y^2\rightarrow yy_0$，值得注意.

18. 已知直线 $L$ 的斜率为 $\frac{1}{6}$，则直线 $L$ 与两坐标轴围成的面积是 3. 难度 ★

(1) $L$：$x-6y+6=0$.

(2) $L$：$x-6y-6=0$.

答案 D

考点 直线方程与面积相结合.

解析 设直线方程为 $y=\frac{1}{6}x+m$，令 $x=0$，得 $y=m$，令 $y=0$，$x=-6m$，则面积为 $S=\left|\frac{1}{2}\times(-6m)\times m\right|=3\Rightarrow m=\pm1$.两个条件都充分.

【评注】 从位置关系看出有两种情况，两个条件都充分的可能性比较大.

19. 直线在 $y$ 轴上的截距是 $-1$. 难度 ★★

(1) 直线经过点 $(1,0)$ 且与圆 $x^2+y^2-4x-2y+3=0$ 相切.

(2) 直线经过点 $(1,0)$ 且与圆 $x^2+y^2-4x-2y+3=0$ 截得的弦长为 $2\sqrt{2}$.

答案 B

考点 直线与圆的位置关系.

解析 条件(1)：设直线方程为

$$y=k(x-1)\Rightarrow kx-y-k=0\Rightarrow\frac{|2k-1-k|}{\sqrt{k^2+1}}=\sqrt{2}\Rightarrow k=-1,$$

得 $x+y-1=0$.但还有一种情况 $x=1$，不满足题干，不充分.

条件(2)：说明直线过圆心，求出直线方程为 $x-y-1=0$，满足题干，充分.

【评注】 做解析几何题一般都要画图，看清楚解的情况再具体计算.

20. 直线 $3x-y=2$ 关于对称轴 $L$ 的对称直线的斜率 $k=\frac{1}{3}$. 难度 ★

(1) $L: x=3$.

(2) $L: x+y=0$.

答案　B

考点　直线的对称问题.

解析　条件(1)：直线 $3x-y=2$ 关于 $L: x=3$ 的对称直线为 $3(6-x)-y=2 \Rightarrow y=-3x+16$，显然斜率为 $-3$，不充分. 条件(2)：根据经验结论采用交换代入法，得对称直线为 $3(-y)-(-x)=2 \Rightarrow x-3y=2 \Rightarrow y=\frac{1}{3}x-\frac{2}{3}$，斜率显然是 $k=\frac{1}{3}$，充分.

【评注】 本题也可以画草图分析，得条件(1)明显不充分.

# 第六章 排列组合真题应试技巧

◆ 第一节 核心公式、知识点与考点梳理
◆ 第二节 真题深度分类解析
◆ 第三节 母题精讲

【考试地位】每年考试中都有 2 ～ 3 个排列组合题目.本模块内容考点灵活多变,题目类型较多,考生比较容易犯错误,复习时要多加关注和归纳总结.建议考生在掌握排列和组合概念的基础上,重点学习解题策略.

# 第一节 核心公式、知识点与考点梳理

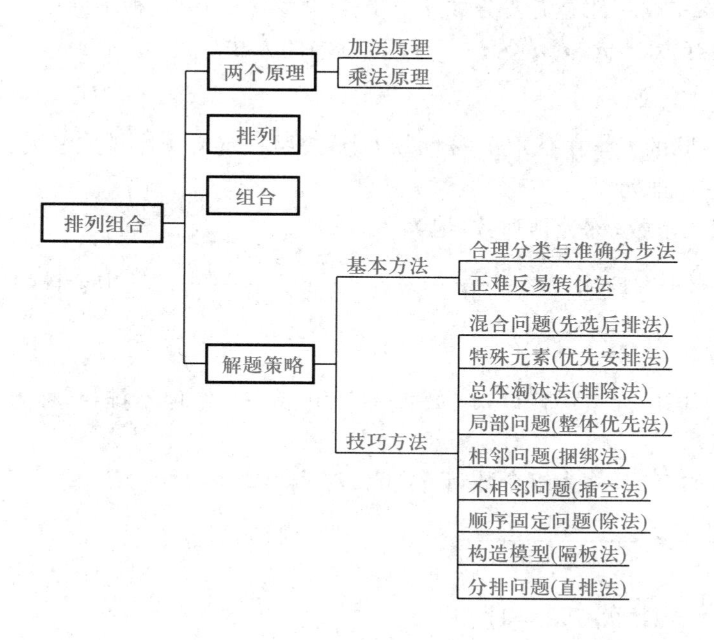

1. 两个重要原理

加法原理：如果完成一件事可以有 $n$ 类办法，在第 $i$ 类办法中有 $m_i$ 种不同的方法 $(i=1,2,\cdots,n)$，那么完成这件事共有 $N=m_1+m_2+\cdots+m_n$ 种不同的方法.

乘法原理：如果完成一件事需要分成 $n$ 个步骤，做第 $i$ 步有 $m_i$ 种不同的方法 $(i=1,2,\cdots,n)$，那么完成这件事共有 $N=m_1\cdot m_2\cdot\cdots\cdot m_n$ 种不同的方法.

2. 排列与排列数

排列：从 $n$ 个不同的元素中任取 $m(m\leqslant n)$ 个，按照一定的顺序排成一列，称为从 $n$ 个元素中取出 $m$ 个元素的一个排列.

所有这些排列的个数，称为排列数，记为 $\mathrm{A}_n^m$.

公式为 $\mathrm{A}_n^m=n(n-1)(n-2)\cdots(n-m+1)=\dfrac{n!}{(n-m)!}$，其中全排列（阶乘）$\mathrm{A}_n^n=n!$.

3. 组合与组合数

组合：从 $n$ 个不同的元素中任取 $m(m\leqslant n)$ 个并成一个组但不排列，称为从 $n$ 个元素中取出 $m$ 个元素的一个组合.

所有这些组合的个数，称为组合数，记为 $\mathrm{C}_n^m$.

公式为 $\mathrm{C}_n^m=\dfrac{\mathrm{A}_n^m}{\mathrm{A}_m^m}=\dfrac{n!}{m!\,(n-m)!}$.

基本公式有 $\mathrm{C}_n^m=\mathrm{C}_n^{n-m}$，$\mathrm{C}_{n+1}^m=\mathrm{C}_n^m+\mathrm{C}_n^{m-1}$，$\sum\limits_{k=0}^{n}\mathrm{C}_n^k=2^n$.

## 第二节　真题深度分类解析

### 考点精解1　计数原理

【考点突破】本考点主要考查加法和乘法两个基本计数原理的运用，即分类计数原理和分步计数原理（加法原理和乘法原理）.

【要点浏览】一般来说，如果完成一件事有 $n$ 类办法，这 $n$ 类办法之间彼此是相互独立的，无论哪一类办法中的哪一种方法都能独立完成这件事，求完成这件事的方法种数，就用分类计数原理（加法原理）. 如果完成一件事需要分成 $n$ 个步骤，缺一不可，即需要完成所有的步骤，才能完成这件事，而完成每一个步骤各有若干种不同的方法，求完成这件事的方法种数，就用分步计数原理（乘法原理）.

【名师总结】一般遇到混合类的问题时，采用先分类后分步的原则.

#### 子考点1　乘法原理

考点运用技巧：要明确题目是属于分类还是分步，“或”就用加法，“且”就用乘法.

典型真题:(2000－1) 用五种不同的颜色涂在图中的四个区域内,每个区域涂上一种颜色,且相邻的区域的颜色必须不同,则共有不同的涂法(　　)种. **难度** ★★

A. 120　　B. 140　　C. 160
D. 180　　E. 200

**考点**　乘法原理.

**解析**　以 $A,B,D,C$ 的顺序依次往下涂:涂 $A$ 有 5 种涂法,涂 $B$ 有 4 种涂法,涂 $D$ 有 3 种涂法,涂 $C$ 有 3 种涂法,由乘法原理得 $5\times4\times3\times3=180$.选 D.

**点睛**　遇到涂色问题,按照区域逐一填涂,最后采用乘法原理计算数值即可.

练习:(2007－10) 有 5 人参加 3 项不同的培训,每人都只报一项,则不同的报法有(　　). **难度** ★★

A. 243 种　　B. 125 种　　C. 81 种　　D. 60 种　　E. 以上结论均不正确

**考点**　计数原理.

**解析**　每个人都有 3 种不同的报法,结果为 $3^5=243$(种).选 A.

**点睛**　可重复的排列问题,记忆秘诀是"每个 $A$ 只一个 $B$",答案形式:$(B\text{ 的数量})^{A\text{ 的数量}}$.

练习:(2008－10) 某公司员工义务献血,在体检合格的人中,O 型血的有 10 人,A 型血的有 5 人,B 型血的有 8 人,AB 型血的有 3 人.若从 4 种血型的人中各选 1 人去献血,则不同的选法种数共有(　　). **难度** ★

A. 1 200　　B. 600　　C. 400　　D. 300　　E. 26

**考点**　乘法原理.

**解析**　从每个血型中选择一人,根据乘法原理,$N=10\times5\times8\times3=1\,200$.选 A.

**点睛**　本题考查乘法原理的简单应用,求解很容易.

## 子考点 2　两种原理混合使用

考点运用技巧:当两个原理结合使用时,要求考生能进行合理分类,准确分步.

典型真题:(2015－12) 某委员会由三个不同专业的人组成,三个专业的人数分别为 2,3,4,从中选派 2 位不同专业的委员外出调研,则不同的选派方式有(　　). **难度** ★★

A. 36 种　　B. 26 种　　C. 12 种　　D. 8 种　　E. 6 种

**考点**　计数原理.

**解析**　方法一:分类讨论.每两类各取 1 人,则 $N=C_2^1C_3^1+C_3^1C_4^1+C_4^1C_2^1=26$.选 B.

方法二:反向排除法.$N=C_9^2-C_2^2-C_3^2-C_4^2=36-1-3-6=26$.选 B.

**技巧**　由于 $8+6+12=26$,故直接选 B.

## 考点精解 2 排列与排列数

【考点突破】本考点主要以排队、座位、数字为背景，考查元素的限制问题、定序问题，位置的限制问题等，以及一些否定类的关键词.

【要点浏览】

(1) $A_n^m = n(n-1)(n-2)\cdots(n-m+1)$；

$A_n^n = n(n-1)(n-2)\cdots\times 3\times 2\times 1 = n!$.

(2) $C_n^m = \dfrac{A_n^m}{A_m^m} = \dfrac{n(n-1)(n-2)\cdots(n-m+1)}{m!}$；$C_n^n = C_n^0 = 1$；$C_n^m = C_n^{n-m}$.

【名师总结】一般处理限制类的问题主要采用元素优先法或者位置优先法，即对有限制的元素或者位置优先考虑，然后再考虑无限制的元素或位置.

### 子考点 1 特殊元素或特殊位置

考点运用技巧：遇到特殊元素或者特殊位置的时候，需要先考虑这个“特殊”对象，也就是中学阶段常称的元素(位置)优先法.

典型真题：(1997－10) 某公司电话号码有 5 位，若第一位数字必须是 5，其余各位可以是 0～9 的任意一个，则由完全不同的数字组成的电话号码的个数是(　　). 难度 ★★

A. 126　　B. 1 260　　C. 3 024　　D. 5 040　　E. 30 240

考点　排队问题(数字问题).

解析　第一位数是 5，其余四位数只能在 9 个数字中挑选，则不同数字组成的电话号码个数为 $C_9^4\times 4! = A_9^4 = 3\ 024$.选 C.

点睛　若某个元素放入指定位置，则不参与选取和排序，其余数位没有要求，可以先选元素，再将元素排序.

练习：(2012－1) 在两队进行的羽毛球对抗赛中，每队派出 3 男 2 女共 5 名运动员进行五局单打比赛，如果女子比赛安排在第二局和第四局进行，则每队队员的不同出场顺序有(　　)种.

难度 ★★

A. 12　　B. 10　　C. 8　　D. 6　　E. 4

考点　排列组合问题.

解析　采用优先法.先将 2 名女子排列，再将 3 名男子排列，则 $2!\times 3! = 12$(种).选 A.

点睛　对于某些元素安排在指定位置的问题，只需考虑元素的排序即可.

练习：(2011－1) 现有 3 名男生和 2 名女生参加面试，则面试的排序法有 24 种. 难度 ★

(1) 第一位面试的是女生.

(2) 第二位面试的是指定的某位男生.

**考点** 排列组合问题.

**解析** 条件(1):第一步分析第一位,要求第一位面试的是女生,可以是2名女生中的任意一名,有2种方法.第二步分析第二位,第二位没有任何要求,由于第一位已经面试过1名女生,第二位可以面试除了第一名面试过的女生外剩余的任意4人,有4种方法.依此类推,第三步分析第三位,有3种方法,第四步分析第四位,有2种方法,第五步只有1种方法,故共有$2\times4\times3\times2\times1=48$种方法,不充分.条件(2):第一步分析第二位,要求面试的是指定的某位男生,故第一步只有1种方法,其余步骤类似条件(1)的分析思路,分别有4,3,2,1种方法,故共有$4\times3\times2\times1=24$种方法,充分.综上选B.

**技巧** 排完特殊元素之后,剩余的4个元素可以直接全排列(4!).

**子考点2** 相邻与不相邻问题

考点运用技巧:相邻问题一般需要将相邻的元素进行捆绑,当作一个整体进行研究,而不相邻问题则需要将这些不相邻的元素插入其余元素的空隙中去,也称为插空法.

典型真题:(2008－1)有两排座位,前排6个座位,后排7个座位,若安排2人就座,规定前排中间2个座位不能坐,且此2人始终不能相邻就座,则不同的坐法种数为(　　).

**难度** ★★★

A. 92　　B. 93　　C. 94　　D. 95　　E. 96

**考点** 排列组合问题.

**解析** 方法一:可以分为3类.两人安排在不同的排就座,有$C_4^1C_7^1A_2^2$种坐法;两人同在前排,有$C_2^1C_2^1A_2^2$种坐法;两人同在后排,有$A_6^2$种坐法,所以不同的坐法种数为$C_4^1C_7^1A_2^2+C_2^1C_2^1A_2^2+A_6^2=94$.选C.

方法二:从反面考虑.从除去前排中间2个座位的剩下11个位置任意排$A_{11}^2$中扣除2人相邻.前排相邻有两种情况(每种情况2人,任意排$A_2^2$),故$2A_2^2$,后排两人相邻,有6种情况,内部两人排$A_2^2$,即$6A_2^2$,故$A_{11}^2-8A_2^2=110-16=94$.选C.

**点睛** 对于排列组合问题,若正面不太好求解,可以利用反面,从总的情况数里面扣除不符合条件的情况数,绝大多数时候会比正面求解简单.

练习:(2011－1)3个三口之家一起观看演出,他们购买了同一排的9张连座票,则每一家的人都坐在一起的不同坐法有(　　)种. **难度** ★★

A. $(3!)^2$　　B. $(3!)^3$　　C. $3(3!)^3$　　D. $(3!)^4$　　E. 9!

**考点** 排队问题.

**解析** 把三口之家捆绑,先考虑三个家庭的顺序,有3!种坐法,再考虑每个家庭之间三个成员的顺序,有$3!\times3!\times3!$种坐法,总的坐法数为$(3!)^4$.选D.

**点睛** 本题涉及每个家庭内部人员的排序和家庭之间的排序.考试时要细心.

## 考点精解 3 组合问题及其运用

【考点突破】本考点主要考查组合运算的公式，以及以摸球、取数、分组、分配、几何计数等为背景的组合实际应用问题.

【名师总结】一般遇到排列组合的混合问题时，要先组合后排列，先考虑整体，后考虑局部，如果是一些元素放入对象中去，一般需要先打包后放入对象.

### 子考点 1 取球(取数)问题

考点运用技巧：遇到“至少”问题时，可以采用两种思路.要么分类讨论，然后每类求和，要么从对立面思考.

典型真题：(2002－10) 某办公室有男职工 5 人，女职工 4 人，欲从中抽调 3 人支援其他工作，但至少有两位是男士，抽调方案有(　　)种. 难度 ★★

A. 50　　B. 40　　C. 30　　D. 20　　E. 10

考点　排列组合问题.

解析　分类：2 名男士和 1 名女士，或者 3 名男士；

列式：$N=C_5^2C_4^1+C_5^3=40+10=50$.选 A.

点睛　遇到“至多”“至少”问题，往往要分类讨论，利用加法原理求解.此题千万要注意不能先选择两位男士，再随便选人，这样选择就重复了，结果就变多了.

练习：(2011－10) 在 8 名志愿者中，只能做英语翻译的有 4 人，只能做法语翻译的有 3 人，既能做英语翻译又能做法语翻译的有 1 人.现从这些志愿者中选取 3 人做翻译工作，确保英语和法语都有翻译的不同选法共有(　　)种. 难度 ★★

A. 12　　B. 18　　C. 21　　D. 30　　E. 51

考点　排列组合问题.

解析　正面分类：按照只会法语的人是否入选分类.

(1) 只会法语的人选 0 个：$C_1^1C_4^2=6$；(2) 只会法语的人选 1 个：$C_3^1C_5^2=30$；(3) 只会法语的人选 2 个：$C_3^2C_5^1=15$.总数为 51.选 E.

技巧　反面考虑：$C_8^3-C_4^3-C_3^3=51$.选 E.

点睛　正面方法是将只具备一个属性的元素进行分类讨论，用反面方法求解相对简单.

### 子考点 2 分组打包问题

考点运用技巧：对于此类问题必须搞清楚分组后是否还需要考虑组别的位置顺序.一般纯粹的分组问题采用除序法求解即可，如果需要考虑组别就要再乘一个各组别序数的阶乘.

典型真题：(2013－10) 在某次比赛中有 6 名选手进入决赛，若决赛设有 1 个一等奖，2 个二等奖，3 个三等奖，则可能的结果共有(　　)种. 难度 ★★

A. 16　　B. 30　　C. 45　　D. 60　　E. 120

**考点** 排列组合.

**解析** 方法一:用奖项去选人.一等奖选 1 人,二等奖选 2 人,三等奖选 3 人,根据乘法原理,可能结果共有 $C_6^1C_5^2C_3^3=60$.选 D.

方法二:先将 6 个人分成 1,2,3 三个组,然后分配到三种奖项中,即 $C_6^1C_5^2C_3^3=60$.选 D.

【点评】 本题属于经典分组问题.

## 子考点 3 人房问题(分房问题)

考点运用技巧:人房问题一般有两种方法.第一种方法是先将人分组再将人放入房间;第二种方法是直接在房间之间选人.

典型真题:(2000－10) 三位教师分配到 6 个班任教,若其中 1 个人教 1 个班,1 个人教 2 个班,1 个人教 3 个班,则其分配方法有(　　). **难度** ★★

A. 720 种　　B. 360 种　　C. 120 种　　D. 60 种　　E. 以上都不正确

**考点** 组合分配问题.

**解析** 第一个人选 1 个班有 $C_6^1$ 种分配方法,第二个人从剩下的 5 个班中选 2 个班有 $C_5^2$ 种分配方法,第三个人再从剩下的 3 个班中选有 $C_3^3$ 种分配方法,考虑到三人的顺序,共有 $C_6^1C_5^2C_3^3\cdot 3!=360$(种) 分配方法.选 B.

**点睛** 对于分配问题,若分配对象(班级) 的数量多于元素(人) 的数量,则先考虑分配对象,最后再考虑元素的排序;若元素的数量多于分配对象的数量,则要先考虑元素分组,再考虑分配对象的顺序.

练习:(2010－1) 某大学派出 5 名志愿者到西部 4 所中学支教.若每所中学至少有 1 名志愿者,则不同的分配方案共有(　　) 种. **难度** ★★

A. 240　　B. 144　　C. 120　　D. 60　　E. 24

**考点** 排列组合.

**解析** 5 名志愿者分到 4 所中学,每所中学至少有 1 名志愿者,有 2+1+1+1 种分法.故总分法为 $C_5^2A_4^4=10\times 24=240$(种).选 A.

**点睛** 5 个人分到 4 所学校,每个学校至少有 1 人,可确定,一定有 2 个人在同一所学校里面,所以先分组再排列.

## 子考点 4 名额分配问题

考点运用技巧:将 $n$ 个相同元素分配给 $m$ 个不同对象,每个对象至少分配一个元素,采用隔板法,即在每个对象的空隙中(两端不要放) 插入 $m-1$ 块隔板,公式为 $C_{n-1}^{m-1}$.

典型真题:(2009－10) 若将 10 只相同的球随机放入编号为 1,2,3,4 的四个盒子中,则每个

盒子不空的投放方法有(　　)种. 难度 ★★★

A. 72　　B. 84　　C. 96　　D. 108　　E. 120

考点　排列组合名额分配问题.

解析　隔板法.在10只相同的球中间的9个空中放入3块隔板,$C_9^3=84$(种).选B.

点睛　隔板法的三个使用条件:(1)$n$个元素是完全相同的;(2)$m$个分配对象是都不相同的;(3)每个对象至少要分到一个,其公式为$C_{n-1}^{m-1}$.

## 子考点5　全错位问题

考点运用技巧:对于全错位问题只需要考生记住:2个元素的全错位数量为1;3个元素的全错位数量为2;4个元素的全错位数量为9;5个元素的全错位数量为44.

典型真题:(2014－1)某单位决定对4个部门的经理进行轮岗,要求每位经理必须轮换到4个部门中的其他部门任职,则不同的轮岗方案有(　　)种. 难度 ★★

A. 3　　B. 6　　C. 8　　D. 9　　E. 10

考点　排列组合(全错位问题).

解析　直接记结论:2个元素的全错位情况有1种;3个元素的全错位情况有2种;4个元素的全错位情况有9种.选D.

## 子考点6　几何计数问题

考点运用技巧:几何类型的计数具有一定的难度,要求考生能够确定几何图形的数量与组合数的关系.

典型真题:(2014－12)平面上有5条平行直线,与另一组$n$条平行直线垂直,若两组平行线共构成280个矩形,则$n=$(　　). 难度 ★★★

A. 5　　B. 6　　C. 7　　D. 8　　E. 9

考点　组合问题.

解析　$N=C_5^2C_n^2=280\Rightarrow C_n^2=28\Rightarrow n=8$.选D.

技巧　本题由于出现数字280,含有因数7,所以正确答案在C,D,E中产生的可能性比较大,只需要进一步验证就能选出答案.

练习:(2009－1)湖中有四个小岛,它们的位置恰好近似构成正方形的四个顶点,若要修建起三座桥将这四个小岛连接起来,则不同的建桥方案有(　　)种. 难度 ★

A. 12　　B. 16　　C. 18　　D. 20　　E. 24

考点　组合问题.

解析　正方形有6条线(4条边、2条对角线),从中任选3条修桥有$C_6^3=20$种方法,减去4种无法将4个岛连接的情况(见下图),共$20-4=16$种方法.选B.

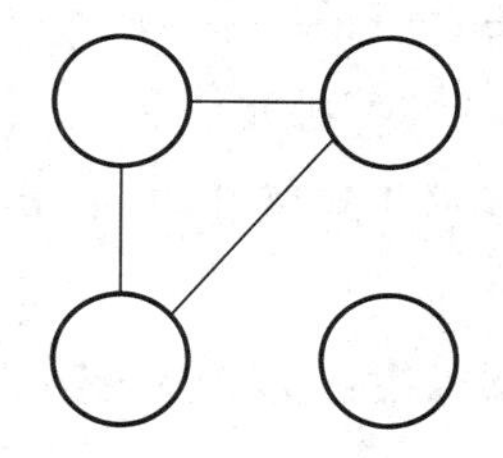

# 第三节　母题精讲

## 一、问题求解

1. 将4本不同的书分给3人，每人至少分到1本，不同的分配方法的种数是（　　）. 难度 ★★

A. $C_4^1C_3^1A_3^3$　　B. $C_4^2A_3^3$　　C. $3A_3^3$　　D. $3A_4^3$　　E. $C_3^1A_3^3$

**答案** B

**考点** 分组问题.

**解析** 每人至少分到1本，即1人分到2本，另外两人各分到1本，先从4本书中选出2本作为一组，然后再分给3人，即$C_4^2A_3^3$.

【评注】 此题特别容易错选A，分组不明确就会产生重复.

2. 为6个节目安排一张出场顺序表，已知有2个指定节目要排在一起，还有2个指定节目不能排在一起，那么不同的排法有（　　）种. 难度 ★★

A. 144　　B. 150　　C. 140　　D. 136　　E. 156

**答案** A

**考点** 排队问题.

**解析** 先将2个要排在一起的指定节目捆绑，然后将另2个不能排在一起的指定节目插入剩下的3个节目产生的4个空档中，则是$A_4^2$；然后交换剩下的3个节目的顺序，则是$A_3^3$；最后交换捆绑的两个节目的顺序，则是$A_2^2$.结果为$N=A_4^2A_3^3A_2^2=144$（种）.

【评注】 解决排列组合问题要学会准确分步.

3. 将甲、乙、丙、丁四名学生分到三个不同的班级，每个班级至少分到一名学生，且甲、乙两名学生不能分到同一个班级，则不同的分法有（　　）种. 难度 ★★

A. 18　　B. 24　　C. 30　　D. 36　　E. 54

**答案** C

**考点** 分组问题.

解析 用反面方法来做：总数为$C_4^2A_3^3=36$(种)，反面是甲、乙两人在同一个班级，方法数为$A_3^3=6$(种)，则最后的结果为$36-6=30$(种).

【评注】 一般遇到"不""至少""至多"问题时，用反面方法来运算会简单些.

4. 一个球队与十个球队各比赛一次，共有10场比赛，则五胜三负二平的可能情形有（　　）种. 难度 ★★

A. 1 260　　B. 2 520　　C. 5 040　　D. 840　　E. 1 440

答案 B

考点 组合问题.

解析 从10场比赛中选3次负、2次平，则方法数为$C_{10}^3C_7^2=120\times21=2\ 520$(种).

5. 设坐标平面内有一质点从原点出发，每次沿坐标轴的正方向或负方向跳动1个单位，经过8次跳动，质点落在点(2,4)处，则质点的不同运动方法有（　　）种. 难度 ★★★

A. 280　　B. 168　　C. 56　　D. 70　　E. 448

答案 E

考点 坐标与组合结合问题.

解析 经过8次跳动，最后坐标为(2,4)，说明正方向跳了7次，负方向跳了1次，综合考虑：(1)向上5次，向下1次，向右2次，$C_8^1C_7^2=8\times21=168$(种)；(2)向上4次，向右3次，向左1次，$C_8^1C_7^3=8\times35=280$(种)，总数为$168+280=448$(种).

【评注】 分类讨论是非常重要的思想.

6. 有8个台阶，要求6步走完，每步至少走1个台阶，至多走2个台阶，共有（　　）种走法. 难度 ★★

A. 48　　B. 28　　C. 24　　D. 21　　E. 15

答案 E

考点 走台阶与组合问题.

解析 显然，6步中4步是走1个台阶的，2步是走2个台阶的，则总数为$C_6^2=15$.

【评注】 要将实际问题与排列组合相联系.

7. 让3位客人每人从5种不同的礼品中挑选2种，那么，有一种礼品3人都选且恰有一种礼品无人选取的选法有（　　）种. 难度 ★★

A. 80　　B. 110　　C. 120　　D. 140　　E. 160

答案 C

考点 选球问题.

解析 先让3个人同时在5种礼品中选1种，有$C_5^1$种选法，然后再选1种礼品没人选的，有

$C_4^1$ 种选法，最后 3 人在剩下的 3 种礼品中任意选择 1 种，有 $A_3^3$ 种选法，则总数为 $C_5^1C_4^1A_3^3=120$(种).

【评注】 此题属于选球问题的一种创新.

8. 某校举行奥运知识竞赛，有 6 支代表队参赛，每队有 2 名参赛同学，若 12 名参赛同学中有 4 人获奖，且这 4 人来自 3 个不同的代表队，则不同获奖情况共有（　　）种. 难度 ★★

A. $C_{12}^4$　　B. $C_6^3C_3^1C_2^1C_2^1$　　C. $C_6^3(C_2^1)^3C_3^1$

D. $C_6^3(C_2^1)^3C_3^1A_3^2$　　E. $C_6^3(C_2^1)^3$

答案 B

考点 组合问题.

解析 先从 6 个代表队中选择 3 个代表队，然后在 3 个代表队中选 1 个代表队且两人都获奖，在剩下的 2 个代表队中每队中选择 1 个人获奖，则总数是 $C_6^3C_3^1C_2^1C_2^1$.

【评注】 实施分步计数法的时候要细致.

9. 某个电子器件是由 3 个电阻串联而成的，其中有 $A,B,C,D,E,F$ 6 个焊接点（见下图），如果某个焊接点脱落，则电路就不通. 现在电路不通，则可能的焊接点脱落的方式有（　　）种. 难度 ★★



A. 15　　B. 20

C. 36　　D. 63

E. 64

答案 D

考点 组合问题.

解析 方法一：$N=C_6^1+C_6^2+C_6^3+C_6^4+C_6^5+C_6^6=63$(种).

方法二：$N=2^6-1=63$(种).

【评注】 采用排除法显然更简捷.

10. 7 名男生和 3 名女生排成一行，有 2 名女生排在一起但另一女生分开的排法共有（　　）种. 难度 ★★

A. $42\times8!$　　B. $42\times7!$　　C. $84\times8!$　　D. $84\times7!$　　E. $5!\times7!$

答案 A

考点 排队问题.

解析 先选 2 名女生捆绑，有 $A_3^2$ 种排法；然后再与另外 1 名女生插入剩下的 7 名男生所产生的 8 个空档中，有 $A_8^2$ 种排法；最后交换 7 名男生的顺序，有 $A_7^7$ 种排法，则排法总数为 $A_3^2A_8^2A_7^7=42\times8!$.

【评注】 有时候若找不到答案要先运算整理一下计算结果.

11. 某城市在中心广场建造一个花圃,花圃分为 6 个部分(见下图).现要栽种 4 种不同颜色的花,在每部分栽种一种且在相邻部分不能栽种同样颜色的花,不同的栽种方法有(　　)种. **难度** ★★

A. $4^6$　　B. 360　　C. 240

D. 180　　E. 120

**答案** E

**考点** 分步乘法计数原理.

**解析** 由题意,在 6 个部分栽种 4 种颜色的花.由右图可知,必有 2 组同颜色的花,从同颜色的花入手分类:

(1) ② 与 ⑤ 同色,则 ③,⑥ 同色或 ④,⑥ 同色,所以栽种方法共有 $N_1=4\times3\times2\times2\times1=48$(种).

(2) ③ 与 ⑤ 同色,则 ②,④ 或 ④,⑥ 同色,所以栽种方法共有 $N_2=4\times3\times2\times2\times1=48$(种).

(3) ② 与 ④ 且 ③ 与 ⑥ 同色,则栽种方法共有 $N_3=4\times3\times2\times1=24$(种).

所以栽种方法共有 $N=N_1+N_2+N_3=48+48+24=120$(种).

【评注】 本题还可以这样解:记颜色为 $A,B,C,D$ 四色,先安排 ①,②,③ 有 $A_4^3$ 种不同的栽法,不妨设 ①,②,③ 已分别栽种 $A,B,C$,则 ④,⑤,⑥ 的栽种方法共有 5 种,由以下树状图清晰可见.

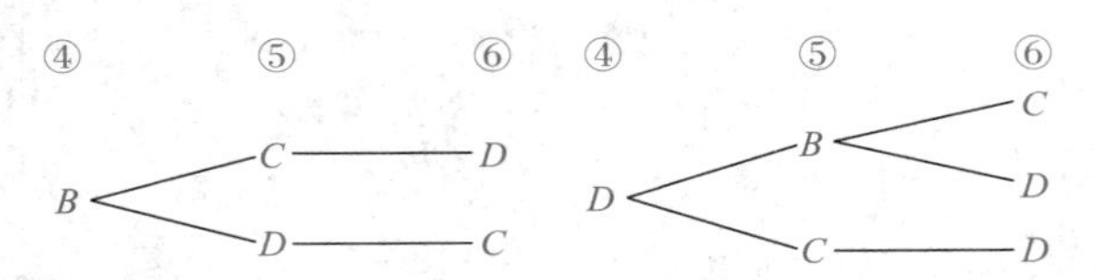


根据分步计数原理,不同的栽种方法有 $N=A_4^3\times5=120$(种).

12. 让 6 位客人中的每一位都在 4 种不同的礼物中任选一种,使得只有 3 种礼物分别被 3 人、2 人、1 人选中的选法有(　　)种. **难度** ★★

A. 960　　B. 1 080　　C. 1 440　　D. 1 920　　E. 2 160

**答案** C

**考点** 选球问题.

**解析** 先将 6 个人分成 1,2,3 三组,然后去选择 4 种礼物中的 3 种,选法总数为 $C_6^1C_5^2A_4^3=1\ 440$(种).

【评注】 对于一般将球放到盒子中的问题,先将球分好组,然后再放入盒子中.

## 二、条件充分性判断

13. 某餐厅供餐,每位顾客可以在餐厅提供的菜肴中任选 2 荤 2 素共 4 种不同的品种,现在餐

厅准备了 5 种不同的荤菜，则每位顾客有 200 种以上不同的选择. 难度 ★★

(1) 餐厅至少还需准备不同的素菜品种 7 种.

(2) 餐厅至少还需准备不同的素菜品种 6 种.

答案 A

考点 组合问题.

解析 条件(1)：$C_5^2C_7^2=210$(种)，充分.

条件(2)：$C_5^2C_6^2=150$(种)，不充分.

【评注】 此题应该先判断条件(2)，如果充分则两个条件都充分，如果不充分，再判断条件(1).

14. $N=432$. 难度 ★★

(1) 6 个人排成一排，其中甲、乙两人不相邻且不在排头和排尾的不同排法总数为 $N$.

(2) 6 个人排成两排，每排 3 人，其中甲、乙两人不在同一排的不同排法总数为 $N$.

答案 B

考点 排列问题.

解析 条件(1)：将甲、乙两人插入剩下的 4 个人所产生的 3 个空档中，然后再考虑顺序，则总数为 $A_3^2A_4^4=144$，不充分.

条件(2)：甲、乙两人先各选 1 排，然后再排剩下的 4 人，则总数为$C_3^1C_3^1A_2^2A_4^4=432$，充分.

【评注】 分步计数原理的熟练运用.

15. $m=4$. 难度 ★★★

(1) 一宾馆有二人间、三人间、四人间三种客房供游客租住，某旅行团 20 人准备同时租用这三种客房共 7 间，如果每个房间都住满，租房方案有 $m$ 种.

(2) 一骰子连续掷三次，点数依次成等差数列的情况有 $6m$ 种.

答案 A

考点 不定方程与排列组合.

解析 条件(1)：设二人间、三人间、四人间的数量分别为 $x,y,z$，则

$$\begin{cases}x+y+z=7,\\2x+3y+4z=20\end{cases}\Rightarrow y+2z=6\Rightarrow\begin{cases}y=2,\\z=2,\\x=3\end{cases}\text{或}\begin{cases}y=0,\\z=3,\\x=4\end{cases}\text{或}\begin{cases}y=6,\\z=0,\\x=1\end{cases}\text{或}\begin{cases}y=4,\\z=1,\\x=2,\end{cases}$$

共 4 种情况，充分.

条件(2)：依次成等差数列有(1,2,3)，(1,3,5)，(2,3,4)，(2,4,6)，(3,2,1)，(3,4,5)，(4,3,2)，(4,5,6)，(5,3,1)，(5,4,3)，(6,4,2)，(6,5,4)，(1,1,1)，(2,2,2)，(3,3,3)，(4,4,4)，(5,5,5)，(6,6,6)，共 18 种情况，则 $m=3$，不充分.

【评注】 对于此题，可以先判断条件(2)，发现不充分，则条件(1) 充分的可能性就非常大了.

16. $N=1\ 360$. 难度 ★★

(1) 从 $1\sim30$ 这 30 个正整数中，任取 3 个，$N$ 为取到的 3 个数的和能被 3 整除的取法.

(2) 从 $1\sim30$ 这 30 个正整数中，任取 2 个，$N$ 为取到的 2 个数的和能被 2 整除的取法.

答案 A

考点 摸球问题.

解析 条件(1)：3 个数的和是 3 的倍数有 4 种分类.

① 3 个数被 3 除余数都相同(为 0,1,2 三种可能)：$3C_{10}^3$；

② 3 个数被 3 除，余数分别为 0,1,2：$C_{10}^1C_{10}^1C_{10}^1$.

所以总数为 $3C_{10}^3+C_{10}^1C_{10}^1C_{10}^1=1\ 360$(种).

条件(2)：2 个数的和是 2 的倍数有 2 种分类.

① 2 个数都是偶数：$C_{15}^2$；

② 2 个数都是奇数：$C_{15}^2$.

所以总数为 $2C_{15}^2=210$(种).

【评注】 此题中只有条件(1)充分的可能性大.

17. 某小组有 8 名学生，从中选出 2 名男生，1 名女生，分别参加数、理、化单科比赛，每人参加一科比赛，共有 90 种不同的参赛方案. 难度 ★★

(1) 男 5 名，女 3 名.

(2) 男 3 名，女 5 名.

答案 B

考点 组合问题.

解析 条件(1)：$C_5^2C_3^1A_3^3=180$，不充分. 条件(2)：$C_3^2C_5^1A_3^3=90$，充分.

【评注】 求解一般排列组合混合题要先组合再排列.

18. 方程共有 165 组正整数解. 难度 ★★

(1) $a+b+c+d=11$.

(2) $a+b+c+d=12$.

答案 B

考点 名额分配问题.

解析 条件(1)：$C_{10}^3=120$，不充分. 条件(2)：$C_{11}^3=165$，充分.

【评注】 求解这类题一般采用隔板法.

# 第七章
# 概率与统计真题应试技巧

◆ 第一节　核心公式、知识点与考点梳理
◆ 第二节　真题深度分类解析
◆ 第三节　母题精讲

【考试地位】概率主要研究随机不确定问题，主要考查古典概率和独立性事件的概率计算，古典概率通常利用排列组合的方法，根据事件所包含的基本事件数和基本事件空间中包含的基本事件数作比值即可.独立性事件的概率需要先分析事件的运算，然后用相应公式进行计算.

# 第一节　核心公式、知识点与考点梳理

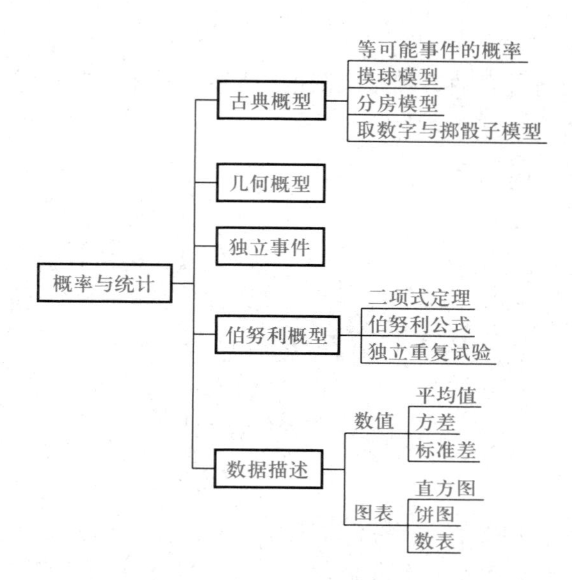

1. 概率基本性质

$0 \leqslant P(A) \leqslant 1, P(\varnothing)=0, P(\Omega)=1, P(A \cup B)=P(A)+P(B)-P(A \cap B)$.

若 $A, B$ 互不相容，则 $P(A \cup B)=P(A)+P(B)$.

2. 古典概型

如果一个随机试验中所包含的事件是有限的，且每个事件发生的可能性都相等，则这种条件下的概率模型就叫古典概型.

古典概型其公式为 $P(A)=\frac{m}{n}$.

3. 其他事件

互不相容事件：

$$P(A \cup B)=P(A)+P(B);$$

对立事件：

$$P(A)+P(\overline{A})=1.$$

4. 独立重复事件

若独立重复事件 $A$ 发生一次的概率为 $p$，那么在 $n$ 次独立重复试验中该事件恰好发生 $k$ 次的概率为 $P=\mathrm{C}_n^k p^k(1-p)^{n-k}$.直到第 $k$ 次试验，$A$ 才首次发生的概率为 $P=(1-p)^{k-1} \cdot p$.做 $n$ 次伯努利试验，直到第 $n$ 次才成功 $k$ 次的概率为 $P=\mathrm{C}_{n-1}^{k-1} p^k(1-p)^{n-k}$.

5. 二项式定理

$(a+b)^n=\mathrm{C}_n^0 a^n+\mathrm{C}_n^1 a^{n-1} b+\cdots+\mathrm{C}_n^{n-1} a b^{n-1}+\mathrm{C}_n^n b^n$.

6. 数据描述

当 $x_1, x_2, \cdots, x_n$ 为 $n$ 个正实数时，称

$$A_n=\frac{x_1+x_2+x_3+\cdots+x_n}{n}$$

为它们的算术平均数.

称

$$G_n=\sqrt[n]{x_1 \cdot x_2 \cdot x_3 \cdot \cdots \cdot x_n}$$

为它们的几何平均数.

其中 $A_n \geqslant G_n$，当且仅当 $x_1=x_2=\cdots=x_n$ 时等号成立.

方差：$S^2=\frac{(x_1-\overline{x})^2+(x_2-\overline{x})^2+\cdots+(x_n-\overline{x})^2}{n}$.

标准差：$\sqrt{S^2}$.

# 第二节　真题深度分类解析

## 考点精解 1　等可能事件的概率

【考点突破】本考点主要考查等可能事件的概率，要掌握基本的做题思路，概率 $P(A)=\frac{n(A)}{N(\Omega)}$，其中 $n(A)$ 表示满足事件 $A$ 中的样本点个数，而 $N(\Omega)$ 表示整个样本空间中的样本点数，具体的计数一般可以采用枚举法、排列组合法等.

【名师总结】本考点的相关题目属于最基本的概率问题，一般不涉及排列组合的知识，考生只需要通过最基本的枚举法计数即可.

### 子考点 1　投数(骰子)问题

考点运用技巧：本考点主要考查掷骰子与取数字等问题，包括掷骰子问题与解析几何的综合问题，常用的方法为枚举法.

典型真题：(2008—10) 若以连续掷两枚骰子分别得到的点数 $a$ 与 $b$ 作为点 $M$ 的坐标，则点 $M$ 落入圆 $x^2+y^2=18$ 内(不含圆周) 的概率是(　　). 难度 ★★

A. $\frac{7}{36}$　　B. $\frac{2}{9}$　　C. $\frac{1}{4}$　　D. $\frac{5}{18}$　　E. $\frac{11}{36}$

**考点**　掷骰子问题与解析几何的交汇问题.

**解析**　总的情况数为 $6^2=36$(种)，满足条件的点 $M(a,b)$ 的坐标有 $(1,1)$，$(1,2)$，$(1,3)$，$(1,4)$，$(2,1)$，$(2,2)$，$(2,3)$，$(3,1)$，$(3,2)$，$(4,1)$. 故所求概率

$$P=\frac{4+3+2+1}{6\times 6}=\frac{5}{18}.$$

选 D.

**点睛**　对于掷骰子问题，掷 $k$ 个，总情况数为 $6^k$ 种，当然，在求坐标时需要用到穷举法.

练习：(2009—10) 若以连续两次掷骰子得到的点数 $a$ 和 $b$ 作为点 $P$ 的坐标，则点 $P(a,b)$ 落在直线 $x+y=6$ 和两坐标轴围成的三角形内的概率为(　　). 难度 ★★

A. $\frac{1}{6}$　　B. $\frac{7}{36}$　　C. $\frac{2}{9}$　　D. $\frac{1}{4}$　　E. $\frac{5}{18}$

**考点**　掷骰子问题与解析几何的交汇问题.

**解析**　总的情况数为 $6^2=36$(种)，点 $P(a,b)$ 落入三角形内的点可以取 $(1,1)$，$(1,2)$，$(1,3)$，$(1,4)$，$(2,1)$，$(2,2)$，$(2,3)$，$(3,1)$，$(3,2)$，$(4,1)$，故所求概率 $P=\frac{4+3+2+1}{6\times 6}=\frac{5}{18}$. 选 E.

**点睛**　对于掷骰子问题，掷 $k$ 个，总情况数为 $6^k$ 种，当然，在求坐标时需要用到穷举法.

练习:(2009－1) 点 $(s,t)$ 落入圆 $(x-a)^2+(y-a)^2=a^2$ 内的概率是 $\frac{1}{4}$. 难度 ★★

(1) $s,t$ 是连续掷一枚骰子两次所得到的点数, $a=3$.

(2) $s,t$ 是连续掷一枚骰子两次所得到的点数, $a=2$.

考点　掷骰子问题与解析几何的交汇问题.

解析　两条件矛盾,备选选项非 A 即 B(此题不可能两条件均充分, $a$ 值不同,半径不同,圆的大小不同,点落入圆内的概率也不同),验证条件(2):有规律地对 $(1,1),(2,2),\cdots,(6,6)$ 逐个验证,落入圆内(坐标满足 $(x-2)^2+(y-2)^2<4$) 的点有 9 个,充分.无须验证条件(1),其一定不充分.选 B.

技巧　区域:圆 $(x-a)^2+(y-a)^2<a^2$ 关于直线 $y=x$ 对称,只需验证一半 $y>x$ 和落在直线 $y=x$ 上的点.

练习:(2012－10) 直线 $y=kx+b$ 经过第三象限的概率为 $\frac{5}{9}$. 难度 ★★

(1) $k\in\{-1,0,1\}$, $b\in\{-1,1,2\}$.

(2) $k\in\{-2,-1,2\}$, $b\in\{-1,0,2\}$.

考点　古典概率与解析几何结合.

解析　条件(1):满足题干的情况有

$$\begin{cases}k=0,\\b=-1,\end{cases}\begin{cases}k=-1,\\b=-1,\end{cases}\begin{cases}k=1,\\b\in\{-1,1,2\},\end{cases}$$

共有 5 种情况,故所求概率为

$$\frac{5}{3\times 3}=\frac{5}{9},$$

充分;

条件(2):满足题干的情况有

$$\begin{cases}k=-2,\\b=-1,\end{cases}\begin{cases}k=-1,\\b=-1,\end{cases}\begin{cases}k=2,\\b\in\{-1,0,2\},\end{cases}$$

共有 5 种情况,故所求概率为

$$\frac{5}{3\times 3}=\frac{5}{9},$$

也充分.选 D.

点睛　求解此题时考生需要仔细地列举.

## 子考点 2　超几何分布模型

考点运用技巧:袋中共有 $N$ 个球,其中红球 $M$ 个,非红球 $(N-M)$ 个,若从袋中取 $n$ 个球,则其中恰好有 $k$ 个红球的概率为 $P=\frac{C_M^k C_{N-M}^{n-k}}{C_N^n}$.

**典型真题**:(1997－10)一批灯泡共10只,其中有3只质量不合格,今从该批灯泡中随机取出5只,则:(1)这5只灯泡都合格的概率是(　　). **难度** ★★

A. $\frac{7}{36}$　　B. $\frac{5}{24}$　　C. $\frac{1}{6}$　　D. $\frac{5}{36}$　　E. $\frac{1}{12}$

(2)这5只灯泡中只有3只合格的概率为(　　). **难度** ★★

A. $\frac{5}{12}$　　B. $\frac{1}{12}$　　C. $\frac{7}{24}$　　D. $\frac{11}{24}$　　E. $\frac{1}{6}$

**考点**　抽样问题.

**解析**　(1)5只灯泡都合格的概率 $P=\frac{C_7^5}{C_{10}^5}=\frac{1}{12}$.选E.

(2)5只灯泡中只有3只合格的概率 $P=\frac{C_7^3C_3^2}{C_{10}^5}=\frac{5}{12}$.选A.

**点睛**　从不同类别的元素中选取指定数量的元素,只需用组合表示即可.

**练习**:(2000－1)袋中有6只红球、4只黑球,今从袋中随机取出4只球,设取到1只红球得2分,取到1只黑球得1分,则得分不大于6分的概率为(　　). **难度** ★★★

A. $\frac{23}{42}$　　B. $\frac{4}{7}$　　C. $\frac{25}{42}$　　D. $\frac{13}{21}$　　E. $\frac{3}{7}$

**考点**　取球计分问题.

**解析**　得分不大于6分,则可以为:两红两黑、三黑一红、四黑,故得分不大于6分的概率为

$$P=\frac{C_6^2C_4^2+C_6^1C_4^3+C_6^0C_4^4}{C_{10}^4}=\frac{23}{42}.$$

选A.

**点睛**　要注意得分应该介于4分和6分之间,取法有多种,分类讨论.

### 子考点3　分组问题

**考点运用技巧**:求分组问题的概率往往有两种思路:一是分子和分母同时考虑对象的不同顺序(当成排列);二是分子和分母同时不考虑顺序(当成组合),对概率来说本质上是一致的.

**典型真题**:(2011－10)10名网球选手中有2名种子选手.先将他们分成两组,每组5人,则2名种子选手不在同一组的概率为(　　). **难度** ★★

A. $\frac{5}{18}$　　B. $\frac{4}{9}$　　C. $\frac{5}{9}$　　D. $\frac{1}{2}$　　E. $\frac{2}{3}$

**考点**　古典概率(分组分堆问题).

**解析**　方法一:正面求解.总的样本数为 $C_{10}^5$,而从8个人中选出4个人与种子选手进行搭

配，有 $2\times C_8^4$ 种选法，则概率为

$$P=\frac{2\times C_8^4}{C_{10}^5}=\frac{5}{9}.$$

选 C.

方法二：反面求解.除去在同一组的概率，从 8 个人中选出 3 个人与种子选手搭配，故

$$P=1-\frac{C_8^3\times 2!}{C_{10}^5}=\frac{5}{9}.$$

选 C.

**点睛** 分组求概率时，可以将小组看成相同的，也可以将小组看成不同的，对于基础不好的考生，建议将小组看成不同的，以防出错.

练习：(2014—1) 在某项活动中，3 男、3 女 6 名志愿者随机分成甲、乙、丙三组，每组 2 人，则每组志愿者都是异性的概率为(　　). **难度** ★★

A. $\frac{1}{90}$　　B. $\frac{1}{15}$　　C. $\frac{1}{10}$　　D. $\frac{1}{5}$　　E. $\frac{2}{5}$

**考点** 古典概率(分组问题).

**解析** 总的情况数为：将 6 个人平均分配到甲、乙、丙三组中，则 $n=C_6^2C_4^2C_2^2$.满足题意的情况数为：将 3 男和 3 女分别放一个在各组中，则 $m=3!\times 3!$.概率为

$$P=\frac{3!\times 3!}{C_6^2C_4^2C_2^2}=\frac{6\times 6}{15\times 6}=\frac{2}{5}.$$

选 E.

**点睛** 对于排列组合分组问题一定要分清楚是平均还是不平均，是指定还是不指定.

## 子考点 4 分房模型

考点运用技巧：本考点主要考查球盒模型的概率，主要是将若干个不同的球放入若干个不同的盒子中，从而研究某个盒子中球的情况的概率.

【要点浏览】将 $n$ 个不同的球放入 $N$ 个不同的盒子中：

(1) 恰有 $n(n\leqslant N)$ 个盒子中各有一球的概率 $P=\frac{C_N^n n!}{N^n}$；

(2) 某指定的盒子中恰有 $k(k\leqslant n)$ 个球的概率 $P=\frac{C_n^k(N-1)^{n-k}}{N^n}$.

【名师总结】求解本类试题时，尤其注意“指定”和“非指定”的区别，如果已指定某个盒子，就不需要再选择，若没指定，则要先选择盒子.

典型真题：(1998—1) 有 3 个人，每人都以相同的概率被分配到 4 间房的每一间中，某指定房间中恰好有 2 人的概率为(　　). **难度** ★★

A. $\frac{1}{64}$　　B. $\frac{3}{64}$　　C. $\frac{9}{64}$　　D. $\frac{5}{32}$　　E. $\frac{3}{16}$

**考点**　古典概型(分房模型).

**解析**　将1个人随机分到4间房中有4种方法,故将3个人随机分到4间房中有$4^3=64$种方法,某指定房间中恰有2个人的方法数为$C_3^2C_3^1$,故概率$P=\frac{C_3^2C_3^1}{4^3}=\frac{9}{64}$.选C.

**点睛**　本题属于人房模型,首先根据可重复排列问题,求出总情况数,再根据指定房间的人数求出情况数,从而计算概率.

练习:(1999－10)将3人分配到4间房的每一间中,恰有3间房中各有1人的概率是(　　).

**难度**　★★

A. 0.75　　B. 0.375　　C. 0.187 5　　D. 0.125　　E. 0.105

**考点**　古典概型(分房模型).

**解析**　将3人分配到4间房的每一间中,总情况数为$4^3$;恰有3间房中各有1人的情况数为$C_4^3\times3!=24$(种),故概率为$P=\frac{C_4^3\times3!}{4^3}=0.375$.选B.

**点睛**　首先根据可重复元素排列问题求出总情况数,然后求出3间房中各有1人的情况数.

练习:(2011－1)将2个红球与1个白球随机地放入甲、乙、丙3个盒子中,则乙盒中至少有1个红球的概率为(　　).　**难度**　★★★

A. $\frac{1}{9}$　　B. $\frac{8}{27}$　　C. $\frac{4}{9}$　　D. $\frac{5}{9}$　　E. $\frac{17}{27}$

**考点**　古典概型(分房模型).

**解析**　将3个球随机放入3个盒子中,总情况数为$3^3=27$(种).从正面分析:乙盒子中至少有1个红球,包括恰有1个红球、恰有2个红球,故概率为

$$P=\frac{C_2^1C_2^1C_3^1+C_2^2C_3^1}{3^3}=\frac{5}{9},$$

其中,$C_2^1C_2^1C_3^1$表示:先从2个红球中选1个放入乙盒子,将另一红球放入甲或丙盒子,白球3个盒子都可以放;$C_2^2C_3^1$表示:将2个红球放入乙盒子,白球3个盒子都可以放.选D.

**技巧**　从反面分析,反面为"乙盒子中一个红球也没有"(等价于"乙盒子中无球或只有1个白球"),则

$$P=1-P\{\text{乙中无球或只有一个白球}\}=1-\frac{2^3+2^2}{3^3}=\frac{5}{9}.$$

选D.

**点睛**　"至少"问题可以从反面分析求解.

**子考点5** 抽签问题

考点运用技巧：本考点主要以掷骰子为背景，考查抽签问题.

抽签问题的重要结论：某事件在第 $i$ 次发生的概率和在第一次发生的概率相同，即抽签对于任何人都是公平的.

抽签问题的处理方法：

(1) 当作有放回的摸球模型处理，假设袋中有 $a$ 个红球、$b$ 个黑球，每次取后放回袋中再取下一个球，则每次取到红球的概率为 $\frac{a}{a+b}$；

(2) 当作第一次来处理，假设袋中有 $a$ 个红球、$b$ 个黑球，则第一次摸到红球的概率为 $\frac{a}{a+b}$.

典型真题：(2000－1) 某人忘记三位号码锁(每位均有0到9十个数码)的最后一个数码，因此在正确拨出前两个数码后，只能随机地试拨最后一个数码，每拨一次算作一次试开，则他在第4次试开时才将锁打开的概率是(　　). **难度** ★★

A. $\frac{1}{4}$　　B. $\frac{1}{6}$　　C. $\frac{2}{5}$　　D. $\frac{1}{10}$　　E. $\frac{1}{5}$

**考点** 数字与密码问题.

**解析** 第4次将锁打开，那么前三次没打开，所以概率为 $\frac{9}{10}\times\frac{8}{9}\times\frac{7}{8}\times\frac{1}{7}=\frac{1}{10}$.选D.

**技巧** 抽签模型中每次打开的概率相同，都为 $\frac{1}{10}$.

**点睛** 对于数位约束的数字问题，先考虑约束条件的数字选法，再考虑其他数位.

练习：(2010－1) 某装置的启动密码是由0到9中的3个不同数字组成的，连续3次输入错误密码，就会导致该装置永久关闭.一个仅记得密码是由3个不同数字组成的人能够启动此装置的概率为(　　). **难度** ★★★

A. $\frac{1}{120}$　　B. $\frac{1}{168}$　　C. $\frac{1}{240}$　　D. $\frac{1}{720}$　　E. $\frac{1}{1\ 000}$

**考点** 古典概型(抽签问题).

**解析** 方法一：有3次试开的机会，第一次试开的概率为 $\frac{1}{A_{10}^{3}}$，第二次试开的概率为 $\frac{A_{10}^{3}-1}{A_{10}^{3}}\cdot\frac{1}{A_{10}^{3}-1}=\frac{1}{A_{10}^{3}}$，第三次试开的概率为 $\frac{A_{10}^{3}-1}{A_{10}^{3}}\cdot\frac{A_{10}^{3}-2}{A_{10}^{3}-1}\cdot\frac{1}{A_{10}^{3}-2}=\frac{1}{A_{10}^{3}}$，故能启动此装置的概率为 $P=\frac{3}{A_{10}^{3}}=\frac{1}{240}$.选C.

方法二：从反面考虑，由于连续3次输入错误密码就会导致该装置永久关闭，则能启动此装置的概率 $P=1-\frac{A_{10}^{3}-1}{A_{10}^{3}}\cdot\frac{A_{10}^{3}-2}{A_{10}^{3}-1}\cdot\frac{A_{10}^{3}-3}{A_{10}^{3}-2}=\frac{3}{A_{10}^{3}}=\frac{1}{240}$.选C.

**技巧**　由于每次尝试打开的概率相同，均为$\frac{1}{A_{10}^3}$，有3次机会打开，故概率为$P=\frac{3}{A_{10}^3}=\frac{1}{240}$.

**点睛**　此题属于典型的抽签问题，可以记住结论：若$k$个数字中只有一个数字能打开密码，则无论第几次尝试成功的概率均为$\frac{1}{k}$.此外，由于尝试打开密码属于无放回的摸球问题（取样问题），故试过的数字下次不再尝试.

练习：(2015－1) 信封中装有10张奖券，只有一张有奖，从信封中同时抽取2张，中奖概率为$P$；从信封中每次抽取1张奖券后放回，如此重复抽取$n$次，中奖概率为$Q$.则$P<Q$.

**难度**　★★

(1) $n=2$.

(2) $n=3$.

**考点**　古典概型（抽签问题）.

**解析**　$P$表示同时抽取2张奖券并中奖的概率，可以计算其对立事件“同时抽取2张奖券但不中奖”的概率，即$\frac{C_9^2}{C_{10}^2}=\frac{4}{5}$，故$P=1-\frac{4}{5}=\frac{1}{5}$；$Q$表示有放回地抽取$n$次（每次抽1张）中奖的概率，可以计算其对立事件“抽取$n$次均不中奖”的概率，即$\left(\frac{9}{10}\right)^n$，故$Q=1-(0.9)^n$.条件(1)：当$n=2$时，$Q=1-(0.9)^2=0.19$，此时$P>Q$，不充分；

条件(2)：当$n=3$时，$Q=1-(0.9)^3=0.271$，此时$P<Q$，充分.

综上选B.

## 考点精解2　独立事件的概率模型

【考点突破】本考点主要考查独立事件、互斥事件等问题的概率，及其与别的知识的综合运用.

【要点浏览】若两个事件$A$，$B$，它们至少发生一个的概率为$P(A+B)=P(A)+P(B)-P(AB)=1-P(\overline{A}\,\overline{B})$，若$A$，$B$互斥，则$P(A+B)=P(A)+P(B)$；若$A$，$B$相互独立，那么它们同时发生的概率为$P(AB)=P(A)P(B)$.

【名师总结】一般遇到几个事件至少有一个事件发生（即和事件）时，可以采用两种办法思考：一是分类研究，分情况进行讨论，然后将每类的方法数求解出来相加；二是用反面思考的方式，即先计算出全部事件没有发生的概率，然后求出对立面即可.

### 子考点1　和事件（至少发生一个）概率公式

考点运用技巧：若有两个事件$A$，$B$，则它们至少发生一个的概率为

$$P(A+B)=P(A)+P(B)-P(AB).$$

典型真题：(2015－12) 从1到100的整数中任取1个数，则该数能被5或7整除的概率为

(　　). 难度 ★★

A. 0.02　　B. 0.14　　C. 0.2　　D. 0.32　　E. 0.34

**考点** 容斥问题.

**解析** 能被 5 整除:$\frac{100}{5}=20$(个);能被 7 整除:$\frac{100}{7}\approx 14$(个);能被 35 整除:$\frac{100}{35}\approx 2$(个).能被 5 或 7 整除的概率则为

$$P=P\{\text{被 5 整除}\}+P\{\text{被 7 整除}\}-P\{\text{被 5 及 7 整除}\}$$
$$=\frac{20}{100}+\frac{14}{100}-\frac{2}{100}=0.32.$$

选 D.

**技巧** 本题是重叠元素问题,肯定要反过去扣除,那么显然选 0.32 比较合适.

**子考点 2** 和事件概率的德·摩根律公式

考点运用技巧:$P(A\cup B)=1-P(\overline{A}\,\overline{B})$.

典型真题:(2000-1) 假设实验室器皿中产生 $A$ 类细菌与 $B$ 类细菌的机会相等,且每个细菌的产生是相互独立的,若某次发现产生了 $n$ 个细菌,则其中至少有一个 $A$ 类细菌的概率为(　　). 难度 ★★

A. $1-\left(\frac{1}{2}\right)^{n}$　　B. $1-C_n^1\left(\frac{1}{2}\right)^{n}$　　C. $\left(\frac{1}{2}\right)^{n}$

D. $1-\left(\frac{1}{2}\right)^{n-1}$　　E. $1-\left(\frac{1}{2}\right)^{n+1}$

**考点** 独立重复试验.

**解析** 由于产生 $A$ 类细菌与 $B$ 类细菌的机会相等,故概率都是$\frac{1}{2}$.从反面求解:至少有一个 $A$ 类细菌的概率 $=1-$ 没有 $A$ 类细菌的概率 $=1-\left(\frac{1}{2}\right)^{n}$.选 A.

**点睛** 首先根据机会相等得到每类细菌出现的概率,再从反面求解"至少有一个"的概率.

练习:(2013-10) 将一个白木质的正方体的 6 个表面都涂上红漆,再将它锯成 64 个小正方体.从中任取 3 个,其中至少有 1 个三面是红漆的小正方体的概率是(　　). 难度 ★

A. 0.665　　B. 0.578　　C. 0.563　　D. 0.482　　E. 0.335

**考点** 排列组合问题.

**解析** 正方体被锯成 64 个小正方体后,只有 8 个顶点部分的小正方体满足"三面是红漆",故"不是三面是红漆"的小正方体有 $64-8=56$(个),问题所问随机事件 $A=$所取 3 个小正方体中至少 1 个"三面是红漆",其对立事件 $\overline{A}=$ 所取 3 个小正方体均为"不是三面是红漆",故 $P(A)=1-P(\overline{A})=1-\frac{C_{56}^3}{C_{64}^3}\approx 0.335$.选 E.

练习：(2013－1) 一个库房安装了 $n$ 个烟火反应报警器，每个烟火反应报警器遇到烟火成功报警的概率为 $p$，该库房遇到烟火发出报警的概率达到 0.999. **难度** ★★

(1) $n=3, p=0.9$.

(2) $n=2, p=0.97$.

**考点**　伯努利概型.

**解析**　条件(1)：$P=1-(1-p)^n=1-(1-0.9)^3=0.999$，充分；

条件(2)：$P=1-(1-p)^n=1-(1-0.97)^2=0.9991$，也充分.选 D.

**点睛**　"至少""至多"问题一般都要转化为对立的情况来解决.

## 子考点 3　积事件的概率公式

考点运用技巧：若 $A$，$B$ 相互独立，那么它们同时发生的概率为 $P(AB)=P(A)P(B)$.

典型真题：(2014－12) 某次网球比赛的四强对阵为甲对乙，丙对丁，两场比赛的胜者将争夺冠军，选手之间相互获胜的概率如下：

| | 甲 | 乙 | 丙 | 丁 |
|---|---|---|---|---|
| 甲获胜概率 | | 0.3 | 0.3 | 0.8 |
| 乙获胜概率 | 0.7 | | 0.6 | 0.3 |
| 丙获胜概率 | 0.7 | 0.4 | | 0.5 |
| 丁获胜概率 | 0.2 | 0.7 | 0.5 | |

则甲获得冠军的概率为(　　). **难度** ★★

A. 0.165　　B. 0.245　　C. 0.275　　D. 0.315　　E. 0.330

**考点**　独立事件的概率.

**解析**　最后甲获胜有两种情况.第一种情况：甲胜乙，丙胜丁，甲再胜丙，概率

$$P_1=0.3\times0.5\times0.3=0.045;$$

第二种情况：甲胜乙，丁胜丙，甲再胜丁，概率

$$P_2=0.3\times0.5\times0.8=0.12.$$

最终的概率

$$P=0.045+0.12=0.165.$$

选 A.

**技巧**　简单分析本题后可发现答案必须可以被 $0.3\times0.5$ 除尽，那么只能在 A，D，E 中选择，而 A 和 E 选项中的结果具有倍数关系，那么选 A 和 E 的可能性相对就比较高了.

练习：(2010－10) 在 10 道备选试题中，甲能答对 8 题，乙能答对 6 题.若某次考试从这 10 道备选题中随机抽取 3 道作为考题，至少答对 2 题才算合格，则甲、乙两人考试都合格的概率是(　　). **难度** ★★

A. $\frac{28}{45}$　　B. $\frac{2}{3}$　　C. $\frac{14}{15}$　　D. $\frac{26}{45}$　　E. $\frac{8}{15}$

**考点**　独立事件的概率.

**解析**　按照题意,甲、乙两人分别从 10 题中抽取 3 题,两人考试是否合格相互不造成影响,相互独立,故可分别计算甲、乙二人合格的概率,甲合格的概率

$$P_1=1-\frac{C_8^1C_2^2}{C_{10}^3}=\frac{14}{15};$$

乙合格的概率

$$P_2=\frac{C_6^3+C_6^2C_4^1}{C_{10}^3}=\frac{2}{3};$$

根据独立事件乘法公式,二人都合格的概率

$$P=P_1\times P_2=\frac{14}{15}\times\frac{2}{3}=\frac{28}{45}.$$

选 A.

练习:(2012－1) 某产品由两道独立工序加工完成,则该产品是合格品的概率大于 0.8.

**难度**　★

(1) 每道工序的合格率为 0.8.

(2) 每道工序的合格率为 0.9.

**考点**　独立事件的概率.

**解析**　该产品是合格品的概率等价于两道工序都合格,由于两道工序相互独立,根据独立事件的乘法公式 $P(AB)=P(A)P(B)$,故两道工序都合格的概率等于每道工序合格概率的乘积,条件(1):合格概率为 $0.8\times0.8=0.64<0.8$,不充分;条件(2):合格概率为 $0.9\times0.9=0.81>0.8$,充分.综上选 B.

## 考点精解 3　独立重复事件的概率模型(伯努利概型)

【考点突破】本考点主要考查独立重复试验(即伯努利概型)的概率.常见典型问题有抛硬币、做试验、有放回地测试样品、对抗比赛等.

【要点浏览】在 $n$ 重伯努利试验中,假定每次试验中事件 $A$ 出现的概率为 $p(0<p<1)$,则在 $n$ 重伯努利试验中事件 $A$ 恰好出现 $k(k\leqslant n)$ 次的概率为

$$P(k)=C_n^kp^k(1-p)^{n-k},k=0,1,2,\cdots,n.$$

【名师总结】此类概率主要分成两种类型:一种是 $n$ 次试验全部要做完,问其中有 $k$ 次成功的概率;另一种是 $n$ 次试验内一旦成功就停止的概率,这类概率需要逐次试验进行分析.

**子考点 1**　$n$ 重独立试验发生 $k$ 次的概率模型

考点运用技巧:其实 $n$ 重独立试验发生 $k$ 次的概率就是让学生理解一个组合的道理,所以会产生 $C_n^k$ 种组合.

典型真题:(1998—10) 掷一枚不均匀的硬币,正面朝上的概率为 $\frac{2}{3}$,若将此硬币掷 4 次,则正面朝上 3 次的概率是(　　).**难度**　★★

A. $\frac{8}{81}$　　B. $\frac{8}{27}$　　C. $\frac{32}{81}$　　D. $\frac{1}{2}$　　E. $\frac{26}{27}$

**考点**　伯努利概型.

**解析**　由伯努利概率公式,得

$$P=C_4^3\left(\frac{2}{3}\right)^3\left(\frac{1}{3}\right)^1=\frac{32}{81}.$$

选 C.

**点睛**　直接套用伯努利概率公式即可.

练习:(2008—1) 某乒乓球男子单打决赛在甲、乙两选手之间进行,比赛采用 7 局 4 胜制,已知每局比赛甲选手战胜乙选手的概率均为 0.7,则甲选手以 4∶1 战胜乙选手的概率为(　　).

**难度**　★★

A. $0.84\times0.7^3$　　B. $0.7\times0.7^3$　　C. $0.3\times0.7^3$

D. $0.9\times0.7^3$　　E. 以上都不正确

**考点**　伯努利概型.

**解析**　甲选手以 4∶1 战胜乙选手,可以确定共战了 5 场,第 5 场一定是甲胜,前 4 场甲胜了 3 场,故

$$0.7\times C_4^3\times0.7^3\times(1-0.7)=0.7\times0.3\times C_4^3\times0.7^3=0.84\times0.7^3.$$

选 A.

**点睛**　对于比赛问题要掌握两个特点,无论采用什么赛制,局数不一定都打完才分胜负,获胜方最后一局是获胜的.此题若求甲选手获胜的概率,那么就要分 4 局、5 局、6 局、7 局甲胜的情况进行分类讨论,故概率为

$$P=\underbrace{0.7^4}_{4局}+\underbrace{C_4^3\times0.7^4\times0.3}_{5局}+\underbrace{C_5^3\times0.7^4\times0.3^2}_{6局}+\underbrace{C_6^3\times0.7^4\times0.3^3}_{7局}.$$

**子考点 2**　直到第 $n$ 次才发生的概率模型

考点运用技巧:其实就是前面的 $n-1$ 次都没有发生.

典型真题:(2000—10) 某人将 5 个环一一投向木栓,直到有一个套中为止.若每次套中的概率为 0.1,则至少剩下一个环未投的概率是(　　).**难度**　★★

A. 0.000 1　　B. 0.656 1　　C. 0.734 1　　D. 0.343 9　　E. 0.257 1

**考点**　伯努利概型.

**解析**　分情况讨论：

第 1 次套中：$p_1=0.1$；

第 2 次套中：$p_2=0.9\times0.1=0.09$；

第 3 次套中：$p_3=0.9\times0.9\times0.1=0.081$；

第 4 次套中：$p_4=0.9\times0.9\times0.9\times0.1=0.0729$.

至少剩下一个环未投的概率 $P=p_1+p_2+p_3+p_4=0.3439$.选 D.

**技巧**　对立事件求解法："至少剩下一个环未投"的对立事件为"5 个环都投了"，即前 4 次都没投中，亦即 $1-(0.9)^4=0.3439$.

**点睛**　本题命题的核心在于"直到…"，这是终止条件的标志，只要满足要求，后面的试验就不要做了.

## 子考点 3　直到第 $n$ 次才发生 $k$ 次的概率模型

考点运用技巧：这个考点其实就是要求理解第 $n$ 次一定发生，前面的 $n-1$ 次发生了 $k-1$ 次.

典型真题：(1999－1) 进行一系列独立的试验，每次试验出现成功的概率为 $p$，则在成功两次前恰已失败三次的概率为(　　). **难度** ★★

A. $4p^2(1-p)^3$　　B. $4p(1-p)^3$　　C. $10p^2(1-p)^3$

D. $p^2(1-p)^3$　　E. $(1-p)^3$

**考点**　伯努利概型.

**解析**　显然总共进行了 5 次试验，且最后一次成功，前 4 次中有一次成功，故概率为

$$C_4^1 p\cdot(1-p)^3\cdot p=4p^2(1-p)^3.$$

选 A.

**点睛**　关键是从题目中发掘隐含信息："最后一次一定是成功的"，也就是进行了 5 次试验，前 4 次中出现一次成功.

## 子考点 4　其他类型

考点运用技巧：这个考点不需要掌握公式，只要能够合理地分类枚举即可，但是由于考试时间比较短，所以有一定的难度.

典型真题：(2010－1) 在一次竞猜活动中，设有 5 关，如果连续通过 2 关就算闯关成功，小王通过每关的概率都是 $\frac{1}{2}$，他闯关成功的概率为(　　). **难度** ★★★

A. $\frac{1}{8}$　　B. $\frac{1}{4}$　　C. $\frac{3}{8}$　　D. $\frac{1}{2}$　　E. $\frac{19}{32}$

**考点**　伯努利概型.

**解析**　分类讨论：

闯 2 关成功：连续 2 次成功，概率为$\frac{1}{2}\times\frac{1}{2}=\frac{1}{4}$；

闯 3 关成功：先失败，再连续 2 次成功，概率为$\frac{1}{2}\times\frac{1}{2}\times\frac{1}{2}=\frac{1}{8}$；

闯 4 关成功：第 1 次不确定，第 2 次失败，第 3，4 次成功：概率为$\frac{1}{2}\times\frac{1}{2}\times\frac{1}{2}=\frac{1}{8}$；

闯 5 关成功：第 1，2 次不能都成功，第 3 次失败，第 4，5 次成功，概率为$3\times\frac{1}{2}\times\frac{1}{2}\times\frac{1}{2}\times\frac{1}{2}\times\frac{1}{2}=\frac{3}{32}$.最终的概率为$P=\frac{1}{4}+\frac{1}{8}+\frac{1}{8}+\frac{3}{32}=\frac{19}{32}$.选 E.

**点睛**　解此题时需要注意两点：(1) 根据"连续通过 2 关"出现的可能性进行分类讨论，借助分类讨论的方法进行求解；(2) 一旦成功，后面的关就不用再闯了，也就是说 5 关不需要全部闯完就能确定结果了.

练习：(2014－1) 掷一枚均匀的硬币若干次，当正面向上的次数大于反面向上的次数时停止，则在 4 次之内停止的概率为(　　). **难度**　★★

A. $\frac{1}{8}$　　B. $\frac{3}{8}$　　C. $\frac{5}{8}$　　D. $\frac{3}{16}$　　E. $\frac{5}{16}$

**考点**　伯努利概型.

**解析**　采用分类讨论的方法：

(1) 第一次正面：$\frac{1}{2}$；

(2) 第一次反面，第二次正面，第三次也正面：$\frac{1}{2}\times\frac{1}{2}\times\frac{1}{2}=\frac{1}{8}$.

所求概率 $P=\frac{1}{2}+\frac{1}{8}=\frac{5}{8}$.选 C.

## 考点精解 4　条件概率模型

【考点突破】本考点比较"古老"，在一些高中概率课程中也介绍过.

条件概率是指事件 $A$ 在另外一个事件 $B$ 已经发生的条件下发生的概率.条件概率表示为 $P(A|B)$，读作"在 $B$ 发生条件下 $A$ 发生的概率".若只有两个事件 $A$，$B$，那么，$P(A|B)=\frac{P(AB)}{P(B)}$.

考点运用技巧：若事件 $A$ 和事件 $B$ 相互独立，且 $P(B)>0$，那么在 $B$ 发生条件下 $A$ 发生的概率也可以理解为

$$P(A|B)=\frac{P(AB)}{P(B)}=\frac{P(A)P(B)}{P(B)}=P(A).$$

典型真题:(2017－12)甲、乙两人进行围棋比赛,约定先胜2盘者赢得比赛,已知每盘棋甲获胜的概率是0.6,乙获胜的概率是0.4,若乙在第一盘获胜,则甲赢得比赛的概率为(　　).

难度 ★

A. 0.144　　B. 0.288　　C. 0.36　　D. 0.4　　E. 0.6

考点　条件概率.

解析　由条件概率公式

$$P(A|B)=\frac{P(AB)}{P(B)}=\frac{P\{第一盘乙胜,第二、三盘甲胜\}}{P\{第一盘乙胜\}}=\frac{0.4\times 0.6\times 0.6}{0.4}=0.36.$$

选C.

技巧　由于第一盘乙获胜,所以甲只能在之后的两盘都赢得比赛才行,所以概率为 $P=0.6\times 0.6=0.36$.本题其实考查的是条件概率,考生容易把乙获胜的概率也乘进去,导致结果错误.

点睛　此题还结合了条件概率进行命题.对这类问题了解即可,目前真题考到条件概率的可能性非常小.

## 考点精解5　统计初步(均值与方差)

【考点突破】本部分主要考查方差和标准差的概念与计算方法等.

(1) 方差:

$$S^2=\frac{(x_1-\overline{x})^2+(x_2-\overline{x})^2+\cdots+(x_n-\overline{x})^2}{n};$$

(2) 标准差:

$$S=\sqrt{\frac{(x_1-\overline{x})^2+(x_2-\overline{x})^2+\cdots+(x_n-\overline{x})^2}{n}}.$$

【名师总结】对于本考点目前只需要知道具体的知识点与公式即可,要了解平均值主要反映的是样本的平均水平,方差则反映的是样本的离散状态,真题的方向逐步向应用题过渡.

考点运用技巧:(1) 一组数据,若每个数都增加相同的数,则方差不变;若每个数都扩大了 $m$ 倍,则方差扩大 $m^2$ 倍.

(2) 5个连续自然数的方差是2.

典型真题:(2014－1)已知 $m=\{a,b,c,d,e\}$ 是一个整数集合,则能确定 $m$. 难度 ★★

(1) $a,b,c,d,e$ 平均值为10.

(2) $a,b,c,d,e$ 方差为2.

考点　算术平均值与方差.

解析　条件(1):$\frac{a+b+c+d+e}{5}=10\Rightarrow a+b+c+d+e=50$,不充分;

条件(2):知道方差,也不充分.联合条件(1)、条件(2),$(a-10)^2+(b-10)^2+(c-10)^2+$

$(d-10)^2+(e-10)^2=10$，又因平均数是10，只能在10的附近取数，否则方差会比较大，那么简单分析后只能是$m=\{8,9,10,11,12\}$.选C.

练习：(2014－10)$a,b,c,d,e$五个数满足$a\leqslant b\leqslant c\leqslant d\leqslant e$，其平均值$m=100$，$c=120$，则$e-a$的最小值是(　　). 难度 ★★

A. 45　　B. 50　　C. 55　　D. 60　　E. 65

考点　算术平均值.

解析　为使$e-a$取最小值，即$e$尽可能小，$a$尽可能大，因为$c=120$，$c\leqslant d\leqslant e$，此时$e$最小取120，故$c=d=e=120$，又平均值$m=100$，$a\leqslant b$，故$a=b$时，$a$最大，此时$a=b=\dfrac{100\times5-120\times3}{2}=70$，故$e-a$的最小值为$120-70=50$.选B.

练习：(2012－1)已知三种水果的平均价格为10元/千克，则每种水果的价格均不超过18元/千克. 难度 ★★

(1) 三种水果中价格最低的为6元/千克.

(2) 购买重量分别是1千克、1千克和2千克的三种水果共用了46元.

考点　算术平均值.

解析　题干中已知“三种水果的平均价格为10元/千克”，得到三种水果的单价之和为30元/千克.结论为“每种水果的价格均不超过18元/千克”不等式，想到找反例的思路.

条件(1)，为使三种水果中某种水果的价格尽量高，其他两种水果的价格尽可能低，最低为6元/千克，于是水果最高价格为$30-6-6=18$(元/千克)，充分；

条件(2)，三种水果各买1千克需花30元，再买某种水果1千克共花46元，即购买某种水果1千克花费16元，亦即三种水果中某种水果的单价为16元/千克，这样另外两种水果单价之和为14元/千克，三种水果中不会有任何一种水果的单价超过18元/千克，充分.选D.

## 第三节　母题精讲

### 类型1　古典概率

#### 一、问题求解

1. 设不同的红球5只，黑球4只，白球3只，从中随机取出4只球，则取到4只球中不含白球的概率为(　　). 难度 ★

A. $\dfrac{21}{55}$　　B. $\dfrac{19}{55}$　　C. $\dfrac{16}{55}$　　D. $\dfrac{14}{55}$　　E. $\dfrac{13}{55}$

**答案** D

**考点** 古典概型(等可能事件的概率).

**解析** 4 只球中不含白球即摸到的球是红球或黑球,则 $P=\frac{C_9^4}{C_{12}^4}=\frac{14}{55}$.

【评注】 摸球问题是考试中的重点.

2. 3 名老师随机从 3 名男生、3 名女生共 6 人中各带 2 名学生进行实验,其中每名老师各带 1 名男生和 1 名女生的概率为(  ). **难度** ★

A. $\frac{2}{5}$　　B. $\frac{3}{5}$　　C. $\frac{4}{5}$　　D. $\frac{9}{10}$　　E. 以上都不正确

**答案** A

**考点** 分组问题.

**解析** 总的情况是每名老师各选 2 人进行实验,即有 $C_6^2C_4^2C_2^2=90$ 种情况,而每名老师各带 1 名男生和 1 名女生的情况为 $3!\times3!=36$(种),则概率为 $P=\frac{36}{90}=\frac{2}{5}$.

【评注】 对于分组问题一定要弄清楚平均分组和非平均分组.

3. 将一颗骰子随机抛掷 3 次,则所得最大点数与最小点数之差等于 2 的概率为(  ). **难度** ★

A. $\frac{1}{9}$　　B. $\frac{5}{27}$　　C. $\frac{2}{9}$　　D. $\frac{8}{27}$　　E. $\frac{1}{3}$

**答案** C

**考点** 古典概型新题型.

**解析** 最大点数与最小点数之差等于2的情况有四种:第一种,最小点数为1,最大点数为 3,列举有(1,1,3),(1,3,1),(3,1,1),(1,2,3),(1,3,2),(2,3,1),(2,1,3),(3,1,2),(3,2,1),(1,3,3),(3,1,3),(3,3,1),共 12 种情况;同理,第二种,最小点数为 2,最大点数为 4;第三种,最小点数为 3,最大点数为 5;第四种,最小点数为 4,最大点数为 6.合计共 48 种情况,则概率为 $P=\frac{48}{6\times6\times6}=\frac{2}{9}$.

【评注】 此题属于创新题型,要求学生能够合理分类.

4. 从分别写有数字 1,2,3,4,5 的 5 张卡片中任意取出 2 张,把第一张卡片上的数字作为十位数字,把第二张卡片上的数字作为个位数字,组成一个两位数,则所组成的数是 3 的倍数的概率是(  ). **难度** ★★

A. $\frac{1}{5}$　　B. $\frac{3}{10}$　　C. $\frac{1}{2}$　　D. $\frac{2}{5}$　　E. $\frac{3}{5}$

**答案** D

考点　列表法与树状图法.

解析　列举出所有情况,看所组成的数是 3 的倍数的情况占总情况的多少即可.

列表得

| (1,5) | (2,5) | (3,5) | (4,5) | — |
|---|---|---|---|---|
| (1,4) | (2,4) | (3,4) | — | (5,4) |
| (1,3) | (2,3) | — | (4,3) | (5,3) |
| (1,2) | — | (3,2) | (4,2) | (5,2) |
| — | (2,1) | (3,1) | (4,1) | (5,1) |

所以一共有 20 种情况,所组成的数是 3 的倍数的有 8 种情况,所以所组成的数是 3 的倍数的概率是 $P=\frac{8}{20}=\frac{2}{5}$.

【评注】　列表法可以不重复、不遗漏地列出所有可能的结果,适用于两步完成的事件.用到的知识点:概率等于所求情况数与总情况数之比.

5. 把一颗骰子投掷两次,观察向上的点数,并记第一次出现的点数为 $A$,记第二次出现的点数为 $B$,则直线 $Ax+By+1=0$ 与 $x-2y-1=0$ 垂直的概率为(　　). 难度　★★

A. $\frac{1}{12}$　　B. $\frac{1}{18}$　　C. $\frac{1}{9}$　　D. $\frac{1}{6}$　　E. $\frac{1}{3}$

答案　A

考点　古典概型与解析几何.

解析　由直线 $Ax+By+1=0$ 与 $x-2y-1=0$ 垂直可得 $A\cdot 1+B\cdot(-2)=0\Rightarrow A=2B$,包含的基本事件有(2,1),(4,2),(6,3) 共 3 种,则概率为 $\frac{3}{36}=\frac{1}{12}$.

【评注】　解此题时特别容易将情况数算作 6,由于交换了 $A,B$ 的位置,产生不必要的错误.

6. 盒内有大小相同的 9 个球,其中有 2 个红色球、3 个白色球、4 个黑色球.规定取出 1 个红色球得 1 分,取出 1 个白色球得 0 分,取出 1 个黑色球得 −1 分.现从盒内任取 3 个球,则取出的 3 个球得分之和恰为 1 分的概率为(　　). 难度　★

A. $\frac{5}{42}$　　B. $\frac{2}{21}$　　C. $\frac{1}{6}$　　D. $\frac{1}{7}$　　E. $\frac{4}{21}$

答案　A

考点　互斥事件的概率.

解析　可以记"取出 1 个红色球,2 个白色球"为事件 $B$,"取出 2 个红色球,1 个黑色球"为事件 $C$,求出事件 $B$ 和 $C$ 的概率,从而求出 3 个球得分之和恰为 1 分的概率.

$$P(B+C)=P(B)+P(C)=\frac{C_2^1C_3^2}{C_9^3}+\frac{C_2^2C_4^1}{C_9^3}=\frac{5}{42}.$$

【评注】 此题主要考查互斥事件的概率计算，计算的时候要仔细.这是一道基础题.

7. 3个互相认识的人乘坐同一列火车，火车有10节车厢，则此3人中至少有2人上了同一节车厢的概率是（　　）. 难度 ★★

A. $\frac{29}{200}$　　B. $\frac{7}{25}$　　C. $\frac{7}{125}$　　D. $\frac{7}{18}$　　E. $\frac{7}{50}$

答案 B

考点 球盒模型.

解析 用对立事件的概率来分析，对立事件为3人中任意2个人都不在同一节车厢，概率为 $P=\frac{A_{10}^{3}}{10^{3}}=\frac{18}{25}$，则至少有2人上了同一节车厢的概率是 $1-\frac{18}{25}=\frac{7}{25}$.

【评注】 球盒问题一般总的情况数都是(盒子个数)$^{球的个数}$.

8. 甲、乙分别从同一个正方形的四个顶点中任意选择两个顶点连成直线，则所得的两条直线相互垂直的概率为（　　）. 难度 ★★

A. $\frac{3}{18}$　　B. $\frac{4}{18}$　　C. $\frac{5}{18}$　　D. $\frac{6}{18}$　　E. $\frac{7}{18}$

答案 C

考点 等可能事件的概率.

解析 由题意知本题是一个古典概型，本题所包含的总事件数：正方形四个顶点可以确定6条直线，甲、乙各自任选一条共有36个基本事件.4组邻边和对角线中两条直线相互垂直的情况有5种，包括10个基本事件.根据古典概型公式得到结果，即概率 $P=\frac{10}{36}=\frac{5}{18}$.

9. 某影城统计了一季度的观众人数，如下图所示，则一季度的男、女观众人数之比为（　　）. 难度 ★

A. 3∶4　　B. 5∶6　　C. 12∶13　　D. 13∶12　　E. 4∶3

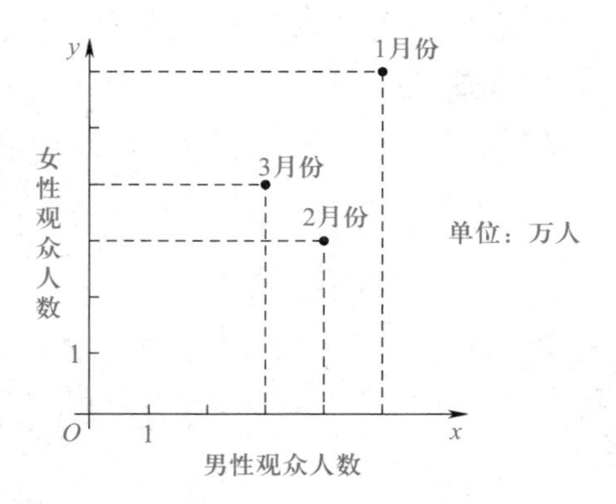

**答案**　C

**考点**　数据的图表表示.

**解析**　由图可得，一季度男、女观众人数分别为：

男观众人数：$3+4+5=12$(万人)；

女观众人数：$3+4+6=13$(万人).

所以，一季度男、女观众人数之比为 $12:13$.

## 二、条件充分性判断

10. $m$ 件产品中有 2 件次品，现逐个进行检查，直至次品全部被查出为止，则第 5 次查出最后一个次品的概率为$\frac{4}{45}$. **难度**　★★

(1) $m=11$.

(2) $m=10$.

**答案**　B

**考点**　抽签问题.

**解析**　条件(1)：该事件等价于第 5 次查到的是次品，前 4 次只查到 1 件次品，则

$$P=\frac{C_4^1A_2^2A_9^3}{A_{11}^5}=\frac{9\times8\times7\times8}{11\times10\times9\times8\times7}=\frac{4}{55},$$

不充分；

条件(2)：

$$P=\frac{C_4^1A_2^2A_8^3}{A_{10}^5}=\frac{8\times7\times6\times8}{10\times9\times8\times7\times6}=\frac{4}{45},$$

充分.

【评注】　显然当 $m=11$ 时，计算中会带有“11”这个因子，所以条件(1)不充分.这样大大节约了运算时间.

11. 在每道单项选择题给出的 4 个备选答案中，只有一个是正确的.若对 4 道选择题中的每一道都任意选定一个答案，则事件 $A$ 的概率为$\frac{27}{128}$. **难度**　★★

(1) 事件 $A$：至少答对一道题.

(2) 事件 $A$：恰有两道题答对.

**答案**　B

**考点**　独立重复试验(伯努利概型).

**解析**　条件(1)：每题答对的概率为$\frac{1}{4}$，答错的概率为$\frac{3}{4}$，至少答对一道题的对立事件为一道题都没答对，概率为 $P=1-\left(\frac{3}{4}\right)^4=\frac{175}{256}$，不充分；

条件(2)：恰有两道题答对的概率为 $P=C_4^2\left(\frac{1}{4}\right)^2\left(\frac{3}{4}\right)^2=\frac{27}{128}$，充分.

【评注】 伯努利概型的经典题型.

12. $p=\frac{1}{12}$. 难度 ★★

(1) 将一骰子连续抛掷3次，它落地时向上的点数依次成等差数列的概率为 $p$.

(2) 将一骰子连续抛掷4次，它落地时向上的点数依次成等差数列的概率为 $p$.

答案 A

考点 古典概率新题型.

解析 条件(1)：公差为0时：(1,1,1)，(2,2,2)，(3,3,3)，(4,4,4)，(5,5,5)，(6,6,6)；公差为1时：(1,2,3)，(2,3,4)，(3,4,5)，(4,5,6)；公差为2时：(1,3,5)，(2,4,6)；公差为−1时：(3,2,1)，(4,3,2)，(5,4,3)，(6,5,4)；公差为−2时：(5,3,1)，(6,4,2)，共含有18个基本事件，概率为 $P=\frac{18}{6^3}=\frac{1}{12}$，充分；

条件(2)：公差为0时：(1,1,1,1)，(2,2,2,2)，(3,3,3,3)，(4,4,4,4)，(5,5,5,5)，(6,6,6,6)；公差为1时：(1,2,3,4)，(2,3,4,5)，(3,4,5,6)；公差为−1时：(4,3,2,1)，(5,4,3,2)，(6,5,4,3)，共含有12个基本事件，概率为 $P=\frac{12}{6^4}=\frac{1}{108}$，不充分.

【评注】 对于"依次成等差数列"的条件，要求分析问题时注意定序，如果没这个要求，就要考虑数列的顺序.

## 类型2 独立性概率

### 一、问题求解

1. 一批产品的次品率为0.1，逐件检测后放回.连续检测3次，至少检测到一件次品的概率是(　　). 难度 ★

A. 0.081　　B. 0.1　　C. 0.023 4　　D. 0.271　　E. 以上答案均不正确

答案 D

考点 伯努利概型(独立重复试验).

解析 此题用对立事件的概率计算比较合适：$1-P\{无次品\}=1-0.9^3=0.271$.

【评注】 一般遇到"至少"问题时用对立法求解比较合适.

2. 从甲开始，按甲、乙、丙的顺序依次轮流每人每次猜一道谜语，直到有一道谜语被猜出为止.若每人每次的谜语猜中率都是 $\frac{1}{2}$，则谜语最终并非被乙猜出的概率为(　　). 难度 ★

A. $\frac{2}{3}$　　B. $\frac{3}{5}$　　C. $\frac{3}{4}$　　D. $\frac{5}{6}$　　E. $\frac{5}{7}$

**答案**　E

**考点**　独立重复试验.

**解析**　对立事件为谜语最终被乙猜出,可能的情况有:甲没猜出,乙猜出,即$\frac{1}{2}\times\frac{1}{2}=\frac{1}{4}$;第一轮甲、乙、丙都没猜出,第二轮甲没猜出,乙猜出,即$\left(\frac{1}{2}\right)^5=\frac{1}{32}$.依此类推,得乙猜出谜语的概率为

$$\frac{1}{4}+\frac{1}{32}+\cdots=\frac{\frac{1}{4}}{1-\frac{1}{8}}=\frac{2}{7},$$

则谜语最终并非被乙猜出的概率为$\frac{5}{7}$.

【评注】　此类问题为终止型伯努利概率问题,是真题的命题方向,要分类进行讨论,从而寻找出一般规律.

3. 在7局4胜制的乒乓球比赛中,选手甲与选手乙的水平相当,则在两人的比赛中甲能以4∶2的比分胜出的概率为(　　).**难度**　★★

A. $\frac{5}{32}$　　B. $\frac{15}{64}$　　C. $\frac{7}{32}$　　D. $\frac{13}{64}$　　E. $\frac{3}{16}$

**答案**　A

**考点**　独立重复试验(伯努利概型).

**解析**　等价于前5场甲胜了3场,最后一场甲必须胜,$P=C_5^3\left(\frac{1}{2}\right)^3\left(\frac{1}{2}\right)^2\left(\frac{1}{2}\right)=\frac{5}{32}$.

【评注】　考生很容易求前6场甲胜4场的概率,导致错误.

4. 逐次做独立重复试验,每次试验的成功率为$\frac{2}{3}$,则直到第6次试验才出现连续2次试验成功且总共3次试验成功的概率为(　　).**难度**　★★

A. $\frac{21}{9^3}$　　B. $\frac{22}{9^3}$　　C. $\frac{23}{9^3}$　　D. $\frac{24}{9^3}$　　E. $\frac{25}{9^3}$

**答案**　D

**考点**　独立重复试验.

**解析**　分析可得:第5,6两次试验全部成功,第4次试验没成功,而前3次试验只成功了1次的概率,则

$$P=C_3^1\left(\frac{2}{3}\right)\left(\frac{1}{3}\right)^2\left(\frac{1}{3}\right)\left(\frac{2}{3}\right)^2=\frac{24}{9^3}.$$

【评注】 此题是由2008年1月联考真题所改编的一道创新题.

5. 在一次抗洪抢险中,人们准备用射击的方法引爆从桥上漂流而下的一个巨大汽油罐.已知只有5发子弹备用,且首次命中只能使汽油流出,再次命中才能引爆成功,每次射击的命中率都是$\frac{2}{3}$,每次命中与否互相独立,则汽油罐被引爆的概率为( ). 难度 ★★★

A. $\frac{232}{243}$　　B. $\frac{166}{243}$　　C. $\frac{64}{81}$　　D. $\frac{22}{27}$　　E. $\frac{7}{9}$

答案 A

考点 $n$次独立重复试验中恰好发生$k$次的概率.

解析 记汽油罐被引爆为事件$A$,其对立事件$\overline{A}$为5发子弹用完,汽油罐没有被引爆,$\overline{A}$包含2种情况:

① 5发子弹中有1发命中,其概率为

$$P_1=C_5^1\times\frac{2}{3}\times\left(1-\frac{2}{3}\right)^4=\frac{10}{243};$$

② 5发子弹都没有命中,其概率为

$$P_2=\left(1-\frac{2}{3}\right)^5=\frac{1}{243},$$

$$P(\overline{A})=P_1+P_2=\frac{11}{243}.$$

汽油罐被引爆的概率

$$P(A)=1-P(\overline{A})=\frac{232}{243}.$$

【评注】 本题考查概率的应用,涉及$n$次独立重复试验中恰有$k$次发生的概率计算,解题的关键是分类的标准要统一,避免重复讨论或遗漏情况.

6. 在甲、乙进行的围棋比赛中,两人的水平相当,每局出现和局的概率为$\frac{1}{5}$,比赛进行到有人共胜3局为止,则比赛恰需进行5局的概率为( ). 难度 ★★

A. $\frac{2^3\times3^2}{5^5}$　　B. $\frac{2^4\times3^3}{5^5}$　　C. $\frac{2^3\times3^4}{5^5}$　　D. $\frac{2^5\times3^3}{5^5}$　　E. $\frac{2^6\times3^2}{5^5}$

答案 D

考点 独立重复性试验的新题型.

解析 共分甲最终获胜和乙最终获胜两种情况,显然这两种情况的概率是相同的,那么甲胜3局的情况为前4局胜2次,最后一局甲胜,则概率为

$$P=C_4^2\left(\frac{2}{5}\right)^2\left(\frac{3}{5}\right)^2\left(\frac{2}{5}\right)=\frac{2^4\times3^3}{5^5},$$

同理乙最终获胜的概率为$\frac{2^4\times 3^3}{5^5}$则比赛恰需进行5局的概率为$P=\frac{2^5\times 3^3}{5^5}$.

【评注】　此题也属于创新题,要求学生能分清每个步骤的概率.

7. 某学生在上学路上要经过4个路口,假设在各路口是否遇到红灯是相互独立的,遇到红灯的概率都是$\frac{1}{3}$,遇到红灯时停留的时间都是2分钟,则这名学生在上学路上因遇到红灯停留的总时间至多是4分钟的概率是(　　). 难度　★★

A. $\frac{16}{81}$　　B. $\frac{8}{27}$　　C. $\frac{32}{81}$　　D. $\frac{56}{81}$　　E. $\frac{8}{9}$

答案　E

考点　独立重复试验和互斥事件的概率.

解析　设这名学生在上学路上因遇到红灯停留的总时间至多是4分钟为事件$B$.

这名学生在上学路上遇到$k$次红灯为事件$B_k(k=0,1,2)$,则由题意,得

$$P(B_0)=\left(\frac{2}{3}\right)^4=\frac{16}{81},$$

$$P(B_1)=C_4^1\left(\frac{2}{3}\right)^3\left(\frac{1}{3}\right)^1=\frac{32}{81},$$

$$P(B_2)=C_4^2\left(\frac{2}{3}\right)^2\left(\frac{1}{3}\right)^2=\frac{24}{81}.$$

由于事件$B$等价于“这名学生在上学路上至多遇到两次红灯”,所以事件$B$的概率为

$$P(B)=P(B_0)+P(B_1)+P(B_2)=\frac{8}{9}.$$

【评注】　本题考查独立重复试验和互斥事件,是一个概率的小型综合题,解题的关键是看清楚题目要求的事件所包含的事件是什么,这些事件之间有什么关系.

## 二、条件充分性判断

8. 甲、乙两人各自去破译一个密码,则密码能被破译的概率为$\frac{3}{5}$. 难度　★★

(1) 甲、乙两人能译出的概率分别是$\frac{1}{3}$,$\frac{1}{4}$.

(2) 甲、乙两人能译出的概率分别是$\frac{1}{2}$,$\frac{1}{3}$.

答案　E

考点　相互独立事件同时发生的概率.

解析　方法一:采用对立事件来求解.

条件(1):$P=1-P(\bar{A}\,\bar{B})=1-\frac{2}{3}\times\frac{3}{4}=\frac{1}{2}$,不充分;

条件(2)：$P=1-P(\overline{A}\,\overline{B})=1-\frac{1}{2}\times\frac{2}{3}=\frac{2}{3}$，不充分.显然联合也不充分.

方法二：利用加法公式：

$$P(A+B)=P(A)+P(B)-P(A)P(B),$$

可验算出条件(1)，(2)都不充分.

【评注】 由于结果是$\frac{3}{5}$，显然两个条件都无法使所求出结果的分母中含有“5”这个因数，所以只能选E.

利用独立事件的加法公式[验算出条件(1)，(2)都不充分]：

$$P(A+B)=P(A)+P(B)-P(A)P(B).$$

9. 某人投篮，每次投不中的稳定概率为$p$，则在4次投篮中，至少投中3次的概率大于0.8. 难度 ★★

(1) $p=0.2$.

(2) $p=0.3$.

答案 A

考点 独立重复试验(伯努利概型).

解析 条件(1)：$P=(0.8)^4+C_4^3(0.8)^3(0.2)^1=2\times(0.8)^4=0.8192>0.8$，充分；

条件(2)：$P=(0.7)^4+C_4^3(0.7)^3(0.3)^1<0.8$，不充分.

10. 某射手每次射击击中目标的概率为$\frac{2}{3}$，且各次射击的结果互不影响，则$P=\frac{8}{81}$.

难度 ★★

(1) 共射击5次，恰有3次连续击中目标的概率为$P$.

(2) 共射击5次，有3次连续击中目标，另外2次未击中目标的概率为$P$.

答案 B

考点 独立重复试验(伯努利概型).

解析 条件(1)，分析可得，有三种情况：(中，中，中，不中，不确定)、(不确定，不中，中，中，中)、(不中，中，中，中，不中)，则概率为$P=\left(\frac{2}{3}\right)^3\left(\frac{1}{3}\right)+\left(\frac{1}{3}\right)\left(\frac{2}{3}\right)^3+\left(\frac{1}{3}\right)\left(\frac{2}{3}\right)^3\left(\frac{1}{3}\right)=\frac{56}{243}$，不充分；

条件(2)，分析可得，有三种情况：(中，中，中，不中，不中)、(不中，中，中，中，不中)、(不中，不中，中，中，中)，则概率为$P=3\times\left(\frac{2}{3}\right)^3\left(\frac{1}{3}\right)^2=\frac{8}{81}$，充分.

【评注】 做此类题目时必须弄清楚每个步骤的情况，分类要细致.这也是联考的命题方向.

## 类型 3　统　计

### 一、问题求解

1. 已知总体的各个体的值由小到大依次为 2,3,3,7,$a$,$b$,12,13.7,18.3,20,且总体的中位数为 10.5.若要使该总体的方差最小,则 $a$,$b$ 的取值分别是(　　). 难度 ★★★

A. 都是 10　　B. 都是 11　　C. 都是 10.5　　D. 10 和 11　　E. 11 和 10

答案　C

考点　方差的计算与性质.

解析　中位数为 10.5,则 $\frac{a+b}{2}=10.5$,则

$$a+b=21. \qquad ①$$

写出方差公式,则得只要 $a^2+b^2$ 最小即可.

利用不等式的性质,$2(a^2+b^2)\geqslant(a+b)^2=441$,得

$$ab\leqslant\frac{441}{4}. \qquad ②$$

根据 ① 式、② 式即可求出当 $a=b=\frac{21}{2}=10.5$ 时,$a^2+b^2$ 取最小值,此时原总体方差最小.

【评注】 熟练运用不等式的性质可简化计算过程.

2. 某同学 5 次上学途中所花的时间(单位:分钟)分别为 $x$,$y$,10,11,9,已知这组数据的平均值为 10,方差为 2,则 $|x-y|=$(　　). 难度 ★

A. 1　　B. 2　　C. 3　　D. 4　　E. 5

答案　D

考点　平均值、方差.

解析　先根据题意列出关于 $x$,$y$ 的方程组,然后求 $|x-y|$ 的值.

因为这组数据 $x$,$y$,10,11,9 的平均数为 10,方差为 2,所以

$$\begin{cases}x+y+10+11+9=5\times10,\\ 2=\dfrac{(x-10)^2+(y-10)^2+0^2+1^2+1^2}{5}\end{cases}\Rightarrow\begin{cases}x+y=20,\\ x^2+y^2=208,\end{cases}$$

又 $(x+y)^2=x^2+y^2+2xy$,即 $208+2xy=400$,所以 $xy=96$.因为 $(x-y)^2=x^2+y^2-2xy$,所以 $(x-y)^2=208-192=16$,则 $x-y=\pm4$,$|x-y|=4$.

【评注】 考查平均数、方差和完全平方公式的应用.

3. 10名同学的语文成绩和数学成绩见下表：

| 语文成绩 | 90 | 92 | 94 | 88 | 86 | 95 | 87 | 89 | 91 | 93 |
|---|---|---|---|---|---|---|---|---|---|---|
| 数学成绩 | 94 | 88 | 96 | 93 | 90 | 85 | 84 | 80 | 82 | 98 |

语文成绩和数学成绩的平均值分别为 $E_1$ 和 $E_2$，标准差分别为 $\sigma_1$ 和 $\sigma_2$，则（　　）. 难度 ★★

A. $E_1 > E_2, \sigma_1 > \sigma_2$　　B. $E_1 > E_2, \sigma_1 < \sigma_2$　　C. $E_1 > E_2, \sigma_1 = \sigma_2$

D. $E_1 < E_2, \sigma_1 > \sigma_2$　　E. $E_1 < E_2, \sigma_1 < \sigma_2$

**答案** B

**考点** 平均值、标准差.

**解析** 将上述数据同时减去90，可得下表：

| 语文成绩 | 0 | 2 | 4 | −2 | −4 | 5 | −3 | −1 | 1 | 3 |
|---|---|---|---|---|---|---|---|---|---|---|
| 数学成绩 | 4 | −2 | 6 | 3 | 0 | −5 | −6 | −10 | −8 | 8 |

$$\bar{x}_{语文} = \frac{0+2+4-2-4+5-3-1+1+3}{10} = \frac{5}{10} = 0.5，故 E_1 = 90.5.$$

$$\bar{x}_{数学} = \frac{4-2+6+3+0-5-6-10-8+8}{10} = \frac{-10}{10} = -1，故 E_2 = 89.$$

所以，$E_1 > E_2$，观察两组数据的波动性可知：语文成绩更加稳定，因此 $\sigma_1 < \sigma_2$.

【评注】 一组数据同时减掉（或者加上）同一个数，不影响这组数据的稳定性.

4. 已知样本容量为30，在样本频率分布直方图（见右图）中，各小长方形的高的比从左到右依次为2∶4∶3∶1，则第2组的频率和频数分别为（　　）. 难度 ★

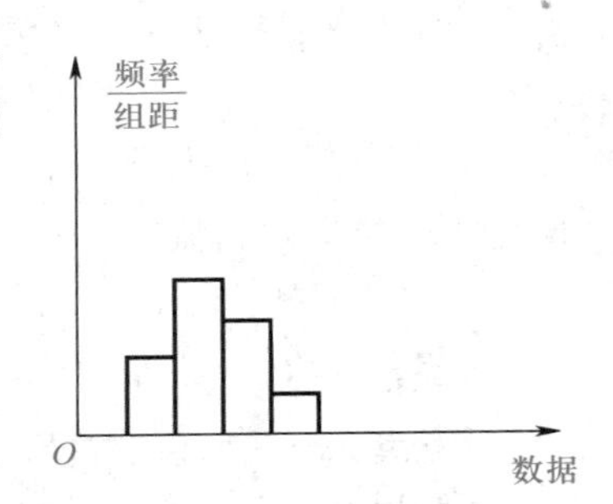


A. 0.4，12　　B. 0.6，16

C. 0.4，16　　D. 0.6，12

E. 以上都不正确

**答案** A

**考点** 频率分布直方图.

**解析** 因为频率分布直方图中各个小长方形的面积即各组的频率，且频率之和为1，故由已知比例关系即可求得第二组的频率，乘以样本容量即频数.

因为小长方形的高的比等于面积之比，所以从左到右各组的频率之比为2∶4∶3∶1.

因为各组频率之和为1，所以第二组的频率为 $1 \times \frac{4}{10} = \frac{2}{5}$.

因为样本容量为30，所以第二组的频数为 $30 \times \frac{2}{5} = 12$.

【评注】 本题考查用样本估计总体分布的方法，频率分布直方图的意义和运用，以及频率、频数的概念和计算.

5. 右图是将某年级60篇学生调查报告的成绩进行整理并分成5组画出的频率分布直方图.已知从左至右4个小组的高度分别是0.005,0.015,0.035,0.030,那么在这次评比中被评为优秀的调查报告有(分数大于或等于80分为优秀,且分数为整数)(　　).

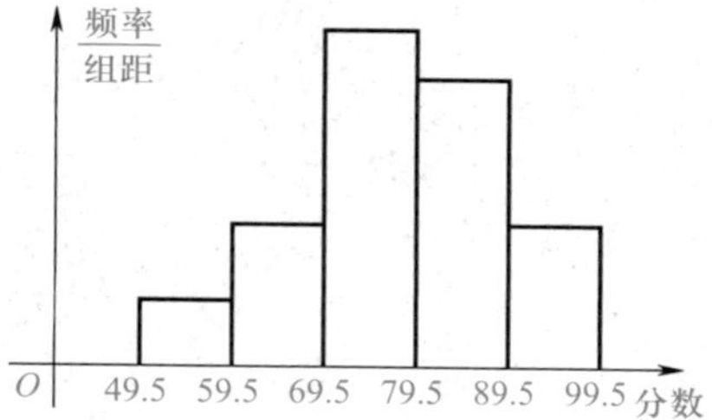

**难度** ★★

A. 18篇　　B. 24篇　　C. 25篇

D. 27篇　　E. 3篇

**答案** D

**考点** 频率分布直方图.

**解析** 由题意分析频率分布直方图可知分数在89.5～99.5段的频率,可得分数在79.5～99.5段的频率,由频率、频数的关系可得评比中被评为优秀的调查报告的篇数,即答案.

由题意可知:分数在89.5～99.5段的频率为$1-0.05-0.15-0.35-0.30=0.15$,可得分数在79.5～99.5段的频率为$0.30+0.15=0.45$,则由频率=频数÷总数,这次评比中被评为优秀的调查报告有$60\times0.45=27$(篇).

【评注】 本题考查识频率分布直方图的能力和利用统计图获取信息的能力.利用统计图获取信息时,必须认真观察、分析、研究统计图,这样才能作出正确的判断并解决问题.

# 第八章
# 解题技巧思想方法

【考试地位】本模块教授考生如何在考场上集中精力，在最短的时间内充分把自己所学到的知识综合运用到题目当中去，包括常用的思想方法、快速解题技巧和作者自己平时在授课过程中的经验总结.本模块是本书的点睛篇章.

## 思想方法 1 特殊值的妙用(别出心裁)(运用范围:代数、几何、应用题)

【应试策略】

(1) 在代数中常见的特殊值有“0”,“1”,“$-1$”,端点值和中间值.

(2) 在几何中常有特殊图形、特殊位置等.

(3) 在百分比应用题中也可以用特殊思想来解决问题.

(4) 在数列的一些计算问题中,经常使用常数数列(思想);在 $a_n$,$S_n$ 问题中采用 $n=1$,2,3,… 特殊值来解决问题.

### 一、问题求解

1. $\frac{a^3+b^3+c^3-3abc}{a+b+c}=3$,则$(a-b)^2+(b-c)^2+(a-b)(b-c)=($  $)$.

**难度** ★★★

A. 1  B. 2  C. 3  D. 4  E. 5

**解析** 常规解法:$\frac{a^3+b^3+c^3-3abc}{a+b+c}=3\Rightarrow\frac{(a+b)^3+c^3-3a^2b-3ab^2-3abc}{a+b+c}=3$

$$\Rightarrow\frac{(a+b+c)[(a+b)^2-(a+b)c+c^2]-3ab(a+b+c)}{a+b+c}=3$$

$$\Rightarrow(a-b)^2+(b-c)^2+(a-b)(b-c)=3.$$

选 C.

**技巧运用** 取 $a=0$,$b=0$,$c^2=3$,代入,得$(a-b)^2+(b-c)^2+(a-b)(b-c)=c^2=3$.选 C.

2. (2011-10) 若三次方程 $ax^3+bx^2+cx+d=0$ 的三个不同实根 $x_1$,$x_2$,$x_3$ 满足:$x_1+x_2+x_3=0$,$x_1x_2x_3=0$,则下列关系中恒成立的是(  ). **难度** ★★

A. $ac=0$  B. $ac<0$  C. $ac>0$  D. $a+c<0$  E. $a+c>0$

**解析** 常规解法:显然有一个根为 0.不妨设 $x_3=0$,则 $x_1+x_2=0$,可以算出 $b=0$,$d=0$,即 $ax^2+c=0\Rightarrow-\frac{c}{a}>0\Rightarrow ac<0$.选 B.

**技巧运用** 显然有一实根为 0,另两个根互为相反数,可取三个根为 0,1,$-1$,故三次方程为 $x(x+1)(x-1)=0\Rightarrow x^3-x=0$,则取 $a=1$,$c=-1$,则 $ac<0$.选 B.

3. (2015-12) 设抛物线 $y=x^2+2ax+b$ 与 $x$ 轴相交于 $A$,$B$ 两点,点 $C$ 的坐标为(0,2),若 $\triangle ABC$ 的面积等于 6,则(  ). **难度** ★★★

A. $a^2-b=9$  B. $a^2+b=9$  C. $a^2-b=36$

D. $a^2+b=36$　　　E. $a^2-4b=9$

**解析**　常规解法：由题意可得，三角形的底边是 $AB$，高是 2，如右图所示，则

$$S=6\Rightarrow \frac{AB\cdot 2}{2}=6\Rightarrow AB=6.$$

令 $x^2+2ax+b=0$，由韦达定理，得 $x_1+x_2=-2a$，$x_1x_2=b$，所以

$AB=|x_1-x_2|=\sqrt{(x_1+x_2)^2-4x_1x_2}=\sqrt{4a^2-4b}=6\Rightarrow 4a^2-4b=36\Rightarrow a^2-b=9$.选 A.

**技巧运用**　只需要找出一个特殊的抛物线（函数图形），即 $y=x^2-9$，如下图所示，$\triangle ABC$ 的面积为 6，此时可得 $a=0$，$b=-9$，验证选项后只有 A 选项是正确的.

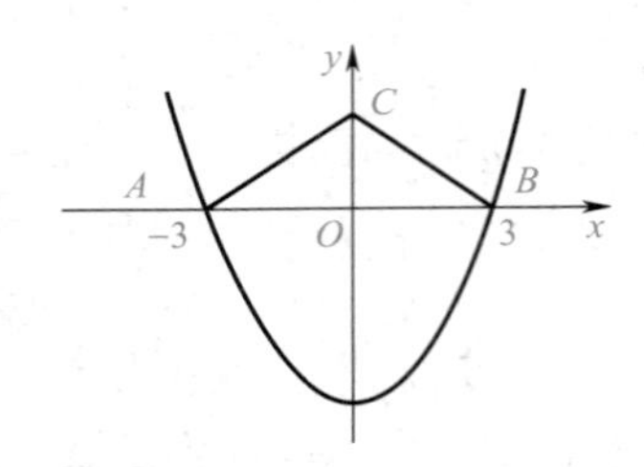


4. 如果方程 $|x|=ax+1$ 有一个负数根，那么实数 $a$ 的取值范围是（　　）. **难度** ★★

A. $a<1$　　　B. $a=1$　　　C. $a>-1$　　　D. $a<-1$　　　E. $a>1$

**解析**　常规解法：设负数根为 $x_0$，代入方程得 $|x_0|=ax_0+1\Rightarrow -x_0=ax_0+1\Rightarrow x_0=-\frac{1}{a+1}$，而 $x_0=-\frac{1}{a+1}<0\Rightarrow a>-1$.选 C.

**技巧运用**　先取 $a=0$，得 $|x|=1\Rightarrow x=\pm 1$，满足有一个负数根，排除 B，D 选项，然后取 $a=1$，得 $|x|=x+1\Rightarrow x=-\frac{1}{2}$，满足有一个负数根，排除 A，E 选项，答案只能选 C 了.

5. 满足不等式 $(x+4)(x+6)+3>0$ 的所有实数 $x$ 的集合是（　　）. **难度** ★

A. $[4,+\infty)$　　　B. $(4,+\infty)$　　　C. $(-\infty,-2]$

D. $(-\infty,-1)$　　　E. $(-\infty,+\infty)$

**解析**　常规解法：采用配方的方法：$(x+4)(x+6)+3>0\Rightarrow x^2+10x+27>0\Rightarrow (x+5)^2+2>0$，显然恒成立.选 E.

**技巧运用**　只需要取 $x=0$，发现满足题干，那么就能排除 A，B，C，D 选项，只能选 E 了.

6. 不等式 $|x-1|+x\leqslant 2$ 的解集为（　　）. **难度** ★

A. $(-\infty,1]$　　　B. $\left(-\infty,\frac{3}{2}\right]$　　　C. $\left[1,\frac{3}{2}\right]$　　　D. $[1,+\infty)$　　　E. $\left[\frac{3}{2},+\infty\right)$

**解析**　常规解法：对该不等式进行分类讨论求解.

$$|x-1|+x\leqslant 2\Rightarrow\begin{cases}2x-1\leqslant 2, & x\geqslant 1,\\ 1\leqslant 2, & x<1,\end{cases}\Rightarrow\begin{cases}1\leqslant x\leqslant \dfrac{3}{2},\\ x<1\end{cases}\Rightarrow x\in\left(-\infty,\dfrac{3}{2}\right].$$

选B.

**技巧运用**　由于不等式的解集的端点即对应方程的根，只需要先检验$x=1$，代入后不等式的左边和右边不相等，所以$x=1$就不是对应方程的根，排除A，C，D选项，剩下B和E选项.取$x=0$再次检验是否满足不等式，发现满足不等式，所以排除E选项，那么只有B选项是成立的.此方法也称为“端点验证法”，将与特殊值方法结合使用，可以衍生出很多美妙神奇的做题方法.

7. 若等差数列$a_n$满足$5a_7-a_3-12=0$，则$\sum\limits_{k=1}^{15}a_k=$(　　).**难度**　★

A. 15　　B. 24　　C. 30　　D. 45　　E. 60

**解析**　常规解法：

$$5a_7-a_3-12=0\Rightarrow 5(a_8-d)-(a_8-5d)-12=0\Rightarrow a_8=3,$$

$$\sum_{k=1}^{15}a_k=S_{15}=\frac{15(a_1+a_{15})}{2}=15a_8=45.$$

选D.

**技巧运用**　当等差数列的条件只给出一个等式的时候，就可以采用特殊值法，将数列中每项都设为常数$c$，那么

$$5a_7-a_3-12=0\Rightarrow 5c-c-12=0\Rightarrow c=3,$$

而$\sum\limits_{k=1}^{15}a_k=15c=45$.选D.

8. 下面的数阵中，每行、每列的三个数均成等比数列.如果数阵中所有数的乘积等于$\frac{1}{512}$，那么$a_{22}=$(　　).**难度**　★★

$$\begin{pmatrix}a_{11} & a_{12} & a_{13}\\ a_{21} & a_{22} & a_{23}\\ a_{31} & a_{32} & a_{33}\end{pmatrix}$$

A. $\frac{1}{8}$　　B. $\frac{1}{4}$　　C. $\frac{1}{2}$　　D. 1　　E. 以上都不正确

**解析**　常规解法：由题意可得数阵中所有数的乘积为

$$(a_{11}a_{12}a_{13})\cdot(a_{21}a_{22}a_{23})\cdot(a_{31}a_{32}a_{33})=a_{12}^3a_{22}^3a_{32}^3$$

$$=(a_{12}a_{32})^3a_{22}^3=(a_{22}^2)^3a_{22}^3=a_{22}^9=\frac{1}{512}\Rightarrow a_{22}=\frac{1}{2}.$$

选C.

**技巧运用**　让数阵中所有的项都取常数$c$，即$c^9=\frac{1}{512}\Rightarrow c=\frac{1}{2}\Rightarrow a_{22}=\frac{1}{2}$.选C.

9.（2004－1）某工厂生产某种新型产品，一月份每件产品销售的利润是出厂价的25%（利润＝出厂价－成本）.二月份每件产品出厂价降低了10%，成本不变，销售件数比一月份增加80%，则利润增长（　　）. 难度 ★

A. 6%　　B. 8%　　C. 15.5%　　D. 25.5%　　E. 以上均不正确

解析　技巧运用　采用特殊值法，设出厂价为100，列表如下：

| | 出厂价 | 成　本 | 利　润 |
|---|---|---|---|
| 一月 | 100 | 75 | 25 |
| 二月 | 90 | 75 | 15 |

二月份利润：$(90-75)\times 1.8=27$，利润增长为：$\frac{27-25}{25}\times 100\%=8\%$.选B.

10. 如下图所示，等边$\triangle ABC$的边长为2，点$P$是三角形内任意一点.过点$P$分别作$BC$，$CA$，$AB$的垂线，垂足分别为点$D$，$E$，$F$，则$PD+PE+PF$的值为（　　）. 难度 ★★

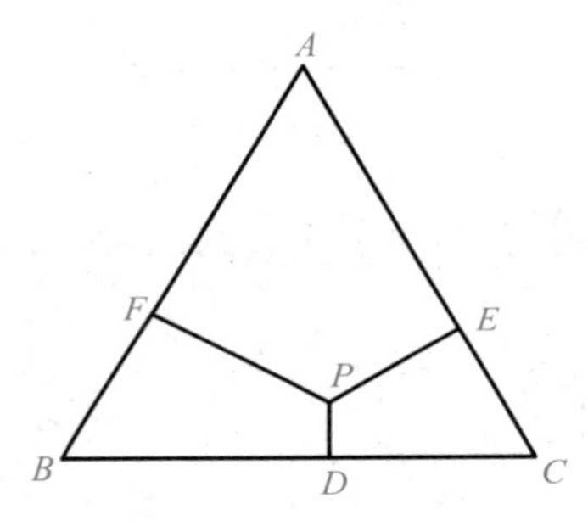


A. 1　　B. 2　　C. $\sqrt{3}$　　D. $\frac{\sqrt{3}}{2}$　　E. $2\sqrt{3}$

解析　常规解法：因为正三角形$ABC$的边长为2，所以在$BC$边上的高为$2\sin 60^\circ=\sqrt{3}$，

$$三角形ABC的面积S_{\triangle ABC}=\frac{1}{2}\times 2\times\sqrt{3}=\sqrt{3}.$$

因为$PD$，$PE$，$PF$分别为$BC$，$AC$，$AB$边上的高，所以

$$S_{\triangle PBC}=\frac{1}{2}BC\cdot PD，S_{\triangle PAC}=\frac{1}{2}AC\cdot PE，S_{\triangle PAB}=\frac{1}{2}AB\cdot PF.$$

因为$AB=BC=AC=2$，所以$S_{\triangle PBC}+S_{\triangle PAC}+S_{\triangle PAB}=\frac{1}{2}BC\cdot PD+\frac{1}{2}AC\cdot PE+\frac{1}{2}AB\cdot PF=\frac{1}{2}\times 2(PD+PE+PF)=PD+PE+PF$.

因为$S_{\triangle ABC}=S_{\triangle PBC}+S_{\triangle PAC}+S_{\triangle PAB}$，所以$PD+PE+PF=\sqrt{3}$.
选C.

**技巧运用**　将点 $P$ 移到顶点 $A$，发现 $PD+PE+PF$ 的值为三角形在 $BC$ 边上的高，长度为 $\sqrt{3}$. 选 C.

## 二、条件充分性判断

11. $a_1^2+a_2^2+a_3^2+\cdots+a_n^2=\frac{1}{3}(4^n-1)$. **难度** ★★

(1) 数列 $\{a_n\}$ 的通项公式为 $a_n=2^n$.

(2) 在数列 $\{a_n\}$ 中，对任意正整数 $n$，有 $a_1+a_2+a_3+\cdots+a_n=2^n-1$.

**解析**　常规解法：由条件(1)，$a_1=2$，$a_1^2=4\neq\frac{1}{3}(4^1-1)=1$，不充分.

由条件(2)，$a_1+a_2+a_3+\cdots+a_n=S_n=2^n-1$，所以 $a_n=S_n-S_{n-1}=2^{n-1}$.

$a_1=1$，$q=2$，$\{a_n^2\}$ 也为等比数列，$a_1^2=1$，$q=4$，则 $a_1^2+a_2^2+a_3^2+\cdots+a_n^2=\frac{1}{3}(4^n-1)$，条件(2) 充分. 选 B.

**技巧运用**　用特殊值法，取 $n=1$ 时，由条件(1) 得 $a_1=2$，不满足题干，故不充分. 再验证条件(2)，发现 $a_1=1$ 满足题干，那么条件(2) 充分的可能性比较高.

12. 方程 $\sqrt{x-p}=x$ 有两个不相等的正根. **难度** ★

(1) $p\geqslant 0$.

(2) $p<\frac{1}{4}$.

**解析**　常规解法：题干等价于 $x-p=x^2\Rightarrow x^2-x+p=0$，由方程有两个不相等的正根，可得 $\begin{cases}\Delta>0,\\ x_1+x_2>0,\\ x_1x_2>0\end{cases}\Rightarrow\begin{cases}1-4p>0,\\ 1>0,\\ p>0\end{cases}\Rightarrow 0<p<\frac{1}{4}$. 选 E.

**技巧运用**　当 $p=0$ 时，显然题干为 $\sqrt{x}=x\Rightarrow x=0$ 和 1，不满足条件“有两个不相等的正根”，显然不成立，立即选 E.

13. (2008－1) $ab^2<cb^2$. **难度** ★

(1) 实数 $a,b,c$ 满足 $a+b+c=0$.

(2) 实数 $a,b,c$ 满足 $a<b<c$.

**解析**　常规解法：条件(1) 中无法判断 $a$ 和 $c$ 的大小，联合条件(2) 也只能确定 $a<0$，$c>0$，存在 $b=0$ 的情况，无法得到题干中的结论，故选 E.

**技巧运用**　取特殊值 $a=-1$，$b=0$，$c=1$，显然既满足条件(1)，又满足条件(2)，代入题干发现不正确，即可判断选 E.

## 思想方法2 整除法(倍数、约数、质数、尾数法)的妙用(蛛丝马迹)

【应试策略】

若遇到某个量是另一个量的 $k$ 倍,那么该量往往是 $k$ 的倍数,即能被 $k$ 整除;若遇到某两个量之比为 $a:b$,则往往前者是 $a$ 的倍数,后者是 $b$ 的倍数.

1. 甲、乙两仓库储存的粮食质量之比为 4∶3,现从甲仓库中调出 10 万吨粮食,则甲、乙两仓库库存粮食的吨数之比为 7∶6,甲仓库原有粮食的吨数为(　　). 难度 ★

A. 70 万吨　　B. 78 万吨　　C. 80 万吨　　D. 85 万吨　　E. 以上均不正确

解析　常规解法:设甲、乙仓库原有粮食分别为 $4m,3m$,调出后甲、乙为 $7n,6n$,则 $\begin{cases}4m-10=7n,\\3m=6n,\end{cases}$ 可解得 $4m=80$,选 C.

技巧运用　显然甲仓库库存粮食的数量应能被 4 整除.

2. 仓库中有甲、乙两种产品若干件,其中甲产品占总库存量的 45%,若再存入 160 件乙产品后,甲产品占新库存量的 25%,那么甲产品原有件数为(　　). 难度 ★

A. 80　　B. 90　　C. 100　　D. 110　　E. 以上结论均不正确

解析　常规解法:设总库存量为 $m$,则 $45\%m=(m+160)20\%$,可解得 $m=200$,甲产品原有 90 件,选 B.

技巧运用　甲产品件数显然是 45 的倍数.

3. 甲、乙两商店同时购进一批某品牌电视机,当甲商店售出 15 台时,乙商店售出了 10 台,此时两商店的库存比为 8∶7,库存差为 5,则甲、乙两商店的总进货量为(　　)台. 难度 ★

A. 85　　B. 90　　C. 95　　D. 100　　E. 125

解析　常规解法:设甲、乙两商店进货量分别为 $m,n$ 则 $\begin{cases}\dfrac{m-15}{8}=\dfrac{n-10}{7},\\(m-15)-(n-10)=5.\end{cases}$ 可解得 $m=55,n=45$,故选 D.

技巧运用　验证选项减去 25 后应该是 15 的倍数,且倍数为 5,那么满足的只有 D 选项.

4. 甲、乙、丙三个容器中装有盐水,现将甲容器中盐水的 $\dfrac{1}{3}$ 倒入乙容器,摇匀后将乙容器中盐水的 $\dfrac{1}{4}$ 倒入丙容器,摇匀后再将丙容器中盐水的 $\dfrac{1}{10}$ 倒回甲容器,此时甲、乙、丙三个容器中盐水的含盐量都是 9 千克,则甲容器中原来的盐水含盐量是(　　)千克. 难度 ★★

A. 13　　B. 12.5　　C. 12　　D. 10　　E. 9.5

解析　此题为 2013－10 真题,详解见 96 页.

**技巧运用** 显然答案应能被 3 整除，只能选 C.

5. 一项工程要在规定时间内完成.若甲单独做要比规定时间推迟 4 天完成，若乙单独做要比规定时间提前 2 天完成.若甲、乙合作了 3 天，剩下的部分由甲单独做，恰好在规定时间内完成，则规定时间为(　　)天. **难度** ★★

A. 19　　B. 20　　C. 21　　D. 22　　E. 24

**解析** 此题为 2010－10 真题，详解见 99 页.

**技巧运用** 用选项验证发现，只有 20 天比较合适，推迟 4 天就是 24 天，提前 2 天就是 18 天，其他选项都会有明显的复杂数字出现.选 B.

6. 车间工会为职工买来足球、排球和篮球共 94 个.按人数平均每 3 人一只足球，每 4 人 1 只排球，每 5 人 1 只篮球，该车间共有职工(　　)人. **难度** ★

A. 110　　B. 115　　C. 120　　D. 125　　E. 130

**解析** 常规解法：设该车间职工 $x$ 人，则 $\frac{x}{3}+\frac{x}{4}+\frac{x}{5}=94$，可解得 $x=120$，故选 C.

**技巧运用** 显然职工数量能被 3，4，5 的最小公倍数整除，那么只能选 C.

7. 第一季度甲公司的产值比乙公司的产值低 20%，第二季度甲公司的产值比第一季度增长了 20%，乙公司的产值比第一季度增长了 10%，第二季度甲、乙两公司的产值之比是(　　). **难度** ★

A. 96∶115　　B. 92∶115　　C. 48∶55　　D. 24∶25　　E. 10∶11

**解析** 设甲、乙两公司第一季度的产值分别为 $m,n$.则 $m=n(1-20\%)$，第二季度甲、乙两公司产值分别为 $m\cdot(1+20\%)$，$n(1+10\%)$，故产值之比为 $n\cdot(1-20\%)\cdot(1+20\%):n\cdot(1+10\%)=0.96:1.1=48:55$，选 C.

**技巧运用** 甲公司中显然有 12 的倍数，乙公司产值为 11 的倍数，那么只能选 C 和 E 选项.经验证，选 C.

8. 某物流公司将一批货物的 60% 送到了甲商场，将 100 件送到了乙商场，其余的都送到了丙商场.若送到甲、丙两商场的货物数量之比为 7∶3，则该批货物共有(　　)件. **难度** ★

A. 700　　B. 800　　C. 900　　D. 1 000　　E. 1 100

**解析** 常规解法：设货物总量有 $x$ 件，则 $60\%x:(x-60\%x-100)=7:3$，可解得 $x=700$，选 A.

**技巧运用** 货物总量的 60% 是 7 的倍数，则货物总量也是 7 的倍数，选 A.

9. 某公司今年第一季度和第二季度的产值分别比去年同期增长了 11% 和 9%，且这两个季度产值的同比绝对增加量相等，该公司今年上半年的产值同比增长了(　　). **难度** ★

A. 9.5%　　B. 9.9%　　C. 10%

D. 10.5%　　E. 10.9%

**解析**　常规解法：设去年第一季度产值为 $m$，去年第二季度产值为 $n$，则 $11\%m=9\%n$，则上半年产值同比增加了 $\frac{11\%m+9\%n}{m+n}=9.9\%$，选 B.

**技巧运用**　显然本题结果应可以被 11 除尽，选 B 的可能性很大.

10. 若等比数列 $a_n$ 满足：$a_2a_4+2a_3a_5+a_2a_8=25$，且 $a_1>0$，则 $a_3+a_5=$（　　）. **难度** ★★

A. 8　　B. 5　　C. 3

D. 2　　E. 1

**解析**　此题为 2011－10 真题，详解见 74 页.

**技巧运用**　题干中有 25 这样的数字，选项 B 中也含有 5，那么选 B 可能性非常大.

11. 从甲地到乙地，客车行驶需要 12 小时，货车行驶需要 15 小时，如果两车从甲地开到乙地，客车到达乙地后立即返回，与货车相遇时又经过了（　　）. **难度** ★★★

A. 1 小时　　B. $1\frac{1}{3}$ 小时　　C. $1\frac{1}{2}$ 小时

D. $1\frac{1}{4}$ 小时　　E. $1\frac{1}{5}$ 小时

**解析**　常规解法：客车到达乙地后，货车还有 3 小时车程到达乙地，由客车与货车速度之比为 5∶4，故与货车相遇时又经过了 $3\times\frac{4}{4+5}=\frac{4}{3}$（小时），故选 B.

**技巧运用**　由 12 和 15 发现公约数为 3，显然 B 的可能性较大.

12.（2001－1）一商店把某商品按标价的 9 折出售，仍可获利 20%，若该商品的进价为每件 21 元，则该商品每件的标价为（　　）. **难度** ★

A. 26 元　　B. 28 元　　C. 30 元

D. 32 元　　E. 34 元

**解析**　常规解法：设该商品每件的标价为 $x$ 元，则 $\frac{0.9x-21}{21}=1+20\%$，解得 $x=28$，故选 B.

**技巧运用**　由于本题中有数字 21，而 21 含有 7 这个质因数，所以选 B 可能性较大.

13. 若将 10 只相同的球随机放入编号为 1，2，3，4 的四个盒子中，则每个盒子不空的投放方法有（　　）种. **难度** ★★

A. 72　　B. 84　　C. 96

D. 108　　E. 120

**解析**　利用插板法可知，$C_9^3=84$（种），选 B.

**技巧运用**　由于在组合计算中很有可能会产生 7 这个质数，所以 84 的可能性较大.

14. 某商店经营 15 种商品，每次在橱窗内陈列 5 种商品.若每两次陈列的商品不完全相同，则最多可陈列（　　）. **难度** ★

A. 3 000 次　　B. 3 003 次　　C. 4 000 次
D. 4 003 次　　E. 4 300 次

**解析**　题目等价于从 15 个元素中取 5 个元素，$C_{15}^{5}=3\ 003$（种），选 B.

**技巧运用**　由于在 15 以内的组合计算中，很有可能产生 11 这个质数.

## 思想方法 3 ‖ 枚举法的妙用（最朴素的手段）

【应试策略】

当遇到一些复杂的数学问题时，比如最值类、排列组合、概率等问题时，经常需要通过列举、归纳等方法找出其一般规律从而求解.

1.（2015－12）某商场将每台进价为 2 000 元的冰箱以 2 400 元销售时，每天销售 8 台.调研表明这种冰箱的售价每降低 50 元，每天就能多销售 4 台，若要每天销售利润最大，则该冰箱的定价应为（　　）元. **难度** ★★

A. 2 200　　B. 2 250　　C. 2 300
D. 2 350　　E. 2 400

**解析**　常规解法：设降价 $x$ 个 50 元，每天的销售利润为 $y$.根据题意，可得

$$y=(400-50x)(8+4x)=50(8-x)\times 4(2+x)=200(2+x)(8-x).$$

显然，当 $2+x=8-x$，即 $x=3$ 时 $y$ 有最大值，所以，定价为 $2\ 400-3\times 50=2\ 250$（元）.选 B.

**技巧运用**　通过一一列举，从而列表得

| 单利润 /（元・台$^{-1}$） | 销量 / 台 | 总利润 / 元 |
| --- | --- | --- |
| 400 | 8 | 3 200 |
| 350 | 12 | 4 200 |
| 300 | 16 | 4 800 |
| 250 | 20 | 5 000（最大值） |
| 200 | 24 | 4 800 |
| … | … | … |

显然每件利润为 250 元时，此时冰箱定价为 $2\ 000+250=2\ 250$（元），总利润 5 000 元为最大值.

2.(2013－10)设数列$\{a_n\}$满足：$a_1=1, a_{n+1}=a_n+\frac{n}{3}(n\geqslant 1)$，则$a_{100}=$(　　).

难度 ★★★

A. 1 650　　B. 1 651　　C. $\frac{5\ 050}{3}$

D. 3 300　　E. 3 301

解析　常规解法(累加法)：由题意可得$\begin{cases} a_2-a_1=\frac{1}{3}, \\ a_3-a_2=\frac{2}{3}, \\ \cdots\cdots \\ a_n-a_{n-1}=\frac{n-1}{3}, \end{cases}$相加得

$$a_n-a_1=\frac{1}{3}+\frac{2}{3}+\cdots+\frac{n-1}{3}=\frac{(n-1)\left(\frac{1}{3}+\frac{n-1}{3}\right)}{2}\Rightarrow a_n-1=\frac{n(n-1)}{6},$$

所以$a_{100}=1+\frac{100\times 99}{6}=1\ 651$.选B.

技巧运用　逐项列举，见下表.

| 项数 | 项值 |
|---|---|
| $n=1$ | $a_2=a_1+\frac{1}{3}=1+\frac{1}{3}$ |
| $n=2$ | $a_3=a_2+\frac{2}{3}=1+\frac{1}{3}+\frac{2}{3}$ |
| $n=3$ | $a_4=a_3+\frac{3}{3}=1+\frac{1}{3}+\frac{2}{3}+\frac{3}{3}$ |
| … | … |
| $n=99$ | $a_{100}=a_{99}+\frac{99}{3}=1+\frac{1}{3}+\frac{2}{3}+\frac{3}{3}+\cdots+\frac{99}{3}=1+\frac{(1+99)\times 99}{3\times 2}=1\ 651$ |

3.(2015－12)某学生要在4门不同课程中选修2门课程，这4门课程中的2门各开设1个班，另外2门各开设2个班，该学生不同的选课方式共有(　　).难度 ★★

A. 6种　　B. 8种　　C. 10种　　D. 13种　　E. 15种

解析　常规解法：方法一：分类讨论.

(1) 开1个班的选择2门：1种；

(2) 开2个班的选择2门：$C_2^1C_2^1=4$(种)；

(3) 开1个班的选择1门，开2个班的选择1门：$C_2^1C_2^1\times 2=8$(种).

故该学生不同的选课方式共有$N=1+4+8=13$(种).选D.

方法二:反面排除.

$N=C_6^2-C_2^2-C_2^2=13$(种).选 D.

**技巧运用** 假设 4 门课分别是 $A,B,C,D$,对应开设的班级分别是 $a_1,a_2,b_1,b_2,c,d$.

选 2 门课,列举如下:$a_1b_1,a_1b_2,a_1c,a_1d,a_2b_1,a_2b_2,a_2c,a_2d,b_1c,b_1d,b_2c,b_2d,cd$,显然只有 13 种.

## 思想方法 4 反面排除的思维(正难则反)

【应试策略】

当遇到一些复杂的排列组合或者概率问题的时候,往往需要用反面排除的思维模式(排除思维法),也即"正难则反"的策略.

(1997-1)10 件产品中有 3 件次品,从中随机抽出 2 件,至少抽到一件次品的概率是(  ).

**难度** ★

A. $\frac{1}{3}$  B. $\frac{2}{5}$  C. $\frac{7}{15}$  D. $\frac{8}{15}$  E. $\frac{3}{5}$

**解析** 从反面计算,"至少抽到一件次品"的反面为"一件次品也没有",故所求的概率 $P=1-\frac{C_7^2}{C_{10}^2}=1-\frac{7}{15}=\frac{8}{15}$.选 D.

## 思想方法 5 整体法(换元)的妙用(偷梁换柱)

【应试策略】

做代数题和几何题时,往往需要整体考虑问题,这样就会找到做题的突破口.

1. 有甲、乙、丙三种货物,若购买甲 3 件、乙 7 件、丙 1 件,共需 3.15 元;若购买甲 4 件、乙 10 件、丙1 件,共需 4.20 元.现在计划购买甲、乙、丙各 1 件,共需(  )元. **难度** ★★

A. 1  B. 1.05  C. 1.1  D. 1.15  E. 1.2

**解析** 设购买甲、乙、丙各 1 件分别需 $x$ 元,$y$ 元,$z$ 元.

依题意,得 $\begin{cases}3x+7y+z=3.15,\\4x+10y+z=4.2,\end{cases}$ 即 $\begin{cases}2(x+3y)+(x+y+z)=3.15,\\3(x+3y)+(x+y+z)=4.2.\end{cases}$

解关于 $x+3y,x+y+z$ 的二元一次方程组,可得 $x+y+z=1.05$.选 B.

2. $\left(1+\frac{1}{2}+\frac{1}{3}+\cdots+\frac{1}{2\,008}\right)\times\left(\frac{1}{2}+\frac{1}{3}+\frac{1}{4}+\cdots+\frac{1}{2\,009}\right)-\left(1+\frac{1}{2}+\frac{1}{3}+\cdots+\frac{1}{2\,009}\right)\times\left(\frac{1}{2}+\frac{1}{3}+\frac{1}{4}+\cdots+\frac{1}{2\,008}\right)=$(  ). **难度** ★★

A. 1　　B. 2 008　　C. $\frac{1}{2\ 008}$　　D. $\frac{1}{2\ 009}$　　E. $\frac{1}{2\ 010}$

**解析**　令$\frac{1}{2}+\frac{1}{3}+\cdots+\frac{1}{2\ 008}=M$，则原式$=(1+M)\left(M+\frac{1}{2\ 009}\right)-\left(1+M+\frac{1}{2\ 009}\right)M=\frac{1}{2\ 009}$. 选 D.

3. 如果$a+b+c=0$，$\frac{1}{a+1}+\frac{1}{b+2}+\frac{1}{c+3}=0$，那么$(a+1)^2+(b+2)^2+(c+3)^2=$(　　).

**难度**　★

A. 36　　B. 16　　C. 14　　D. 3　　E. 32

**解析**　用整体思考法.令$a+1=A$，$b+2=B$，$c+3=C$，即$a=A-1$，$b=B-2$，$c=C-3$，则有$A+B+C=6$，$\frac{1}{A}+\frac{1}{B}+\frac{1}{C}=0$，即$BC+AC+AB=0$，利用完全平方公式$(A+B+C)^2=A^2+B^2+C^2+2(AB+BC+CA)=36$，有$A^2+B^2+C^2=36$，则$(a+1)^2+(b+2)^2+(c+3)^2=36$.

选 A.

4. (2010－10) 右图中，阴影甲的面积比阴影乙的面积多 28 平方厘米，$AB=40$ 厘米，则 $BC$ 的长为(　　)厘米.($\pi$ 取到小数点后两位)

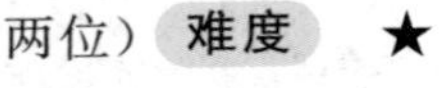
**难度**　★

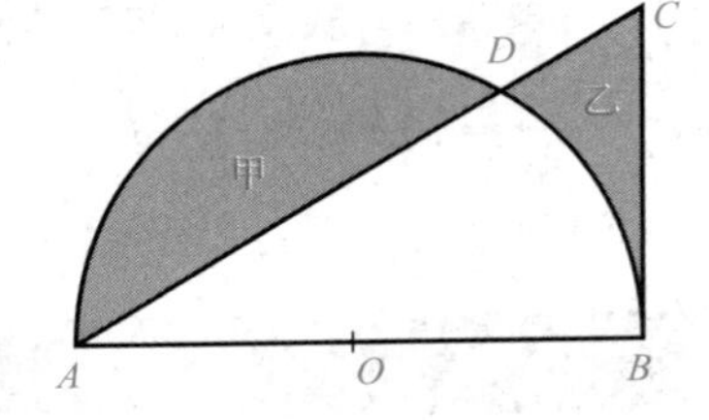


A. 30　　B. 32　　C. 34

D. 36　　E. 40

**解析**　甲和乙单独看是非常难理解的，用整体的思维，将甲和乙的关系看成半圆和三角形的关系即可.

$S_{甲}-S_{乙}=28 \Rightarrow S_{半圆}-S_{\triangle ABC}=28 \Rightarrow S_{\triangle ABC}=\frac{\pi \cdot 20^2}{2}-28 \Rightarrow BC=10\pi-\frac{28}{20}=30$(厘米).

选 A.

## 思想方法 6　验证法的妙用(其实做题很简单)

【应试策略】

有些选择题往往不需要真正演算，只要用所给的选项代入题目进行验证，就能起到事半功倍的效果.

1. 甲商店销售某种商品，该商品的进价为每件 90 元，若每件定价为 100 元，则一天内能售出 500 件，在此基础上，定价每增加 1 元，一天便少售出 10 件，甲商店欲获得最大利润，则该商品的定价应为(　　). **难度**　★

A. 115 元　　B. 120 元　　C. 125 元　　D. 130 元　　E. 135 元

**解析** 常规解法:该商品的进价为每件 90 元.若每件定价为 100 元,每件利润为 10 元.设每件定价提高 $x$ 元时,利润最大,则利润 $R=(10+x)(500-10x)=10(500+40x-x^2)$.故当 $x=20$ 时利润最大,则定价为 $100+20=120$(元).选 B.

**技巧运用** 对 5 个选项逐个进行验证,当定价为 120 元时,一天能卖出 300 件,利润为 9 000 元,是最大的利润值,所以选 B.

2. 若 $x,y$ 是有理数,且满足 $(1+2\sqrt{3})x+(1-\sqrt{3})y-2+5\sqrt{3}=0$,则 $x,y$ 的值分别为( ). **难度** ★

A. 1,3　　B. −1,2　　C. −1,3　　D. 1,2　　E. 以上结论都不正确

**解析** 常规解法:原等式变形为 $(2x-y+5)\sqrt{3}+(x+y-2)=0$.

因为 $x,y$ 是有理数,所以 $\begin{cases}2x-y+5=0,\\x+y-2=0\end{cases}\Rightarrow\begin{cases}x=-1,\\y=3.\end{cases}$ 选 C.

**技巧运用** 直接将每个选项逐个代入验证,显然选项 C 中 $x,y$ 的值代入后方程成立.

3. (2009−1) 方程 $\left|x-|2x+1|\right|=4$ 的根是( ). **难度** ★★

A. $x=-5$ 或 $x=1$　　B. $x=5$ 或 $x=-1$　　C. $x=3$ 或 $x=-\frac{5}{3}$

D. $x=-3$ 或 $x=\frac{5}{3}$　　E. 不存在

**解析** 常规解法:

当 $x\geqslant-\frac{1}{2}$ 时,有 $\left|x-|2x+1|\right|=|x-(2x+1)|=|-x-1|=x+1=4\Rightarrow x=3$.

当 $x<-\frac{1}{2}$ 时,有 $\left|x-|2x+1|\right|=|x+(2x+1)|=|3x+1|=4\Rightarrow x=-\frac{5}{3}$.选 C.

**技巧运用** 将选项逐一代入发现选项 C 正确.

## 思想方法 7 数形结合法的妙用(数学的图形美)

【应试策略】

代数问题往往需要转化成对应的几何问题来解决,这是高中阶段大家所熟悉的技巧,俗称"以形助数"或"以数助形".

1. 若实数 $x,y$ 满足条件 $x^2+y^2-2x+4y=0$,则 $x-2y$ 的最大值是( ). **难度** ★★

A. $\sqrt{\pi}$　　B. 10　　C. 9　　D. $5+2\sqrt{\pi}$　　E. $2+5\sqrt{2}$

变式 1. 求 $x^2+y^2$ 的最大值.

变式 2. 求 $\frac{y+2}{x+2}$ 的最大值与最小值.

**解析** 令 $x-2y=t \Rightarrow x-2y-t=0$，用关系 $d=r \Rightarrow \frac{|1+4-t|}{\sqrt{1+4}}=\sqrt{5} \Rightarrow t=0$ 或 10，求最大值.故选 B.

变式 1. **解析** $x^2+y^2=\left[\sqrt{(x-0)^2+(y-0)^2}\right]^2$，表示圆上一动点到原点的距离的平方，则 $\left[\sqrt{(x-0)^2+(y-0)^2}\right]_{\max}=d+r=2\sqrt{5}$，$(x^2+y^2)_{\max}=20$.

变式 2. **解析** 设 $k=\frac{y+2}{x+2}$，可以看作圆上一动点到定点 $(-2,-2)$ 所连直线的斜率，$y+2=k(x+2) \Rightarrow kx-y+2k-2=0$，由 $d=r \Rightarrow \frac{|k+2+2k-2|}{\sqrt{1+k^2}}=\sqrt{5} \Rightarrow k=\pm\frac{\sqrt{5}}{2}$.

2. 如果对于 $x \in \mathbf{R}$，不等式 $|x+1| \geqslant kx$ 恒成立，则 $k$ 的取值范围是(　　). **难度** ★★

A. $(-\infty,0]$　B. $[-1,0]$　C. $[0,1]$　D. $[0,+\infty)$　E. $[1,+\infty)$

**解析** 由于 $y=|x+1|$ 是一个"V"字形图像，$y=kx$ 是经过原点的直线，如下图所示，观察直线斜率变化就可以发现最小的 $k$ 值取 0，最大的 $k$ 值取 1.选 C.

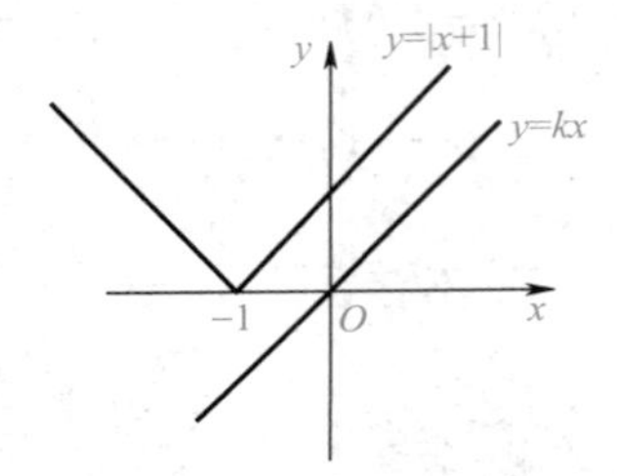


3. 如图(a)所示，面积为 9 平方厘米的正方形 $EFGH$ 在面积为 25 平方厘米的正方形 $ABCD$ 所在平面上移动，始终保持 $EF \parallel AB$.记线段 $CF$ 的中点为 $M$，线段 $DH$ 的中点为 $N$，则线段 $MN$ 的长度是(　　)厘米. **难度** ★★★

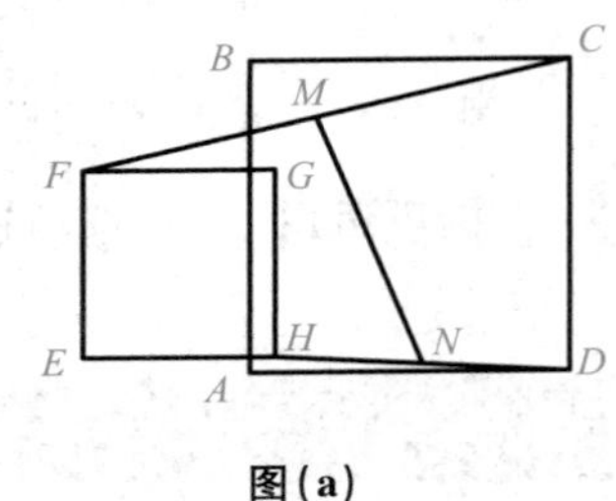

图(a)

A. $\frac{25}{4}$　B. $\frac{73}{4}$　C. $\frac{\sqrt{73}}{2}$

D. $\frac{\sqrt{75}}{2}$　E. $\frac{5}{4}$

**解析** 本题用平面几何的方法求解比较困难，即使使用特殊位置法计算也会比较麻烦，因此采用解析几何的方法计算.先建立一个平面直角坐标系，将 $A$ 点设为坐标原点，$AD$ 边和 $AB$ 边分别落在 $x$ 轴和 $y$ 轴上，要使 $EF \parallel AB$，只需要 $EF$ 边所在的直线垂直于 $x$ 轴即可，如图(b)所示.

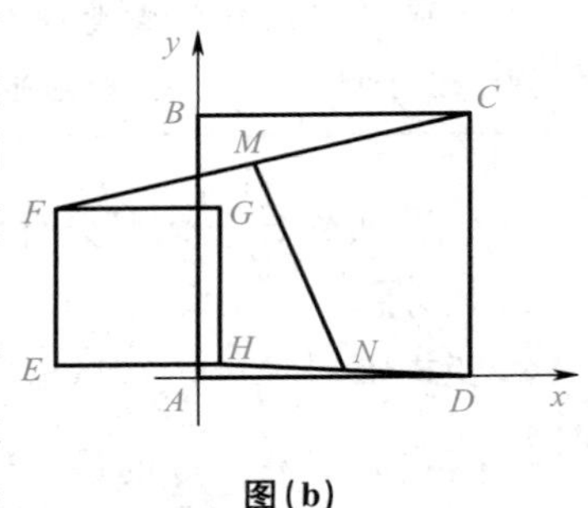

图(b)

显然正方形 $ABCD$ 的边长是 5，而正方形 $EFGH$ 的边长是 3，于是可以把几个点的坐标标出来：$A(0,0)$，$B(0,5)$，$C(5,5)$，$D(5,0)$.设 $E$ 点的坐标是 $(a,b)$，由于 $EF$ 垂直于 $x$ 轴，则 $EH$ 平行于 $x$ 轴，于是得到另外几个点的坐标分别是 $H(a+3,b)$，$F(a,b+3)$.

根据线段中点的坐标公式，可知 $M$ 点和 $N$ 点的坐标分别为 $M\left(\frac{a+5}{2},\frac{b+8}{2}\right)$，$N\left(\frac{a+8}{2},\frac{b}{2}\right)$，根据平面内两点间的距离公式，可以算得

$$MN=\sqrt{\left(\frac{a+5}{2}-\frac{a+8}{2}\right)^2+\left(\frac{b+8}{2}-\frac{b}{2}\right)^2}=\sqrt{\left(\frac{3}{2}\right)^2+4^2}=\frac{\sqrt{73}}{2}(\text{厘米}).$$

选 C.

4. (2012－1) 如图(a) 所示，$\triangle ABC$ 是直角三角形，$S_1$，$S_2$，$S_3$ 为正方形，已知 $a$，$b$，$c$ 分别是 $S_1$，$S_2$，$S_3$ 的边长，则(　　).  难度 ★★

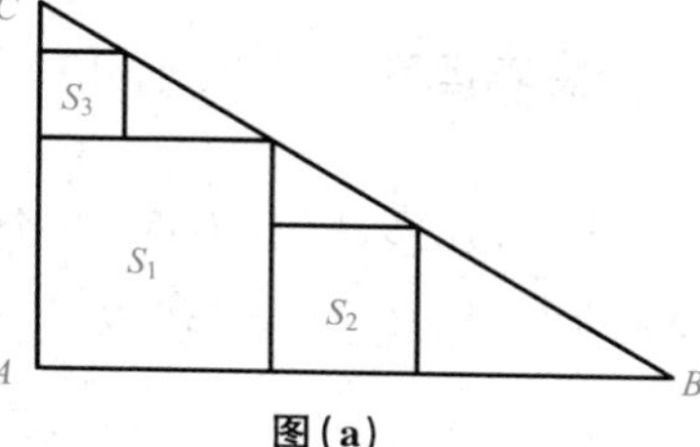

图(a)

A. $a=b+c$

B. $a^2=b^2+c^2$

C. $a^2=2b^2+2c^2$

D. $a^3=b^3+c^3$

E. $a^3=2b^3+2c^3$

**解析** 常规解法：如图(b) 所示，由于 $\triangle DGE \backsim \triangle EHF$，则 $\frac{DG}{EH}=\frac{GE}{HF}\Rightarrow\frac{c}{a-b}=\frac{a-c}{b}\Rightarrow a=b+c$.选 A.

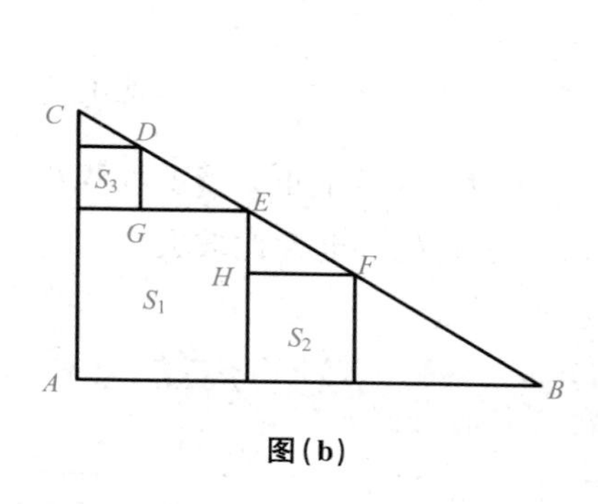

图(b)

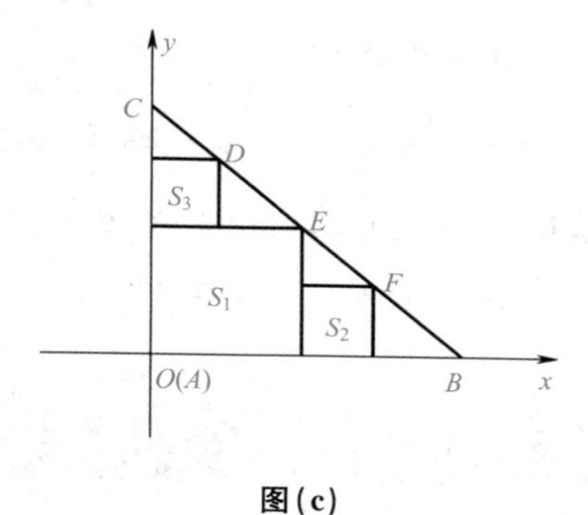

图(c)

**技巧运用** 如图(c) 所示建立直角坐标系：点 $D$，$E$，$F$ 的坐标分别为 $D(c,a+c)$，$E(a,a)$，$F(a+b,b)$，由于三点共线，故可以利用两点斜率公式列式得

$$k_{DE}=k_{EF}\Rightarrow\frac{a+c-a}{c-a}=\frac{b-a}{a+b-a}\Rightarrow\frac{c}{c-a}=\frac{b-a}{b}\Rightarrow a=b+c.$$

## 思想方法 8 ‖ 估值法的运用(数学的模糊美)

【应试策略】

在一些算式计算中，往往可以大致估算出结果，直接找答案，提高解题速度.对于平面几何问题，在求阴影部分面积时，也可与已知图形的面积进行对比，从而估算所要求的阴影部分的面积.

1.(2009－10)一个球从 100 米的高处自由落下,每次着地后又跳回前一次高度的一半再落下,当它第 10 次着地时,共经过的路程是(　　)米.(精确到 1 米且不计任何阻力) **难度** ★★

A. 300　　B. 250　　C. 200　　D. 150　　E. 100

**解析** 常规解法:设小球从第 $n$ 次落地到第 $n+1$ 次落地所经过的距离为 $a_n$ 米,初始高度 100 米记为 $a_0$ 则 $\{a_n\}$ 是首项为 $a_1=100$,公比 $q=\frac{1}{2}$ 的等比数列,所经过的距离为 $S=a_0+S_9=100+\frac{100\times\left[1-\left(\frac{1}{2}\right)^9\right]}{1-\frac{1}{2}}\approx 300$(米).选 A.

**技巧运用** 计算前几项的和,发现 $S=100+2\times 50+2\times 25+\cdots>250$,直接选 A.

2.(2012－1)如右图,三个边长为 1 的正方形所覆盖区域(实线所围)的面积为(　　). **难度** ★★

A. $3-\sqrt{2}$　　B. $3-\frac{3\sqrt{2}}{4}$　　C. $3-\sqrt{3}$

D. $3-\frac{\sqrt{3}}{2}$　　E. $3-\frac{3\sqrt{3}}{4}$

**解析** 常规解法:$S_{覆盖}=3S_{正方形}-3S_{小三角形}-2S_{大三角形}$,而

$S_{大三角形}=3S_{小三角形}$,$S_{覆盖}=3S_{正方形}-3S_{大三角形}=3-3\times\frac{\sqrt{3}}{4}\times 1^2=3-\frac{3}{4}\sqrt{3}$.选 E.

**技巧运用** 通过估算可以发现这个图形的面积应该大于1.5个正方形的面积小于2个正方形的面积,又因为在计算正三角形面积时会出现$\sqrt{3}$,所以选 E 的可能性比较大.

## 思想方法 9 方程思想(等式思想)

【应试策略】

在求解不等式的相关题目时往往配合该方法,以提高解题速度.一般来说,不等式解集的端点值即对应方程的根.

1. 不等式 $ax^2+bx+2>0$ 的解集是 $\left(-\frac{1}{2},\frac{1}{3}\right)$,则 $a+b$ 的值是(　　). **难度** ★★

A. 10　　B. $-10$　　C. 14　　D. $-14$　　E. 以上都不正确

**解析** 把 $-\frac{1}{2}$ 和 $\frac{1}{3}$ 看作方程 $ax^2+bx+2=0$ 的两个根,根据韦达定理可得 $-\frac{1}{2}+\frac{1}{3}=-\frac{b}{a}$,且 $\left(-\frac{1}{2}\right)\times\frac{1}{3}=\frac{2}{a}$,则 $a=-12$,$b=-2\Rightarrow a+b=-14$.选 D.

2. 关于 $x$ 的不等式 $\sqrt{x} > ax + \frac{3}{2}$ 的解集为 $(4, c)$，则 $a, c$ 的值为（　　）. **难度** ★★

A. $a = 8, c = 36$　　B. $a = \frac{1}{8}, c = 36$　　C. $a = 36, c = 8$

D. $a = \frac{1}{36}, c = 8$　　E. 以上都不正确

**解析**　把 4 和 $c$ 看作方程 $\sqrt{x} = ax + \frac{3}{2}$ 的两个根，则 $\sqrt{4} = 4a + \frac{3}{2} \Rightarrow a = \frac{1}{8}$，再由 $\sqrt{c} = \frac{c}{8} + \frac{3}{2} \Rightarrow c = 36$.选 B.

3. 已知 $3(a-b) + \sqrt{3}(b-c) + (c-a) = 0 (a \neq b)$，则 $\frac{(c-a)(c-b)}{(a-b)^2}$ 的值为（　　）.

**难度** ★★

A. $1+\sqrt{3}$　　B. $3+\sqrt{3}$　　C. 1　　D. 3　　E. $\sqrt{3}$

**解析**　可以把 $\sqrt{3}$ 和 1 看作方程 $(a-b)x^2 + (b-c)x + (c-a) = 0 (a \neq b)$ 的两个根，利用韦达定理，则 $\frac{c-b}{a-b} = \sqrt{3}+1$，$\frac{c-a}{a-b} = \sqrt{3} \times 1$，所以 $\frac{(c-a)(c-b)}{(a-b)^2} = (\sqrt{3}+1) \times \sqrt{3} = 3+\sqrt{3}$.选 B.

4. 不等式组 $\begin{cases} x > 0, \\ \frac{3-x}{3+x} > \left|\frac{x-2}{2+x}\right| \end{cases}$ 的解集为（　　）. **难度** ★★

A. $(0, \sqrt{6})$　　B. $(0, 2.5)$　　C. $(0, 2)$　　D. $(0, 3)$　　E. 以上均不正确

**解析**　常规解法：

$$\begin{cases} x > 0, \\ \frac{3-x}{3+x} > \left|\frac{x-2}{2+x}\right| \end{cases} \Rightarrow \begin{cases} x > 0, \\ \frac{x-3}{x+3} < \frac{x-2}{2+x} < \frac{3-x}{3+x} \end{cases}$$

$$\Rightarrow \begin{cases} x > 0, \\ (x-3)(x+2) < (x-2)(x+3) < (3-x)(x+2) \end{cases}$$

$$\Rightarrow \begin{cases} x > 0, \\ x^2 - x - 6 < x^2 + x - 6 < -x^2 + x + 6 \end{cases} \Rightarrow 0 < x < \sqrt{6}.$$

选 A.

**技巧运用**　因为发现只有 $\sqrt{6}$ 是方程 $\frac{3-x}{3+x} = \left|\frac{x-2}{2+x}\right|$ 的根，所以很快找到答案为 A 选项，而不用求解不等式.

5. (2015－12) 设 $x, y$ 是实数，则 $x \leqslant 6, y \leqslant 4$. **难度** ★

(1) $x \leqslant y + 2$.

(2) $2y \leqslant x+2$.

**解析** 常规解法:两个条件显然单独不成立,联合两个条件,记条件(1)中不等式为①,条件(2)中不等式为②,则①+②得

$$x+2y \leqslant y+x+4 \Rightarrow y \leqslant 4.$$

①×2+②得

$$2x+2y \leqslant 2y+4+x+2 \Rightarrow x \leqslant 6.$$

两个条件联合起来充分.选C.

**技巧运用** 把整个问题都看成等式(因不等式只具有同向可加性,使用时有风险),原题即设 $x,y$ 是实数,则 $x=6,y=4$.

(1) $x=y+2$.

(2) $2y=x+2$.

这样,明显两个条件联合,联合后解方程得 $x=6,y=4$.选C.

## 思想方法10 反客为主的妙用(客人也是主人)

【应试策略】

当遇到一些复杂的代数式运算问题时,往往需要将主元和参数交换位置,这样就能将题目化繁为简.

方程组 $\begin{cases}\left(\dfrac{1-\sqrt{2}}{2}\right)^2 x+\left(\dfrac{1-\sqrt{2}}{2}\right)y+1=0,\\ \left(\dfrac{1+\sqrt{2}}{2}\right)^2 x+\left(\dfrac{1+\sqrt{2}}{2}\right)y+1=0\end{cases}$ 的解为( ). **难度** ★★

A. $\begin{cases}x=-4,\\ y=4\end{cases}$ B. $\begin{cases}x=4,\\ y=-4\end{cases}$ C. $\begin{cases}x=4,\\ y=4\end{cases}$ D. $\begin{cases}x=-4,\\ y=-4\end{cases}$ E. 无解

**解析** **技巧运用** 可直接用消元法求解,但由于系数复杂,运算难以进行.若仔细观察就会发现 $x$ 与 $y$ 的系数有平方关系且常数项相同,进而把常数看作未知量,把 $x,y$ 看作已知量构造一元二次方程,于是有 $\dfrac{1\pm\sqrt{2}}{2}$ 是关于 $a$ 的二次方程 $xa^2+ya+1=0$ 的两根.由韦达定理得

$$\begin{cases}\dfrac{1+\sqrt{2}}{2}+\dfrac{1-\sqrt{2}}{2}=-\dfrac{y}{x},\\ \dfrac{1+\sqrt{2}}{2}\times\dfrac{1-\sqrt{2}}{2}=\dfrac{1}{x},\end{cases}$$

解得 $x=-4,y=4$.选A.

## 思想方法 11 统一比例的方法

【应试策略】

在求解一些连比代数题时，可直接设该比例式的值为 $k$，然后转换成整式求解，这样就简单多了.

1. 若$\frac{b+c+d}{a}=\frac{a+c+d}{b}=\frac{a+b+d}{c}=\frac{a+b+c}{d}=m$，则 $m=$(　　). **难度** ★★

A. 3　　B. $\frac{1}{3}$　　C. $-1$　　D. 3 或 $-1$　　E. 以上均不正确

**解析**　常规解法：利用等比定理.当$a+b+c+d\neq 0$时，$\frac{b+c+d}{a}=\frac{a+c+d}{b}=\frac{a+b+d}{c}=\frac{a+b+c}{d}=\frac{3(a+b+c+d)}{a+b+c+d}=3$，$m=3$；当 $a+b+c+d=0$ 时，$m=-1$.选 D.

**技巧运用**　由上述等式有 $b+c+d=ma$，$a+c+d=mb$，$a+b+d=mc$，$a+b+c=md\Rightarrow 3(a+b+c+d)=m(a+b+c+d)\Rightarrow m=3$ 或 $a+b+c+d=0\Rightarrow m=-1$.选 D.

2. 已知 $x$，$y$，$z$ 都是实数，则 $x+y+z=0$. **难度** ★★

(1) $\frac{x}{a+b}=\frac{y}{b+c}=\frac{z}{c+a}$.

(2) $\frac{x}{a-b}=\frac{y}{b-c}=\frac{z}{c-a}$.

**解析**　条件(1)：$\frac{x}{a+b}=\frac{y}{b+c}=\frac{z}{c+a}=k\Rightarrow x=(a+b)k$，$y=(b+c)k$，$z=(c+a)k$，$x+y+z=2(a+b+c)k$，不充分.

条件(2)：$\frac{x}{a-b}=\frac{y}{b-c}=\frac{z}{c-a}=t\Rightarrow x=(a-b)t$，$y=(b-c)t$，$z=(c-a)t$，$x+y+z=0$，充分.选 B.

3. 若 $x-1=\frac{y+1}{2}=\frac{z-2}{3}$，则 $x^2+y^2+z^2$ 可取得的最小值为(　　). **难度** ★★

A. 2　　B. 3　　C. 4　　D. $\frac{59}{14}$　　E. 5

**解析**　设 $x-1=\frac{y+1}{2}=\frac{z-2}{3}=k$，则 $x=k+1$，$y=2k-1$，$z=3k+2$，所以

$$\begin{aligned}&x^2+y^2+z^2\\=&(k+1)^2+(2k-1)^2+(3k+2)^2\\=&14k^2+10k+6\\=&14\left(k+\frac{5}{14}\right)^2+\frac{59}{14}.\end{aligned}$$

因为 $14\left(k+\frac{5}{14}\right)^2\geqslant 0$，所以原式 $=14\left(k+\frac{5}{14}\right)^2+\frac{59}{14}\geqslant\frac{59}{14}$.

故 $x^2+y^2+z^2$ 的最小值为 $\frac{59}{14}$.选 D.

## 思想方法 12 比较法

【应试策略】

常见的比较法有假设比较法、盈亏比较法和纵向比较法，利用比较法找出假设后的差值关系，从而求出未假设前的原始值.

1. 笼子里鸡、兔共 100 只，脚 320 只，则鸡、兔各(　　)只. 难度 ★

A. 30，70　　B. 70，30　　C. 50，50　　D. 40，60　　E. 60，40

**解析**　常规解法：设笼子里有鸡 $x$ 只，有兔子 $y$ 只，列方程如下：

$\begin{cases}x+y=100,\\2x+4y=320\end{cases}\Rightarrow\begin{cases}x=40,\\y=60.\end{cases}$ 选 D.

**技巧运用**　采用假设比较法，假设兔子起立，每只兔子的脚只有 2 只，那么笼子里一共有 200 只脚，比较后发现少了 120 只脚，由于是每只兔子起立后少了 2 只脚，那么也就是有 $\frac{120}{2}=60$(只) 兔子，有鸡 40 只.选 D.

2. 某次数学竞赛共 20 题，每做对一题得 5 分，做错或不做扣 1 分，小明得了 64 分，他做对(　　)题. 难度 ★

A. 6　　B. 8　　C. 10　　D. 12　　E. 14

**解析**　常规解法：设做对的题目有 $x$ 道，做错或不做的题目有 $y$ 道，列方程如下：

$\begin{cases}x+y=20,\\5x-y=64\end{cases}\Rightarrow\begin{cases}x=14,\\y=6.\end{cases}$ 选 E.

**技巧运用**　采用假设比较法，假设每个题目都做对了，那么一共应该得 100 分，现在只得 64 分，少了 36 分，由于每题做对和做错(或不做)之间相差 6 分，那么应该有 $\frac{36}{6}=6$(道) 题做错(或不做)，做对的就应该是 14 道题.选 E.

3. 蜘蛛有 8 条腿，蝉有 6 条腿和一对翅膀，蜻蜓有 6 条腿和两对翅膀，3 种昆虫共有 16 只，它们有 110 条腿、14 对翅膀，则蜘蛛、蝉、蜻蜓各(　　)只. 难度 ★★

A. 4，5，7　　B. 4，7，5　　C. 5，4，7　　D. 7，5，4　　E. 7，4，5

**解析**　常规解法：设有蜘蛛 $x$ 只，有蝉 $y$ 只，有蜻蜓 $z$ 只，列方程如下：

$\begin{cases}x+y+z=16,\\8x+6y+6z=110,\\y+2z=14\end{cases}\Rightarrow\begin{cases}x=7,\\y=4,\\z=5.\end{cases}$ 选 E.

**技巧运用** 采用假设比较法，假设蜘蛛也有6条腿，这样每种昆虫都有6条腿，总的腿数就是96条，而现在却少了110－96＝14(条)腿，那么蜘蛛数就是$\frac{14}{2}=7$(只)，蝉和蜻蜓数量之和就是9只.然后假设蜻蜓也有一对翅膀，那么蝉和蜻蜓就有9对翅膀，少了14－9＝5(对)翅膀，说明蜻蜓就有5只，也就得到蝉有4只.选E.

4. 一项工程，由甲、乙两队合作30天可完成，甲队单独做24天后，乙队加入，两队合作10天后，甲队调走，乙队继续做17天才完成，若这项工程由甲队单独做则需要(　　)天完工. **难度** ★★

A. 35　　B. 45　　C. 55　　D. 65　　E. 70

**解析** 常规解法：设甲的工作效率为$x$，乙的工作效率为$y$，那么列方程如下：

$$\begin{cases}30x+30y=1,\\24x+10(x+y)+17y=1\end{cases}\Rightarrow\begin{cases}x=\dfrac{1}{70},\\y=\dfrac{2}{105}.\end{cases}$$选E.

**技巧运用** 画出线段，采用纵向比较法，如下图所示.

甲30天　乙30天

甲24天　甲10天　乙10天　乙17天

说明：甲多做4天，乙少做3天，即甲4天的工作量等价于乙3天的工作量.那么反向代入得乙30天的工作量等价于甲40天的工作量，即甲单独做70天完工.选E.

5. 一艘轮船顺流航行120千米，逆流航行80千米共用时16小时，顺流航行60千米，逆流航行120千米也用时16小时，则水流速度为(　　)千米/小时. **难度** ★★

A. 6.5　　B. 5.5　　C. 4.5　　D. 3.5　　E. 2.5

**解析** 常规解法：设船在静水中的速度为$x$千米/小时，水流速度为$y$千米/小时，列方程如下：

$$\begin{cases}\dfrac{120}{x+y}+\dfrac{80}{x-y}=16,\\\dfrac{60}{x+y}+\dfrac{120}{x-y}=16\end{cases}\Rightarrow\begin{cases}x=12.5,\\y=2.5.\end{cases}$$选E.

**技巧运用** 采用纵向比较法，根据两次时间是一样的，可以对比出顺流航行60千米所用的时间等价于逆流航行40千米所用的时间，那么通过代换可得顺流航行240千米用时16小时，即顺流速度为15千米/小时，从而逆流速度为10千米/小时，水流速度为2.5千米/小时.选E.

## 思想方法 13 统一不变量法

【应试策略】

一般遇到变比例问题时，可以通过统一比例的方法，统一不变量后观察变化量之间的关系，然后与具体的数值对应起来就能解决题目.

1. 有含盐 8% 的盐水 40 千克，要配制成含盐 20% 的盐水，需加盐(　　)千克. 难度 ★

A. 3　　B. 4　　C. 5　　D. 6　　E. 7

**解析**　常规解法：设需加盐 $x$ 千克，列方程如下：

$\frac{40\times 8\%+x}{40+x}=20\%\Rightarrow x=6$.选 D.

**技巧运用**　采用统一比例法：盐 : 水 =8 : 92，增加盐后，盐 : 水 =1 : 4=23 : 92，通过对比观察可以发现，增加的盐是15 份，原来一共 100 份对应 40 千克盐，现在增加 15 份对应 6 千克盐，所以需加盐 6 千克.选 D.

2. 袋里有若干球，其中红球占 $\frac{5}{12}$，后来又往袋里放了 6 个红球，这时红球占 $\frac{1}{2}$，则现在袋中有(　　)个球. 难度 ★

A. 21　　B. 24　　C. 27　　D. 30　　E. 42

**解析**　常规解法：设原来球的总数为 $x$，列方程如下：

$\frac{\frac{5}{12}x+6}{x+6}=\frac{1}{2}\Rightarrow x=36$，所以现在有 42 个球.选 E.

**技巧运用**　采用统一比例法：原来的红球与非红球数量之比为 5 : 7，增加了 6 个红球，比例变为 1 : 1，统一非红球比例后就变为 7 : 7，说明红球变化了 2 份，即为 6 个球，那么 1 份就是 3 个球，现在袋中一共有 14 份也就是 42 个球.选 E.

## 思想方法 14 十字交叉法(杠杆法)

【应试策略】

遇到两种或多种溶液混合在一起，并且题目中明确指出“已知若干溶液混合后的浓度”时，一般采用十字交叉法.

1. 把含盐 5% 的甲食盐水与含盐 8% 的乙食盐水混合制成 600 克含盐 6% 的食盐水，分别应取两种食盐水(　　)克. 难度 ★★

A. 200，400　　B. 300，300　　C. 100，500　　D. 400，200　　E. 500，100

**解析** 常规解法：设甲食盐水的质量是 $x$ 克，乙食盐水的质量是 $y$ 克，列方程如下：

$$\begin{cases}5\%x+8\%y=6\%(x+y),\\x+y=600\end{cases}\Rightarrow\begin{cases}x=400,\\y=200.\end{cases}$$ 选 D.

**技巧运用** 用十字交叉法：5%　2%　6%　8%　1%，$\frac{\text{甲食盐水的质量}}{\text{乙食盐水的质量}}=\frac{2}{1}=\frac{400}{200}$.

故甲食盐水的质量为 400 克，乙食盐水的质量为 200 克.选 D.

2.（2004－1）车间共有 40 人，某技术操作考核的平均成绩为 80 分，其中男工平均成绩为 83 分，女工平均成绩为 78 分，该车间有女工（　　）人. **难度** ★

A. 16　　B. 18　　C. 20　　D. 22　　E. 24

**解析** 常规解法：利用二元一次方程组，设女工有 $x$ 人，男工有 $y$ 人，列方程如下：

$$\begin{cases}x+y=40,\\78x+83y=80\times40\end{cases}\Rightarrow\begin{cases}x=24,\\y=16.\end{cases}$$ 选 E.

**技巧运用**

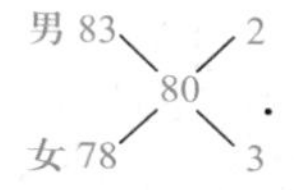


通过十字交叉法得到男工人数：女工人数＝2∶3，从而得到女工为 24 人.选 E.

3.（2007－10）王女士将一笔资金分别投入股市和基金，但因故需抽回一部分资金，若从股市中抽回 10%，从基金中抽回 5%，则其总投资额减少 8%，若从股市和基金的投资额中分别抽回 15% 和 10%，则其总投资额减少 130 万元，其总投资额为（　　）万元. **难度** ★★★

A. 1 000　　B. 1 500　　C. 2 000　　D. 2 500　　E. 3 000

**解析** 常规解法：利用二元一次方程组，设股市投资 $x$ 万元，基金投资 $y$ 万元，列方程如下：

$$\begin{cases}0.1x+0.05y=0.08(x+y),\\0.15x+0.1y=130\end{cases}\Rightarrow\begin{cases}x=600,\\y=400.\end{cases}$$

总投资额为 1 000 万元.选 A.

**技巧运用**

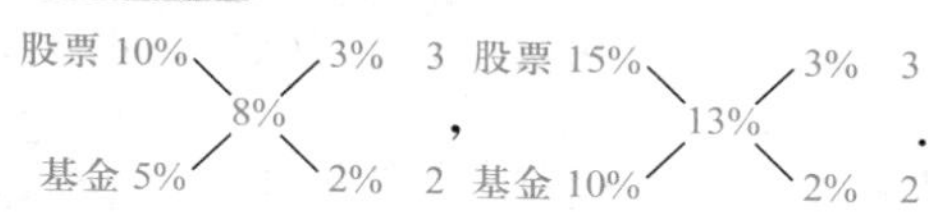


130 万元对应 13%，总的投资金额为 $\frac{130}{13\%}=1\ 000$（万元）.选 A.

【名师小结】在解应用题的过程中存在很多比较好的技巧和解法，考生在复习时可以适当关注.另外，对于基础薄弱的考生，建议采用列方程的方法解决应用题，这样的方法简单明了，更容易想到.

## 思想方法15 作图分析法

【应试策略】

在做解析几何试题时，先不要急着代公式做题，可以先大致画个草图，图像分析往往会产生意外的效果.

1. (2008－1) 圆 $C_1$：$\left(x-\frac{3}{2}\right)^2+(y-2)^2=r^2$ 与圆 $C_2$：$x^2-6x+y^2-8y=0$ 有交点. 难度 ★★

(1) $0<r<\frac{5}{2}$.

(2) $r>\frac{15}{2}$.

解析 常规解法：根据圆与圆相交的条件：

$$|r_1-r_2|<d<r_1+r_2 \Rightarrow |5-r|<\sqrt{\left(3-\frac{3}{2}\right)^2+(4-2)^2}<5+r,$$

从而得 $\frac{5}{2}<r<\frac{15}{2}$，两个条件都不充分.选 E.

技巧运用 因为圆 $C_2$：$x^2-6x+y^2-8y=0 \Rightarrow (x-3)^2+(y-4)^2=25$，所以圆心为(3,4)，半径为5，显然这个圆是确定的.而圆 $C_1$：$\left(x-\frac{3}{2}\right)^2+(y-2)^2=r^2$，圆心为 $\left(\frac{3}{2},2\right)$，半径 $r$ 不确定，可以发现，当 $r$ 很小时不能满足两个圆有交点，当 $r$ 很大时也不能满足两个圆有交点，所以只能选 E.

2. (2009－1) 点 $(s,t)$ 落入圆 $(x-a)^2+(y-a)^2=a^2$ 内的概率为 $\frac{1}{4}$. 难度 ★★

(1) $s,t$ 是连续掷一枚骰子两次所得到的点数，$a=3$.

(2) $s,t$ 是连续掷一枚骰子两次所得到的点数，$a=2$.

解析 常规解法：由条件(1) $a=3$ 得 $(x-3)^2+(y-3)^2=9$，$s,t$ 是连续掷一枚骰子两次所得到的点数，点 $(s,t)$ 的所有可能取值有36种，点 $(s,t)$ 落入圆 $(x-3)^2+(y-3)^2=9$ 内的情况比较复杂，可以考虑落在圆外的情况为(1,6)，(2,6)，(3,6)，(4,6)，(5,6)，(6,1)，(6,2)，(6,3)，(6,4)，(6,5)，(6,6)，共11种，故落入圆 $(x-3)^2+(y-3)^2=9$ 内的概率 $P=1-\frac{11}{36}=\frac{25}{36}$，不充分.

由条件(2) $a=2$ 得 $(x-2)^2+(y-2)^2=4$，点 $(s,t)$ 落入圆 $(x-2)^2+(y-2)^2=4$ 内的情况为(1,1)，(1,2)，(1,3)，(2,1)，(2,2)，(2,3)，(3,1)，(3,2)，(3,3)，共9种，$P=\frac{9}{36}=\frac{1}{4}$，充分.选 B.

技巧运用 由于所有的样本点(即样本空间)为处于第一象限的36个坐标点，可利用尺规作图数出落入圆中的点的个数.条件(1)中有25个点落入圆内，条件(2)中有9个点落入圆内，故选 B.

【名师小结】在做解析几何的题目时，往往会遇到坐标和截距等问题，此时需要先画出图形，然后通过图形大致的位置，就可以选出比较接近的选项，起到事半功倍的效果.

## 思想方法 16　极限(极端)讨论法

【应试策略】

在做与范围相关的题目时，往往可以用极限的情况进行分析，从而得出结果.

1. 若三角形的两条边分别为 3 和 4，则第三边的中线长度的取值范围为(　　). 难度 ★★

A. (1,7)　　B. (2,6)　　C. (2,5)　　D. (1,5)　　E. $\left(\frac{1}{2},\frac{7}{2}\right)$

**解析**　常规解法：如图(a)所示，取 $AC$ 的中点 $E$，$BC$ 的中点 $D$，连接 $DE$，显然 $DE$ 的长度为 $\frac{3}{2}$，$AE$ 的长度为 2，那么 $AD$ 长度的取值范围为 $\left(\frac{1}{2},\frac{7}{2}\right)$.选 E.

**技巧运用**　用极限的思想：设 $AB=3$，$AC=4$，$BC$ 的中点为 $D$，当 $A,B,C$ 共线时有两种情况：

当 $A$ 在 $BC$ 之间时，如图(b)所示，显然中线 $AD$ 长为 $\frac{1}{2}$；

当 $B$ 在 $AC$ 之间时，如图(c)所示，显然中线 $AD$ 长为 $\frac{7}{2}$.

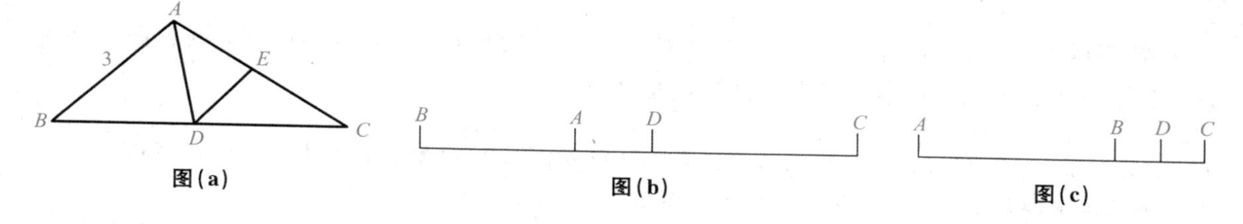

图(a)　　图(b)　　图(c)

2. 如右图所示，在正方形 $ABCD$ 与正方形 $CEFG$ 中，$AB=6$，$\triangle BDF$ 的面积为(　　). 难度 ★★

A. 9　　B. 12　　C. 15

D. 18　　E. 21

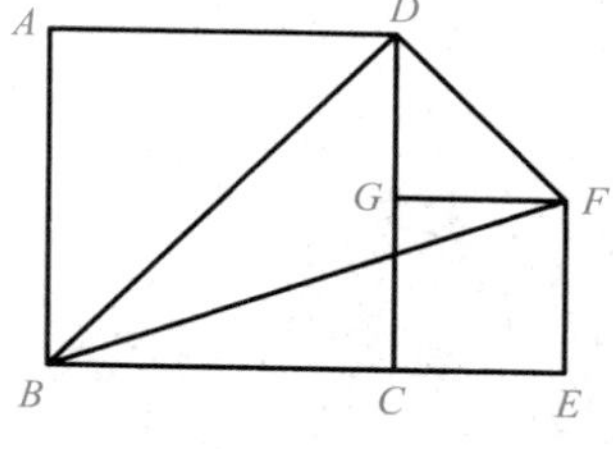


**解析**　常规解法：$\triangle BDF$ 的面积等于两个正方形的面积之和加上 $\triangle DGF$ 的面积，然后再减去 $\triangle ABD$ 的面积和 $\triangle BEF$ 的面积之和.设正方形 $CEFG$ 的边长为 $a$，得 $\triangle BDF$ 的面积为 $6^2+a^2+\frac{1}{2}\times a\times(6-a)-\frac{1}{2}\times 6^2-\frac{1}{2}\times(6+a)\times a=18$.选 D.

**技巧运用** 极限思想：假设正方形 $CEFG$ 的边长为0，则点 $C,E,F,G$ 四点重合，$\triangle BDF$ 的面积为正方形 $ABCD$ 的面积的一半.

3.(2009－10)一艘小轮船上午8:00起航逆流而上(设船速和水流速度一定)，中途船上一块木板落入水中，直到8:50船员才发现这块重要木板丢失，立即调转船头去追，最终于9:20追上木板.由上述数据可以算出木板落水的时间是(　　). **难度** ★★★

A. 8:35　　B. 8:30　　C. 8:25　　D. 8:20　　E. 8:15

**解析** 常规解法：设轮船在静水中的速度为 $v$ 米/分钟，水流速度为 $a$ 米/分钟，设木板从落水到被发现丢失经历 $t$ 分钟.

$30[(v+a)-a]=t(v-a)+ta$，$30v=tv$，即 $t=30$，则落水时间为8:20.选D.

**技巧运用** 用极限思想，设水流速度为0，马上选D.

4.如右图所示，在长方形 $ABCD$ 中，$AB=a$，$BC=b(b>a)$.若将长方形 $ABCD$ 绕 $A$ 点顺时针旋转90°，则线段 $CD$ 扫过的面积(阴影部分)等于(　　). **难度** ★★★

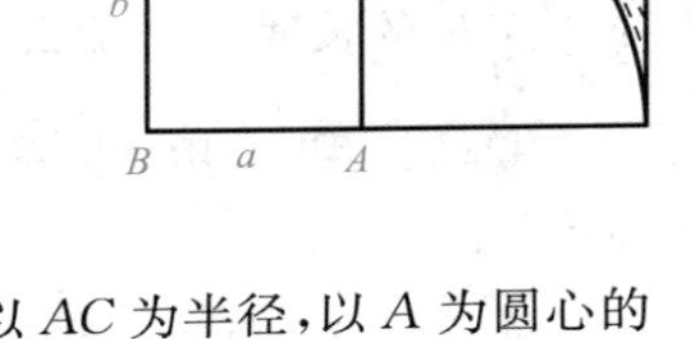


A. $\frac{\pi b^2}{4}$　　B. $\frac{\pi a^2}{4}$　　C. $\frac{\pi}{4}(b^2-a^2)$

D. $\frac{\pi}{4}(b-a)^2$　　E. $\frac{\pi}{4}(a^2+b^2)$

**解析** 常规解法：整个图形的面积＝长方形 $ABCD$ 的面积＋以 $AC$ 为半径，以 $A$ 为圆心的 $\frac{1}{4}$ 圆的面积 $=ab+\frac{1}{4}\pi(a^2+b^2)$，空白部分的面积 $=ab+\frac{1}{4}\pi b^2$.

所以线段 $CD$ 扫过的面积(阴影部分) $=ab+\frac{1}{4}\pi(a^2+b^2)-\left(ab+\frac{1}{4}\pi b^2\right)=\frac{1}{4}\pi a^2$.选B.

**技巧运用** 当长方形的边长 $a$ 逐渐趋近0时，那么线段 $CD$ 扫过的面积也逐渐趋近0，通过这一极限思想就可以很快断定只有B选项满足题意.

【名师小结】利用极限思考的方式，寻求图形或者某个问题背景的极端情况，可以从另一个角度反映题目的本质，在解题时尤为关键.

# 第九章
# 2016—2021 年管理类联考数学真题汇编

- 2016 年全国硕士研究生招生考试
- 2017 年全国硕士研究生招生考试
- 2018 年全国硕士研究生招生考试
- 2019 年全国硕士研究生招生考试
- 2020 年全国硕士研究生招生考试
- 2021 年全国硕士研究生招生考试

# 2016 年全国硕士研究生招生考试

一、问题求解

1. 某家庭在一年的总支出中，子女教育支出与生活资料支出的比为 3∶8，文化娱乐支出与子女教育支出的比为 1∶2. 已知文化娱乐支出占家庭总支出的 10.5%，则生活资料支出占家庭总支出的(　　).

A. 40%　　B. 42%　　C. 48%　　D. 56%　　E. 64%

2. 有一批同规格的正方形瓷砖，用它们铺满某个正方形区域时剩余 180 块，将此正方形区域的边长增加一块瓷砖的长度时，还需增加 21 块瓷砖才能铺满.该批瓷砖共有(　　).

A. 9 981 块　　B. 10 000 块　　C. 10 180 块

D. 10 201 块　　E. 10 222 块

3. 上午 9 时一辆货车从甲地出发前往乙地，同时一辆客车从乙地出发前往甲地，中午 12 时两车相遇.已知货车和客车的时速分别是 90 千米 / 小时和 100 千米 / 小时，则当客车到达甲地时，货车距乙地的距离为(　　)km.

A. 30　　B. 43　　C. 45　　D. 50　　E. 57

4. 在分别标记了数字 1,2,3,4,5,6 的 6 张卡片中随机抽取 3 张，其上数字之和等于 10 的概率是(　　).

A. 0.05　　B. 0.1　　C. 0.15　　D. 0.2　　E. 0.25

5. 某商场将每台进价为 2 000 元的冰箱以 2 400 元销售时，每天售出 8 台.调研表明，这种冰箱的售价每降低 50 元，每天就能多售出 4 台.若要每天的销售利润最大，则该冰箱的定价应为(　　).

A. 2 200 元　　B. 2 250 元　　C. 2 300 元　　D. 2 350 元　　E. 2 400 元

6. 某委员会由三个不同专业的人员构成，三个专业的人数分别为 2,3,4.从中选派 2 位不同专业的委员外出调研，则不同的选派方式有(　　).

A. 36 种　　B. 26 种　　C. 12 种　　D. 8 种　　E. 6 种

7. 从 1 到 100 的整数中任取一个数，则该数能被 5 或 7 整除的概率为(　　).

A. 0.02　　B. 0.14　　C. 0.2

D. 0.32　　E. 0.34

8. 如图 1，在四边形 $ABCD$ 中，$AB \parallel CD$，$AB$ 与 $CD$ 的长分别为 4 和 8.若 $\triangle ABE$ 的面积为 4，则四边形 $ABCD$ 的面积为(　　).

A. 24　　B. 30　　C. 32

D. 36　　E. 40

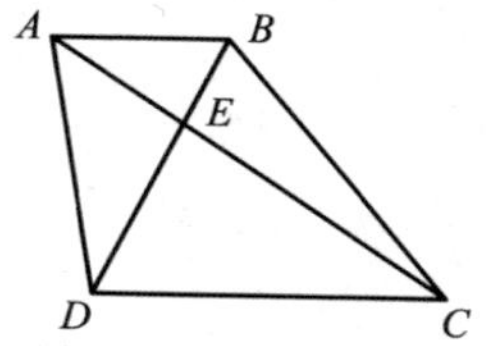

图 1

9. 现有长方形木板 340 张，正方形木板 160 张(图 2)，这些木板恰好可以装配成若干个竖式和横式的无盖箱子(图 3).

装配成的竖式和横式箱子的个数分别为(　　).

A. 25,80　　B. 60,50　　C. 20,70　　D. 60,40　　E. 40,60

10. 圆 $x^2+y^2-6x+4y=0$ 上到原点距离最远的点是(　　).

A. $(-3,2)$　　B. $(3,-2)$　　C. $(6,4)$

D. $(-6,4)$　　E. $(6,-4)$

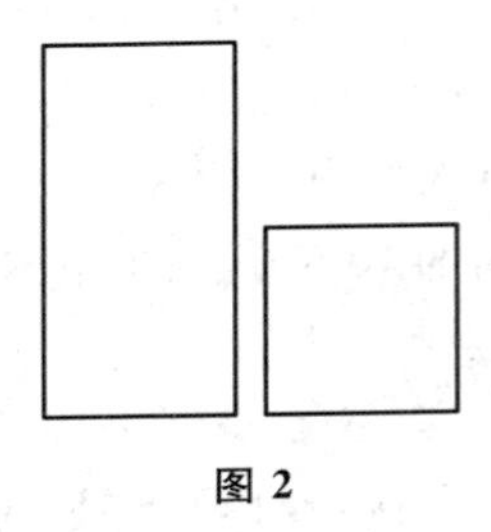

图 2

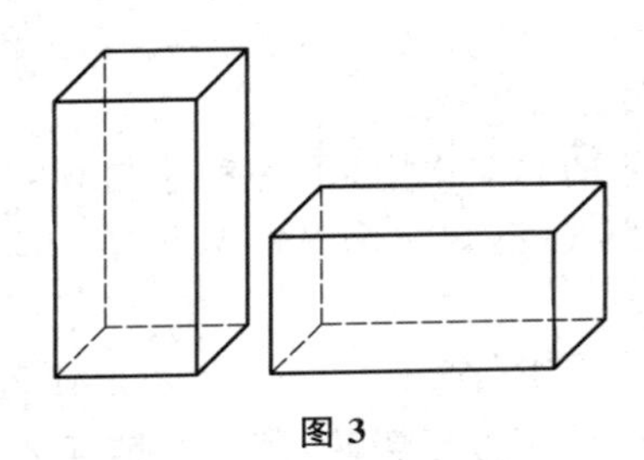

图 3

11. 如图 4,点 $A,B,O$ 的坐标分别为$(4,0),(0,3),(0,0)$.若$(x,y)$是 $\triangle AOB$ 中的点,则 $2x+3y$ 的最大值为(　　).

A. 6　　B. 7　　C. 8　　D. 9　　E. 12

12. 设抛物线 $y=x^2+2ax+b$ 与 $x$ 轴相交于 $A,B$ 两点,点 $C$ 坐标为$(0,2)$.若 $\triangle ABC$ 的面积等于 6,则(　　).

A. $a^2-b=9$　　B. $a^2+b=9$　　C. $a^2-b=36$

D. $a^2+b=36$　　E. $a^2-4b=9$

13. 某公司以分期付款方式购买一套定价为 1 100 万元的设备,首期付款 100 万元,之后每月付款 50 万元,并支付上期余款的利息,月利率 1%.该公司共为此设备支付了(　　).

A. 1 195 万元　　B. 1 200 万元　　C. 1 205 万元

D. 1 215 万元　　E. 1 300 万元

14. 某学生要在 4 门不同课程中选修 2 门课程,这 4 门课程中的 2 门各开设 1 个班,另外 2 门各开设 2 个班,该学生不同的选课方式共有(　　).

A. 6 种　　B. 8 种　　C. 10 种　　D. 13 种　　E. 15 种

15. 如图 5,在半径为 10 厘米的球体上开一个底面半径是 6 cm 的圆柱形洞,则洞的内壁面积为(单位:平方厘米)(　　).

A. $48\pi$　　B. $288\pi$　　C. $96\pi$　　D. $576\pi$　　E. $192\pi$

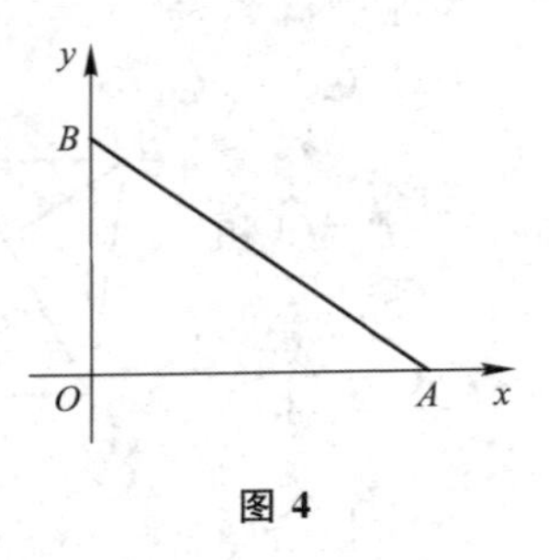


图 4

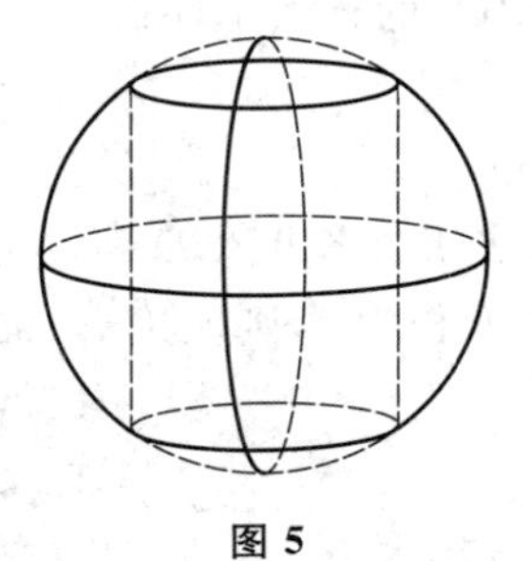

图 5

二、条件充分性判断

16. 已知某公司男员工的平均年龄和女员工的平均年龄. 则能确定该公司员工的平均年龄.

(1) 已知该公司的员工人数.

(2) 已知该公司男、女员工的人数之比.

17. 如图6,正方形 $ABCD$ 由四个相同的长方形和一个小正方形拼成.则能确定小正方形的面积.

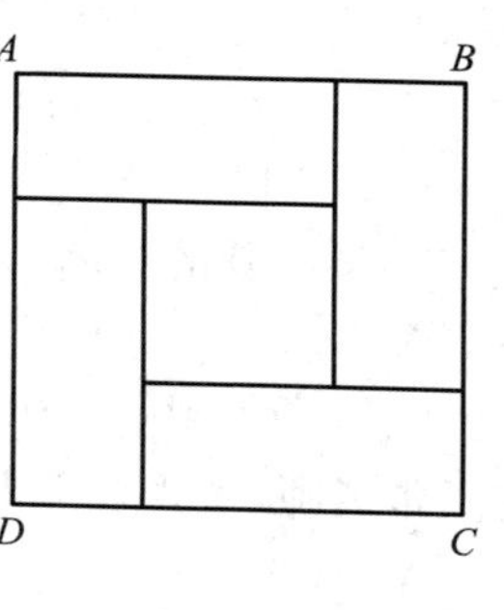


图6

(1) 已知正方形 $ABCD$ 的面积.

(2) 已知长方形的长与宽之比.

18. 利用长度为 $a$ 和 $b$ 的两种管材能连接成长度为37的管道.(单位:m)

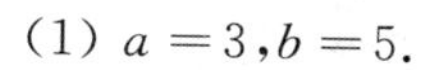

(1) $a=3, b=5$.

(2) $a=4, b=6$.

19. 设 $x, y$ 是实数.则 $x \leqslant 6, y \leqslant 4$.

(1) $x \leqslant y+2$.

(2) $2y \leqslant x+2$.

20. 将2 L甲酒精和1 L乙酒精混合得到丙酒精.则能确定甲、乙两种酒精的浓度.

(1) 1 L甲酒精和5 L乙酒精混合后的浓度是丙酒精浓度的 $\frac{1}{2}$ 倍.

(2) 1 L甲酒精和2 L乙酒精混合后的浓度是丙酒精浓度的 $\frac{2}{3}$ 倍.

21. 设有两组数据 $S_1$:3,4,5,6,7和 $S_2$:4,5,6,7,$a$.则能确定 $a$ 的值.

(1) $S_1$ 与 $S_2$ 的均值相等.

(2) $S_1$ 与 $S_2$ 的方差相等.

22. 已知 $M$ 是一个平面有限点集.则平面上存在到 $M$ 中各点距离相等的点.

(1) $M$ 中只有三个点.

(2) $M$ 中的任意三点都不共线.

23. 设 $x, y$ 是实数.则可以确定 $x^3+y^3$ 的最小值.

(1) $xy=1$.

(2) $x+y=2$.

24. 已知数列 $a_1, a_2, a_3, \cdots, a_{10}$.则 $a_1-a_2+a_3-\cdots+a_9-a_{10} \geqslant 0$.

(1) $a_n \geqslant a_{n+1}, n=1,2,\cdots,9$.

(2) $a_n^2 \geqslant a_{n+1}^2, n=1,2,\cdots,9$.

25. 已知 $f(x)=x^2+ax+b$.则 $0 \leqslant f(1) \leqslant 1$.

(1) $f(x)$ 在区间$[0,1]$中有两个零点.

(2) $f(x)$ 在区间$[1,2]$中有两个零点.

## 参考答案

1～5　DCECB　　6～10　BDDEE　　11～15　DACDE　　16～20　BCACE

21～25　ACBAD

# 2017年全国硕士研究生招生考试

一、问题求解

1. 某品牌的电冰箱连续两次降价10%后的售价是降价前的(　　).

A. 80%　　B. 81%　　C. 82%　　D. 83%　　E. 85%

2. 张老师到一所中学进行招生咨询,上午接受了45名同学的咨询,其中的9位同学下午又咨询了张老师,占张老师下午咨询学生的10%.一天中向张老师咨询的学生人数为(　　).

A. 81　　B. 90　　C. 115　　D. 126　　E. 135

3. 甲、乙、丙三种货车的载重量成等差数列.2辆甲种车和1辆乙种车满载量为95 t,1辆甲种车和3辆丙种车满载量为150 t.则用甲、乙、丙各1辆车一次最多运送货物(　　).

A. 125 t　　B. 120 t　　C. 115 t　　D. 110 t　　E. 105 t

4. 不等式$|x-1|+x\leqslant 2$的解集为(　　).

A. $(-\infty,1]$　　B. $\left(-\infty,\frac{3}{2}\right]$　　C. $\left[1,\frac{3}{2}\right]$

D. $[1,+\infty)$　　E. $\left[\frac{3}{2},+\infty\right)$

5. 某种机器人可搜索到的区域是半径为1 m的圆.若该机器人沿直线行走10米,则其搜索过的区域的面积(单位:平方米)为(　　).

A. $10+\frac{\pi}{2}$　　B. $10+\pi$　　C. $20+\frac{\pi}{2}$　　D. $20+\pi$　　E. $10\pi$

6. 老师问班上50名同学周末复习的情况,结果有20人复习过数学、30人复习过语文、6人复习过英语,且同时复习了数学和语文的有10人、语文和英语的有2人、英语和数学的有3人.若同时复习过这三门课的人数为0,则没复习过这三门课程的学生人数为(　　).

A. 7　　B. 8　　C. 9　　D. 10　　E. 11

7. 在1与100之间,能被9整除的整数的平均值是(　　).

A. 27　　B. 36　　C. 45　　D. 54　　E. 63

8. 某试卷由15道选择题组成,每道题有4个选项,只有一项是符合试题要求的.甲有6道题能确定正确选项,有5道题能排除2个错误选项,有4道题能排除1个错误选项.若从每题排除后剩余的选项中选1个作为答案,则甲得满分的概率为(　　).

A. $\frac{1}{2^4}\cdot\frac{1}{3^5}$　　B. $\frac{1}{2^5}\cdot\frac{1}{3^4}$　　C. $\frac{1}{2^5}+\frac{1}{3^4}$

D. $\frac{1}{2^4}\cdot\left(\frac{3}{4}\right)^5$　　E. $\frac{1}{2^4}+\left(\frac{3}{4}\right)^5$

9. 如图1,在扇形$AOB$中,$\angle AOB=\frac{\pi}{4}$,$OA=1$,$AC\perp OB$,则阴影部分的面积为(　　).

A. $\frac{\pi}{8}-\frac{1}{4}$　　B. $\frac{\pi}{8}-\frac{1}{8}$　　C. $\frac{\pi}{4}-\frac{1}{2}$　　D. $\frac{\pi}{4}-\frac{1}{4}$　　E. $\frac{\pi}{4}-\frac{1}{8}$

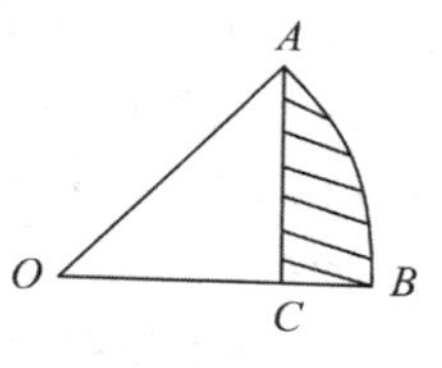

图 1

10. 某公司用 1 万元购买了价格分别是 1 750 元和 950 元的甲、乙两种办公设备，则购买的甲、乙办公设备的件数分别为（　　）.

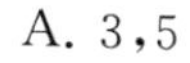

A. 3，5　　B. 5，3　　C. 4，4
D. 2，6　　E. 6，2

11. 已知 $\triangle ABC$ 和 $\triangle A'B'C'$ 满足 $AB:A'B'=AC:A'C'=2:3$，$\angle A+\angle A'=\pi$，则 $\triangle ABC$ 与 $\triangle A'B'C'$ 的面积之比为（　　）.

A. $\sqrt{2}:\sqrt{3}$　　B. $\sqrt{3}:\sqrt{5}$　　C. $2:3$　　D. $2:5$　　E. $4:9$

12. 甲从 1，2，3 中抽取一数，记为 $a$；乙从 1，2，3，4 中抽取一数，记为 $b$. 规定当 $a>b$ 或 $a+1<b$ 时甲获胜，则甲获胜的概率为（　　）.

A. $\frac{1}{6}$　　B. $\frac{1}{4}$　　C. $\frac{1}{3}$　　D. $\frac{5}{12}$　　E. $\frac{1}{2}$

13. 将长、宽、高分别是 12，9 和 6 的长方体切割成正方体，且切割后无剩余. 则能切割成相同正方体的最少个数为（　　）.

A. 3　　B. 6　　C. 24　　D. 96　　E. 648

14. 甲、乙、丙三人每轮各投篮 10 次，投了三轮. 投中数如下表：

| | 第一轮 | 第二轮 | 第三轮 |
|---|---|---|---|
| 甲 | 2 | 5 | 8 |
| 乙 | 5 | 2 | 5 |
| 丙 | 8 | 4 | 9 |

记 $\sigma_1,\sigma_2,\sigma_3$ 分别为甲、乙、丙投中数的方差，则（　　）.

A. $\sigma_1>\sigma_2>\sigma_3$　　B. $\sigma_1>\sigma_3>\sigma_2$　　C. $\sigma_2>\sigma_1>\sigma_3$
D. $\sigma_2>\sigma_3>\sigma_1$　　E. $\sigma_3>\sigma_2>\sigma_1$

15. 将 6 人分为 3 组，每组 2 人，则不同的分组方式共有（　　）.

A. 12 种　　B. 15 种　　C. 30 种　　D. 45 种　　E. 90 种

## 二、条件充分性判断

16. 某人需要处理若干份文件，第一小时处理了全部文件的 $\frac{1}{5}$，第二小时处理了剩余文件的 $\frac{1}{4}$. 则此人需要处理的文件共 25 份.

（1）前两个小时处理了 10 份文件.

（2）第二小时处理了 5 份文件.

17. 圆 $x^2+y^2-ax-by+c=0$ 与 $x$ 轴相切. 则能确定 $c$ 的值.

（1）已知 $a$ 的值.

（2）已知 $b$ 的值.

18. 某人从 $A$ 地出发，先乘时速为 220 千米的动车，后转乘时速为 100 千米的汽车到达 $B$ 地. 则 $A$，$B$ 两地的距离为 960 千米.

（1）乘动车时间与乘汽车的时间相等.

(2) 乘动车时间与乘汽车的时间之和为 6 h.

19. 直线 $y=ax+b$ 与抛物线 $y=x^2$ 有两个交点.

(1) $a^2>4b$.

(2) $b>0$.

20. 能确定某企业产值的月平均增长率.

(1) 已知一月份的产值.

(2) 已知全年的总产值.

21. 如图 2,一个铁球沉入水池中.则能确定铁球的体积.

(1) 已知铁球露出水面的高度.

(2) 已知水深及铁球与水面交线的周长.

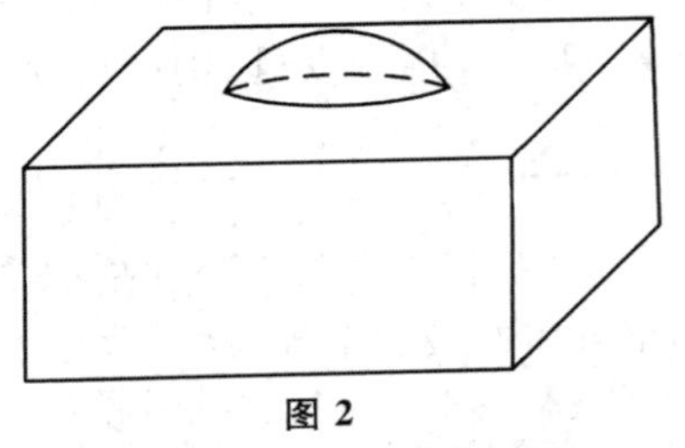

图 2

22. 设 $a,b$ 是两个不相等的实数.则函数 $f(x)=x^2+2ax+b$ 的最小值小于零.

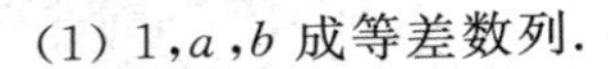

(1) $1,a,b$ 成等差数列.

(2) $1,a,b$ 成等比数列.

23. 某人参加资格考试,有 $A$ 类和 $B$ 类可选择,$A$ 类的合格标准是抽 3 道题至少会做 2 道,$B$ 类的合格标准是抽 2 道题需都会做.则此人参加 $A$ 类合格的机会大.

(1) 此人 $A$ 类题中有 60% 会做.

(2) 此人 $B$ 类题中有 80% 会做.

24. 某机构向 12 位教师征题,共征集到 5 种题型的试题 52 道.则能确定供题教师的人数.

(1) 每位供题教师提供的试题数相同.

(2) 每位供题教师提供的题型不超过 2 种.

25. 已知 $a,b,c$ 为三个实数.则 $\min\{|a-b|,|b-c|,|a-c|\}\leqslant 5$.

(1) $|a|\leqslant 5,|b|\leqslant 5,|c|\leqslant 5$.

(2) $a+b+c=15$.

## 参考答案

1～5 BDEBD　6～10 CDBAA　11～15 EECBB　16～20 DACBE

21～25 BACCA

# 2018 年全国硕士研究生招生考试

一、问题求解

1. 学科竞赛设一等奖、二等奖和三等奖，比例为 1∶3∶8，中奖率为 30%，已知 10 人获得一等奖，则参加竞赛的人数为（　　）.

A. 300　　B. 400　　C. 500　　D. 550　　E. 600

2. 为了解某公司的年龄结构，按男、女人数的比例进行了随机抽样，结果如下：

| 男员工年龄 / 岁 | 23 | 26 | 28 | 30 | 32 | 34 | 36 | 38 | 41 |
|---|---|---|---|---|---|---|---|---|---|
| 女员工年龄 / 岁 | 23 | 25 | 27 | 27 | 29 | 31 | | | |

根据表中数据统计，该公司男员工的平均年龄与全体员工的平均年龄分别是（单位：岁）（　　）.

A. 32，30　　B. 32，29.5　　C. 32，27　　D. 30，27　　E. 29.5，27

3. 某单位采取分段收费的方式收取网络流量（单位：千兆字节）费用，每月流量 20（含）以内免费，流量 20 到 30（含）的每千兆字节收费 1 元，流量 30 到 40（含）的每千兆字节收费 3 元，流量 40 以上的每千兆字节收费 5 元.小王这个月用了 45 千兆字节的流量，则他应该交费（　　）.

A. 45 元　　B. 65 元　　C. 75 元
D. 85 元　　E. 135 元

4. 如图 1，圆 $O$ 是三角形 $ABC$ 的内切圆，若三角形 $ABC$ 的面积与周长的大小之比为 1∶2，则圆 $O$ 的面积为（　　）.

A. $\pi$　　B. $2\pi$　　C. $3\pi$
D. $4\pi$　　E. $5\pi$

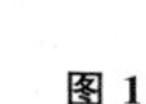

图 1

5. 设实数 $a,b$ 满足 $|a-b|=2$，$|a^3-b^3|=26$，则 $a^2+b^2=$（　　）.

A. 30　　B. 22　　C. 15　　D. 13　　E. 10

6. 有 96 位顾客至少购买了甲、乙、丙三种商品中的一种，经调查：同时购买了甲乙两种商品的有 8 位，同时购买了甲、丙两种商品的有 12 位，同时购买了乙、丙两种商品的有 6 位，同时购买了三种商品的有 2 位，则仅购买一种商品的顾客有（　　）.

A. 70 位　　B. 72 位　　C. 74 位　　D. 76 位　　E. 82 位

7. 如图 2，四边形 $A_1B_1C_1D_1$ 是平行四边形，$A_2,B_2,C_2,D_2$ 分别是 $A_1B_1C_1D_1$ 四边的中点，$A_3,B_3,C_3,D_3$ 分别是四边形 $A_2B_2C_2D_2$ 四边的中点，依次下去，得到四边形序列 $A_nB_nC_nD_n(n=1,2,3,\cdots)$，设 $A_nB_nC_nD_n$ 的面积为 $S_n$，且 $S_1=12$，则 $S_1+S_2+S_3+\cdots=$（　　）.

A. 16　　B. 20　　C. 24
D. 28　　E. 30

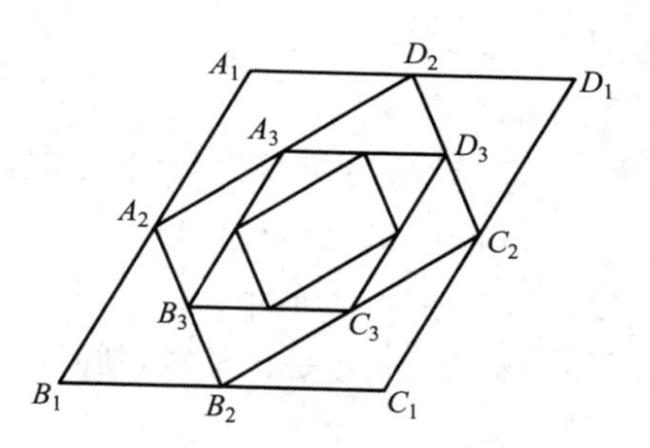


图 2

8. 将 6 张不同的卡片 2 张一组分别装入甲乙丙三个袋子

中，若指定的两张卡片要在同一组，则不同的装法有（　　）.

A. 12 种　　B. 18 种　　C. 24 种　　D. 30 种　　E. 36 种

9. 甲乙两人进行围棋比赛，约定先胜两盘者赢得比赛，已知每盘棋甲获胜的概率是 0.6，乙获胜的概率是 0.4，若乙在第一盘获胜，则甲赢得比赛的概率为（　　）.

A. 0.144　　B. 0.288　　C. 0.36　　D. 0.4　　E. 0.6

10. 已知圆 $C: x^2+(y-a)^2=b$，若圆 $C$ 在点 $(1,2)$ 处的切线与 $y$ 轴的交点为 $(0,3)$，则 $ab=$（　　）.

A. $-2$　　B. $-1$　　C. 0　　D. 1　　E. 2

11. 羽毛球队有 4 名男运动员和 3 名女运动员.从中选出两组参加混双比赛，则不同的选派方式有（　　）.

A. 9 种　　B. 18 种　　C. 24 种　　D. 36 种　　E. 72 种

12. 从标号为 1 到 10 的 10 张卡片中随机抽取 2 张，它们的标号之和能被 5 整除的概率为（　　）.

A. $\frac{1}{5}$　　B. $\frac{1}{9}$　　C. $\frac{2}{9}$　　D. $\frac{2}{15}$　　E. $\frac{7}{45}$

13. 某单位为检查 3 个部门的工作，由这 3 个部门的主任和外聘的 3 名人员组成检查组，分 2 人一组检查工作，每组有一名外聘成员，规定本部门主任不能检查本部门，则不同的安排方式有（　　）.

A. 6 种　　B. 8 种　　C. 12 种　　D. 18 种　　E. 36 种

14. 如图 3，圆柱体的底面半径为 2，高为 3，垂直于底面的平面截圆柱体所得截面为矩形 $ABCD$，若弦 $AB$ 所对的圆心角是 $\frac{\pi}{3}$，则截掉部分（较小部分）的体积为（　　）.

A. $\pi-3$　　B. $2\pi-6$　　C. $\pi-\frac{3\sqrt{3}}{2}$

D. $2\pi-3\sqrt{3}$　　E. $\pi-\sqrt{3}$

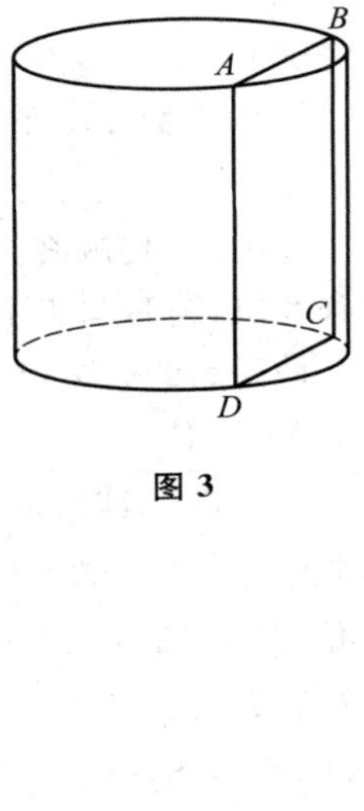

图 3

15. 函数 $f(x)=\max\{x^2,-x^2+8\}$ 的最小值为（　　）.

A. 8　　B. 7　　C. 6

D. 5　　E. 4

二、条件充分性判断

16. 设 $x,y$ 为实数，则 $|x+y|\leqslant 2$.

(1) $x^2+y^2\leqslant 2$.

(2) $xy\leqslant 1$.

17. 设 $\{a_n\}$ 为等差数列，则能确定 $a_1+a_2+\cdots+a_9$ 的值.

(1) 已知 $a_1$ 的值.

(2) 已知 $a_5$ 的值.

18. 设 $m,n$ 是正整数，则能确定 $m+n$ 的值.

(1) $\frac{1}{m}+\frac{3}{n}=1$.

(2) $\frac{1}{m}+\frac{2}{n}=1$.

19. 甲、乙、丙三人的年收入成等比数列，则能确定乙的年收入的最大值.

(1) 已知甲、丙两人的年收入之和.

(2) 已知甲、丙两人的年收入之积.

20. 如图4，在矩形 $ABCD$ 中，$AE=FC$，则三角形 $AED$ 与四边形 $BCFE$ 能拼接成一个直角三角形.

(1) $EB=2FC$.

(2) $ED=EF$.

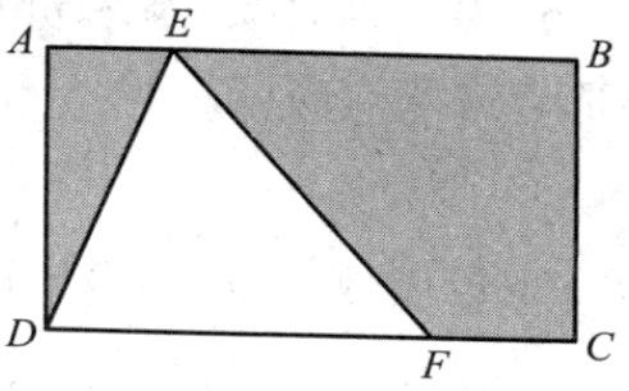

图 4

21. 甲购买了若干件 $A$ 玩具，乙购买了若干件 $B$ 玩具送给了幼儿园，甲比乙少花了100元，则能确定甲购买的玩具件数.

(1) 甲与乙共购买了50件玩具.

(2) $A$ 玩具的价格是 $B$ 玩具的2倍.

22. 已知点 $P(m,0)$，$A(1,3)$，$B(2,1)$，点 $(x,y)$ 在三角形 $PAB$ 上，则 $x-y$ 的最小值和最大值分别为 $-2$ 和 $1$.

(1) $m\leqslant 1$.

(2) $m\geqslant -2$.

23. 如果甲公司的年终奖总额增加25%，乙公司的年终奖总额减少10%，两者相等，则能确定两公司的员工人数之比.

(1) 甲公司的人均年终奖与乙公司的相同.

(2) 两公司的员工人数之比与两公司的年终奖总额之比相等.

24. 设 $a,b$ 为实数，则圆 $x^2+y^2=2y$ 与直线 $x+ay=b$ 不相交.

(1) $|a-b|>\sqrt{1+a^2}$.

(2) $|a+b|>\sqrt{1+a^2}$.

25. 设函数 $f(x)=x^2+ax$，则 $f(x)$ 的最小值与 $f(f(x))$ 的最小值相等.

(1) $a\geqslant 2$.

(2) $a\leqslant 0$.

## 参考答案

1～5　BABAE　　6～10　CCBCE　　11～15　DACDE　　16～20　ABDDD

21～25　ECDAD

# 2019 年全国硕士研究生招生考试

一、问题求解

1. 某车间计划 10 天完成一项任务，工作 3 天后因故停工 2 天，但仍要按计划完成任务，则工作效率需要提高（　　）.

A. 20%　　B. 30%　　C. 40%　　D. 50%　　E. 60%

2. 设函数 $f(x)=2x+\dfrac{a}{x^2}(a>0)$ 在 $(0,+\infty)$ 的最小值为 $f(x_0)=12$，则 $x_0=$（　　）.

A. 5　　B. 4　　C. 3　　D. 2　　E. 1

3. 某影城统计了一季度的观众人数，如图 1，则一季度的男女观众人数之比为（　　）.

A. 3 : 4　　B. 5 : 6

C. 12 : 13　　D. 13 : 12

E. 4 : 3

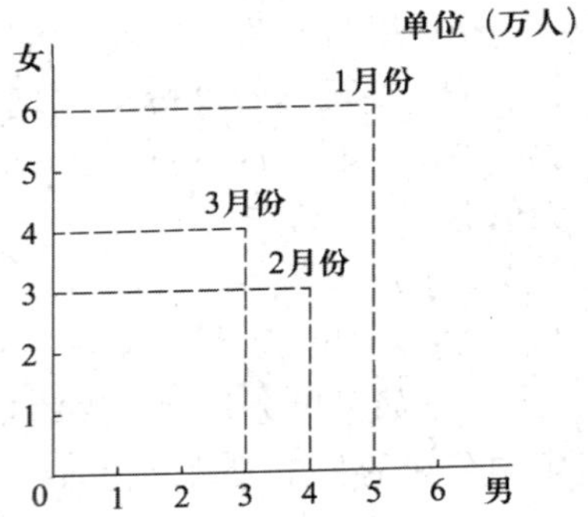

单位（万人）

图 1

4. 设实数 $a,b$ 满足 $ab=6$，$|a+b|+|a-b|=6$，则 $a^2+b^2=$（　　）.

A. 10　　B. 11　　C. 12

D. 13　　E. 14

5. 设圆 $C$ 与圆 $(x-5)^2+y^2=2$ 关于 $y=2x$ 对称，则圆 $C$ 方程为（　　）.

A. $(x-3)^2+(y-4)^2=2$　　B. $(x+4)^2+(y-3)^2=2$

C. $(x-3)^2+(y+4)^2=2$　　D. $(x+3)^2+(y+4)^2=2$

E. $(x+3)^2+(y-4)^2=2$

6. 将一批树苗种在一个正方形花园边上，四角都种，如果每隔 3 m 种一棵，那么剩下 10 棵树苗，如果每隔 2 m 种一棵，那么恰好种满正方形的 3 条边，则这批树苗有（　　）棵.

A. 54　　B. 60　　C. 70　　D. 82　　E. 94

7. 在分别标记 1、2、3、4、5、6 的 6 张卡片里，甲抽取 1 张，乙从余下的卡片中再抽取 2 张，乙的卡片数字之和大于甲的卡片数字的概率为（　　）.

A. $\dfrac{11}{60}$　　B. $\dfrac{13}{60}$　　C. $\dfrac{43}{60}$　　D. $\dfrac{47}{60}$　　E. $\dfrac{49}{60}$

8. 10 名同学的语文和数学成绩如下：

| 语文成绩 | 90 | 92 | 94 | 88 | 86 | 95 | 87 | 89 | 91 | 93 |
|---|---|---|---|---|---|---|---|---|---|---|
| 数学成绩 | 94 | 88 | 96 | 93 | 90 | 85 | 84 | 80 | 82 | 98 |

语文和数学成绩的均值分别为 $E_1$ 和 $E_2$，标准差分别为 $\sigma_1$ 和 $\sigma_2$，则（　　）.

A. $E_1>E_2,\sigma_1>\sigma_2$　　B. $E_1>E_2,\sigma_1<\sigma_2$

C. $E_1>E_2,\sigma_1=\sigma_2$　　D. $E_1<E_2,\sigma_1>\sigma_2$

E. $E_1<E_2,\sigma_1<\sigma_2$

9. 如图 2，正方体位于半径为 3 的球内，且一面位于球的大圆上，则正方体的面积最大为（　　）．

A. 12　　B. 18　　C. 24　　D. 30　　E. 36

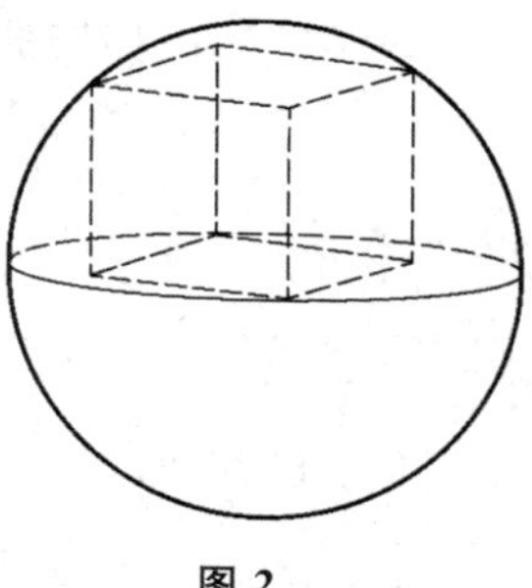
图 2

10. 在三角形 $ABC$ 中，$AB=4$，$AC=6$，$BC=8$，$D$ 为 $BC$ 中点，则 $AD=$（　　）．

A. $\sqrt{11}$　　B. $\sqrt{10}$　　C. 3　　D. $2\sqrt{2}$　　E. $\sqrt{7}$

11. 某单位要铺设草坪，若甲、乙两公司合作需要 6 天完成，工时费共计 2.4 万元．若甲公司单独做 4 天后由乙公司接着做 9 天完成，工时费共计 2.35 万元．若由甲公司单独完成该项目，则工时费共计（　　）万元．

A. 2.25　　B. 2.35　　C. 2.4　　D. 2.45　　E. 2.5

12. 如图 3，六边形 $ABCDEF$ 是平面与棱长为 2 的正方体所截得到的，若 $A$、$B$、$D$、$E$ 分别为相应棱的中点，则六边形 $ABCDEF$ 的面积为（　　）．

A. $\dfrac{\sqrt{3}}{2}$　　B. $\sqrt{3}$　　C. $2\sqrt{3}$　　D. $3\sqrt{3}$　　E. $4\sqrt{3}$

13. 火车行驶 72 km 用时 1 h，速度 $v$ 与行驶时间 $t$ 的关系如图 4 所示，则 $v_0=$（　　）．

A. 72　　B. 80　　C. 90　　D. 95　　E. 100

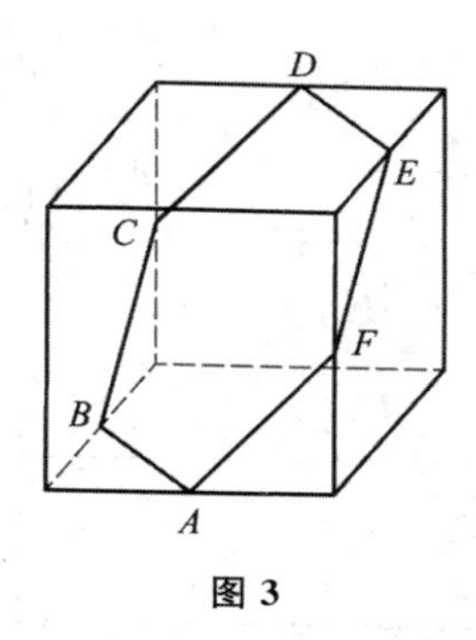

图 3

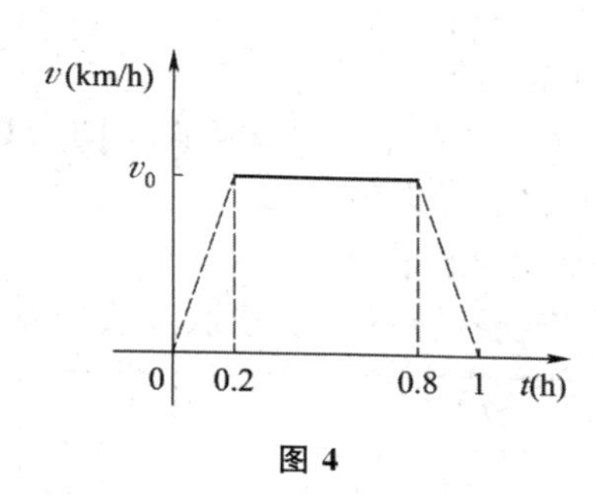

图 4

14. 某中学的 5 个学科各推荐 2 名教师作为支教候选人，若从中选派来自不同学科的 2 人参加支教工作，则不同的选派方式有（　　）种．

A. 20　　B. 24　　C. 30　　D. 40　　E. 45

15. 设数列 $\{a_n\}$ 满足 $a_1=0$，$a_{n+1}-2a_n=1$，则 $a_{100}=$（　　）．

A. $2^{99}-1$　　B. $2^{99}$　　C. $2^{99}+1$　　D. $2^{100}-1$　　E. $2^{100}+1$

二、条件充分性判断

16. 甲乙丙三人各自拥有不超过 10 本图书，甲再购入 2 本图书后，他们拥有图书的数量构成等比数列，则确定甲拥有的图书数量．

（1）已知乙拥有的图书数量．

(2) 已知丙拥有的图书数量.

17. 有甲、乙两袋奖券，获奖率分别为 $p$ 和 $q$，某人从两袋中各随机抽取1张奖券，则此人获奖的概率不小于 $\frac{3}{4}$.

(1) 已知 $p+q=1$.

(2) 已知 $pq=\frac{1}{4}$.

18. 直线 $y=kx$ 与圆 $x^2+y^2-4x+3=0$ 有两个交点.

(1) $-\frac{\sqrt{3}}{3}<k<0$.

(2) $0<k<\frac{\sqrt{2}}{2}$.

19. 能确定小明年龄.

(1) 小明年龄是完全平方数.

(2) 20年后小明年龄是完全平方数.

20. 关于 $x$ 的方程 $x^2+ax+b-1=0$ 有实根.

(1) $a+b=0$.

(2) $a-b=0$.

21. 如图5，已知正方形 $ABCD$ 的面积，$O$ 为 $BC$ 上一点，$P$ 为 $AO$ 的中点，$Q$ 为 $DO$ 上一点，则能确定三角形 $PQD$ 的面积.

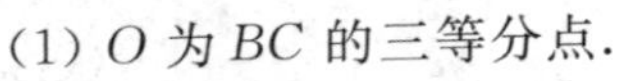

(1) $O$ 为 $BC$ 的三等分点.

(2) $Q$ 为 $DO$ 的三等分点.

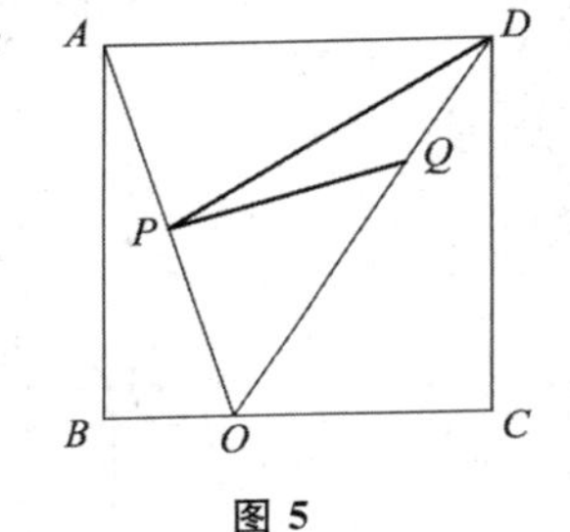


图5

22. 设 $n$ 为正整数，则能确定 $n$ 除以5的余数.

(1) 已知 $n$ 除以2的余数.

(2) 已知 $n$ 除以3的余数.

23. 某校理学院五个系每年的录取人数如表：

| 系别 | 数学系 | 物理系 | 化学系 | 生物系 | 地学系 |
|---|---|---|---|---|---|
| 录取人数 | 60 | 120 | 90 | 60 | 30 |

今年与去年相比，物理系的录取平均分没变，则理学院的录取平均分升高了.

(1) 数学系的录取平均分升高了3分，生物系的录取平均分降低了2分.

(2) 化学系的录取平均分升高了1分，地学系的录取平均分降低了4分.

24. 设数列 $\{a_n\}$ 的前 $n$ 项和为 $S_n$. 则数列 $\{a_n\}$ 是等差数列.

(1) $S_n=n^2+2n, n=1,2,3,\cdots$.

(2) $S_n=n^2+2n+1, n=1,2,3,\cdots$.

25. 设三角形区域 $D$ 由直线 $x+8y-56=0$，$x-6y+42=0$ 与 $kx-y+8-6k=0(k<0)$ 围成. 则对任意的 $(x,y)\in D$，$\lg(x^2+y^2)\leqslant 2$.

(1) $k\in(-\infty,-1]$.

(2) $k \in \left[-1, -\frac{1}{8}\right)$.

## 参考答案

1～5 CBCDE　　6～10 DDBEB　　11～15 EDCDA　　16～20 CDACD
21～25 BECAA

# 2020年全国硕士研究生招生考试

一、问题求解

1. 某产品去年涨价10%，今年涨价20%，则该产品这两年涨价(　　).

A. 15%　　B. 16%　　C. 30%　　D. 32%　　E. 33%

2. 设集合$A=\{x\mid |x-a|<1, x\in \mathbf{R}\}$，$B=\{x\mid |x-b|<2, x\in \mathbf{R}\}$，则$A\subset B$的充分必要条件是(　　).

A. $|a-b|\leqslant 1$

B. $|a-b|\geqslant 1$

C. $|a-b|<1$

D. $|a-b|>1$

E. $|a-b|=1$

3. 一项考试的总成绩由甲、乙、丙三部分组成：

$$总成绩=甲成绩\times 30\%+乙成绩\times 20\%+丙成绩\times 50\%.$$

考试通过的标准是：每部分成绩$\geqslant$50分，且总成绩$\geqslant$60分.已知某人甲成绩70分，乙成绩75分，且通过了这项考试，则此人丙成绩的分数至少是(　　).

A. 48　　B. 50　　C. 55　　D. 60　　E. 62

4. 从1至10这10个整数中任取3个数，恰有1个质数的概率是(　　).

A. $\frac{2}{3}$　　B. $\frac{1}{2}$　　C. $\frac{5}{12}$　　D. $\frac{2}{5}$　　E. $\frac{1}{120}$

5. 若等差数列$\{a_n\}$满足$a_1=8$，且$a_2+a_4=a_1$，则$\{a_n\}$前$n$项和的最大值为(　　).

A. 16　　B. 17　　C. 18　　D. 19　　E. 20

6. 已知实数$x$满足$x^2+\frac{1}{x^2}-3x-\frac{3}{x}+2=0$，则$x^3+\frac{1}{x^3}=$(　　).

A. 12　　B. 15　　C. 18　　D. 24　　E. 27

7. 设实数$x,y$满足$|x-2|+|y-2|\leqslant 2$，则$x^2+y^2$的取值范围是(　　).

A. $[2,18]$　　B. $[2,20]$　　C. $[2,36]$　　D. $[4,18]$　　E. $[4,20]$

8. 某网店对单价为55元、75元、80元的三种商品进行促销，促销策略是每单满200元减$m$元.如果每单减$m$元后实际售价均不低于原价的8折，那么$m$的最大值为(　　).

A. 40　　B. 41　　C. 43　　D. 44　　E. 48

9. 某人在同一观众群体中调查了对五部电影的看法，得到了如下数据：

| 电影 | 第一部 | 第二部 | 第三部 | 第四部 | 第五部 |
| --- | --- | --- | --- | --- | --- |
| 好评率 | 0.25 | 0.5 | 0.3 | 0.8 | 0.4 |
| 差评率 | 0.75 | 0.5 | 0.7 | 0.2 | 0.6 |

据此数据，观众意见分歧最大的前两部电影依次是(　　).

A. 第一部，第三部

B. 第二部，第三部

C. 第二部，第五部

D. 第四部，第一部

E. 第四部，第二部

10. 如图1，在$\triangle ABC$中，$\angle ABC=30^\circ$.将线段$AB$绕点$B$旋转至$DB$，使$\angle DBC=60^\circ$，则$\triangle DBC$与$\triangle ABC$的面积之比为（　　）.

A. 1

B. $\sqrt{2}$

C. 2

D. $\frac{\sqrt{3}}{2}$

E. $\sqrt{3}$

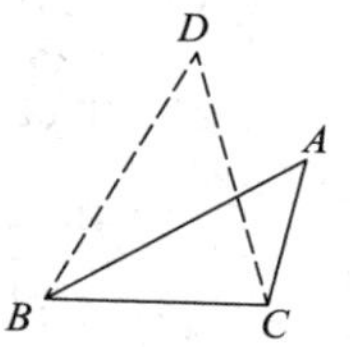

图 1

11. 已知数列$\{a_n\}$满足$a_1=1$，$a_2=2$，且$a_{n+2}=a_{n+1}-a_n(n=1,2,3,\cdots)$，则$a_{100}=$（　　）.

A. 1　　B. $-1$　　C. 2　　D. $-2$　　E. 0

12. 如图2，圆$O$的内接$\triangle ABC$是等腰三角形，底边$BC=6$，顶角为$\frac{\pi}{4}$，则圆$O$的面积为（　　）.

A. $12\pi$

B. $16\pi$

C. $18\pi$

D. $32\pi$

E. $36\pi$

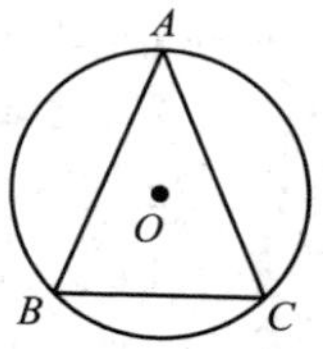

图 2

13. 甲、乙两人从一条长为1 800米道路的两端同时出发，往返行走.已知甲每分钟行走100米，乙每分钟行走80米，则两人第三次相遇时，甲距其出发点（　　）.

A. 600米　　B. 900米　　C. 1 000米　　D. 1 400米　　E. 1 600米

14. 如图3，节点$A,B,C,D$两两相连.从一个节点沿线段到另一个节点当作1步.若机器人从节点$A$出发，随机走了3步，则机器人未到达过节点$C$的概率为（　　）.

A. $\frac{4}{9}$

B. $\frac{11}{27}$

C. $\frac{10}{27}$

D. $\frac{19}{27}$

E. $\frac{8}{27}$

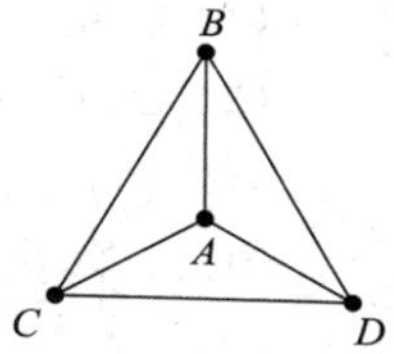

图 3

15. 某科室有4名男职员、2名女职员.若将这6名职员分为3组，每组2人，且女职员不同组，则不同的分组方式有（　　）种.

A. 4　　B. 6　　C. 9　　D. 12　　E. 15

二、条件充分性判断

16. 在$\triangle ABC$中，$\angle B=60^\circ$.则$\frac{c}{a}>2$.

(1) $\angle C<90^\circ$.

(2) $\angle C>90^\circ$.

17. 圆$x^2+y^2=2x+2y$上的点到直线$ax+by+\sqrt{2}=0$距离的最小值大于1.

(1) $a^2+b^2=1$.

(2) $a>0,b>0$.

18. 设$a,b,c$为实数.则能确定$a,b,c$的最大值.

(1) 已知 $a,b,c$ 的平均值.

(2) 已知 $a,b,c$ 的最小值.

19. 甲、乙两种品牌的手机共 20 部,任取 2 部,恰有 1 部甲品牌的概率为 $p$.则 $p>\frac{1}{2}$.

(1) 甲品牌手机不少于 8 部.

(2) 乙品牌的手机多于 7 部.

20. 某单位计划租 $n$ 辆车出游.则能确定出游人数.

(1) 若租用 20 座的车辆,只有 1 辆车没坐满.

(2) 若租用 12 座的车,还缺 10 个座位.

21. 在长方体中,能确定长方体对角线的长度.

(1) 已知共顶点的三个面的面积.

(2) 已知共顶点的三个面的对角线长度.

22. 已知甲、乙、丙三人共捐款 3 500 元.则能确定每人的捐款金额.

(1) 三人的捐款金额各不相同.

(2) 三人的捐款金额都是 500 的倍数.

23. 设函数 $f(x)=(ax-1)(x-4)$.则在 $x=4$ 左侧附近有 $f(x)<0$.

(1) $a>\frac{1}{4}$.

(2) $a<4$.

24. 设 $a,b$ 是正实数.则 $\frac{1}{a}+\frac{1}{b}$ 存在最小值.

(1) 已知 $ab$ 的值.

(2) 已知 $a,b$ 是方程 $x^2-(a+b)x+2=0$ 的不同实根.

25. 设 $a,b,c,d$ 是正实数.则 $\sqrt{a}+\sqrt{d}\leqslant\sqrt{2(b+c)}$.

(1) $a+d=b+c$.

(2) $ad=bc$.

## 参考答案

1～5 DABBE　　6～10 CBBCE　　11～15 BCDED　　16～20 BCECE

21～25 DEAAA

# 2021 年全国硕士研究生招生考试

一、问题求解

1. 某便利店第一天售出 50 件商品，第二天售出 45 件商品，第三天售出 60 件商品，前两天售出的商品有 25 种相同，后两天售出的商品有 30 种相同.这三天售出的商品至少有(　　)种.

A. 70　　B. 75　　C. 80　　D. 85　　E. 100

2. 三位年轻人的年龄成等差数列，且最大与最小的两人年龄之差的 10 倍是另一人的年龄，这三人中年龄最大的人是(　　)岁.

A. 19　　B. 20　　C. 21　　D. 22　　E. 23

3. $\frac{1}{1+\sqrt{2}}+\frac{1}{\sqrt{2}+\sqrt{3}}+\cdots+\frac{1}{\sqrt{99}+\sqrt{100}}=$(　　).

A. 9　　B. 10　　C. 11　　D. $3\sqrt{11}-1$　　E. $3\sqrt{11}$

4. 设 $p,q$ 是小于 10 的质数，则满足条件 $1<\frac{q}{p}<2$ 的 $p,q$ 有(　　)组.

A. 2　　B. 3　　C. 4　　D. 5　　E. 6

5. 设二次函数 $f(x)=ax^2+bx+c$，且 $f(2)=f(0)$，则 $\frac{f(3)-f(2)}{f(2)-f(1)}=$(　　).

A. 2　　B. 3　　C. 4　　D. 5　　E. 6

6. 如下图，由 P 到 Q 的电路中有三个元件，分别标有 $T_1,T_2,T_3$，电流通过 $T_1,T_2,T_3$ 的概率分别是 0.9，0.9，0.99，假设电流能否通过三个元件是相互独立的，则电流能在 P，Q 之间通过的概率为(　　).

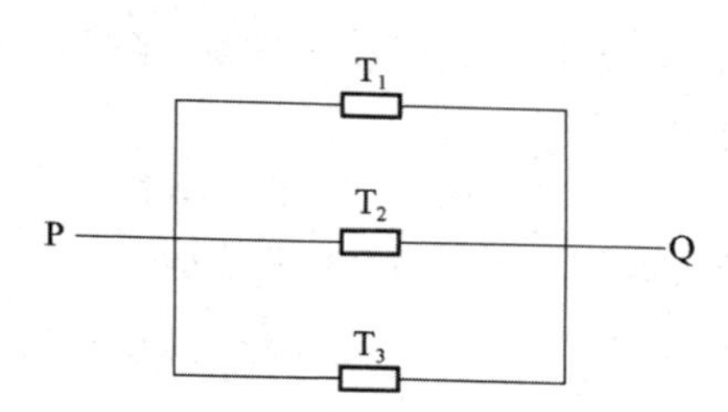


A. 0.801 9　　B. 0.998 9　　C. 0.999　　D. 0.999 9　　E. 0.999 99

7. 若球体的内接正方体的体积为 8 立方米，则该球体的表面积为(　　).

A. $4\pi$ 平方米　　B. $6\pi$ 平方米　　C. $8\pi$ 平方米　　D. $12\pi$ 平方米　　E. $24\pi$ 平方米

8. 甲、乙两组同学中，甲组有 3 名男同学、3 名女同学，乙组有 4 名男同学、2 名女同学.从甲、乙两组中各选出 2 名同学，这 4 人中恰有 1 名女同学的选法有(　　)种.

A. 26　　B. 54　　C. 70　　D. 78　　E. 105

9. 如下页图，正六边形的边长为 1，分别以正六边形的顶点 $O,P,Q$ 为圆心，以 1 为半径作圆弧，则阴影图形的面积为(　　).

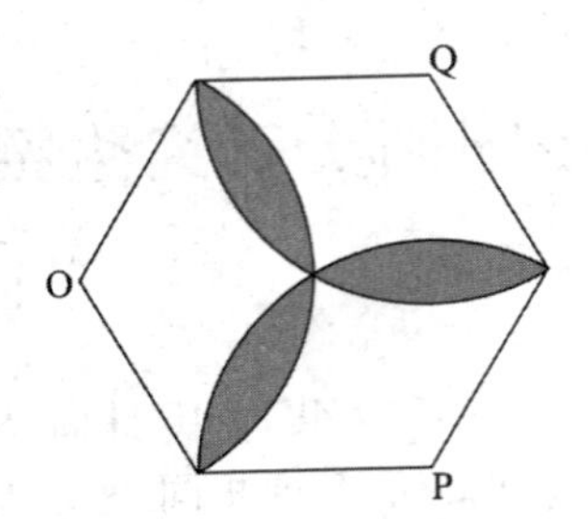


A. $\pi-\frac{3\sqrt{3}}{2}$　　B. $\pi-\frac{3\sqrt{3}}{4}$　　C. $\frac{\pi}{2}-\frac{3\sqrt{3}}{4}$　　D. $\frac{\pi}{2}-\frac{3\sqrt{3}}{8}$　　E. $2\pi-3\sqrt{3}$

10. 已知$ABCD$是圆$x^2+y^2=25$的内接四边形，若$A,C$是直线$x=3$与圆$x^2+y^2=25$的交点，则四边形$ABCD$面积的最大值为(　　).

A. 20　　B. 24　　C. 40　　D. 48　　E. 80

11. 某商场利用抽奖方式促销，100个奖券中设有3个一等奖、7个二等奖，则一等奖先于二等奖抽完的概率为(　　).

A. 0.3　　B. 0.5　　C. 0.6　　D. 0.7　　E. 0.73

12. 现有甲、乙两种浓度的酒精，已知用10升甲酒精和12升乙酒精可以配成浓度为70%的酒精，用20升甲酒精和8升乙酒精可以配成浓度为80%的酒精，则甲酒精的浓度为(　　).

A. 72%　　B. 80%　　C. 84%　　D. 88%　　E. 91%

13. 函数$f(x)=x^2-4x-2|x-2|$的最小值为(　　).

A. $-4$　　B. $-5$　　C. $-6$　　D. $-7$　　E. $-8$

14. 从装有1个红球、2个白球、3个黑球的袋中随机取出3个球，则这3个球的颜色至多有两种的概率为(　　).

A. 0.3　　B. 0.4　　C. 0.5　　D. 0.6　　E. 0.7

15. 甲、乙两人相距330千米，两人驾车同时相向出发，经过2小时相遇，甲继续行驶2小时24分钟后到达乙的出发地，则乙的车速为(　　).

A. 70千米/小时　　B. 75千米/小时

C. 80千米/小时　　D. 90千米/小时

E. 96千米/小时

二、充分性条件判断

16. 某班增加两名同学，则该班同学的平均身高增加了.

(1) 增加的两名同学的平均身高与原来男同学的平均身高相同.

(2) 原来男同学的平均身高大于女同学的平均身高.

17. 清理一块场地，则甲、乙、丙三人能在2天内完成.

(1) 甲、乙两人需要3天完成.

(2) 甲、丙两人需要4天完成.

18. 某单位进行投票表决，已知该单位的男、女员工人数之比为3∶2，则能确定至少有50%的女员工参加了投票.

(1) 投赞成票的人数超过了总人数的40%.

(2) 参加投票的女员工比男员工多.

19. 设 $a,b$ 为实数,则能确定 $|a|+|b|$ 的值.

(1) 已知 $|a+b|$ 的值.

(2) 已知 $|a-b|$ 的值.

20. 设 $a$ 为实数,圆 $C:x^2+y^2=ax+ay$,则能确定圆 $C$ 的方程.

(1) 直线 $x+y=1$ 与圆 $C$ 相切.

(2) 直线 $x-y=1$ 与圆 $C$ 相切.

21. 设 $x,y$ 为实数,则能确定 $x\leqslant y$.

(1) $x^2\leqslant y-1$.

(2) $x^2+(y-2)^2\leqslant 2$.

22. 某人购买了果汁、牛奶和咖啡三种物品,已知果汁每瓶 12 元、牛奶每盒 15 元、咖啡每盒 35 元,则能确定所买各种物品的数量.

(1) 总花费为 104 元.

(2) 总花费为 215 元.

23. 某人开车上班,有一段路因维修限速通行,则可以算出此人上班的距离.

(1) 路上比平时多用了半小时.

(2) 已知维修路段的通行速度.

24. 已知数列 $\{a_n\}$,则数列 $\{a_n\}$ 为等比数列.

(1) $a_na_{n+1}>0$.

(2) $a_{n+1}^2-2a_n^2-a_na_{n+1}=0$.

25. 给定两个直角三角形,则这两个直角三角形相似.

(1) 每个直角三角形的边长成等比数列.

(2) 每个直角三角形的边长成等差数列.

## 参考答案

1～5　BCABB　　6～10　DDDAC　　11～15　DEBED　　16～20　CECCA

21～25　DAECD